Gert Schilling

33 KI-Methoden für den Seminareinsatz

ChatGPT im Training interaktiv einsetzen

managerSeminare Verlags GmbH – Edition Training aktuell

Gert Schilling
33 KI-Methoden für den Seminareinsatz
ChatGPT im Training interaktiv einsetzen

2. Aufl. 2025
Endenicher Str. 41, D-53115 Bonn
Tel.: 0228-977910
info@managerseminare.de
www.managerseminare.de/shop

Printed in Germany

ISBN: 978-3-949611-33-9

Herausgeber der Edition Training aktuell:
Ralf Muskatewitz, Jürgen Graf, Nicole Bußmann

Lektorat: Sadia Oumohand
Cover: iStock.com/JuSun
Illustrationen: Gert Schilling (z. T. KI-generiert und angepasst), Johannes Sauer (S. 8, S. 211), iStock.com/OlegSam (S. 75), gemeinfrei (S. 70–72, S.74)
Druck: Beltz Grafische Betriebe, Bad Langensalza

Das Buch wurde gedruckt auf enviro®polar und CircleOffset White. Die Papiere erfüllen die Auflagen der Umweltzeichen „Blauer Engel (RAL-UZ 72)“ und „EU-Umweltzeichen (ECO-Label)“. Die mit dem Druck verbundenen CO_2-Emissionen werden vom Verlag kompensiert und fließen in unterschiedliche Aufforstungsprojekte zum Klimaschutz. Nähere Informationen finden Sie unter: www.managerseminare.de/verlag/umwelt

Inhalt

Infoboxen

Einleitung

Was sind KI-Methoden?

Interaktive Mitwirkung von KI im Seminar

Als ich ChatGPT zum ersten Mal benutzte, dachte ich sofort: „Wie kann ich die KI so in meine Seminare einbinden, dass sie interaktiv mitwirkt?" Aus dieser Idee sind die KI-Methoden entstanden. ChatGPT live in einem Seminar einzusetzen, ist für mich etwas grundlegend anderes als die KI im Büroalltag zu nutzen.

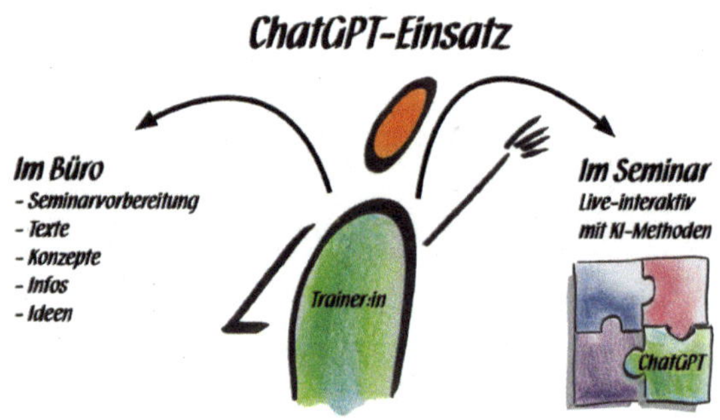

Jede Seminarphase erfordert eigene Methoden

Wie kann ChatGPT in eine Methode eingebunden werden, um im Training wirksam zu sein? In einem Seminar-Ablauf gibt es typische Phasen wie den Einstieg, die Vorstellungsrunde, Stoffvermittlung, Wiederholung, Transfer oder die Abschlussrunde. Für jede dieser Pha-

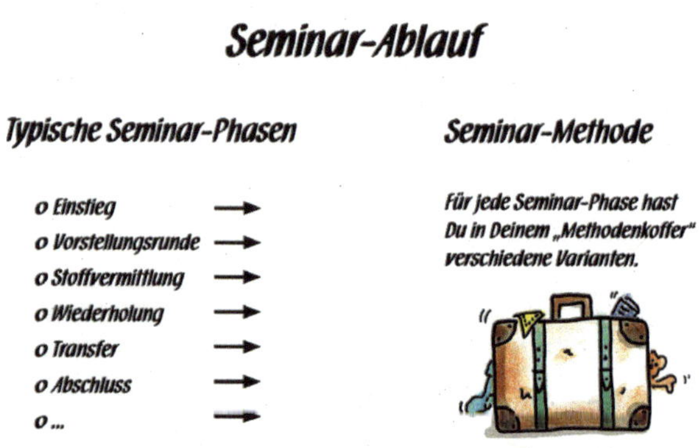

sen hast Du wahrscheinlich schon viele verschiedene Varianten von Seminar-Methoden in Deinem Methodenkoffer.

Eine typische Seminar-Methode besteht meist aus mehreren Schritten. Im Ablauf der Methodenbeschreibung wären dies Elemente wie Gruppenbildung, Arbeitsauftrag, Diskussion, Feedback, Übung, Simulation oder Präsentation im Plenum. Wie ein Puzzle besteht eine Methode nicht nur aus einem Teil, sondern aus mehreren verschiedenen. Von einer KI-Methode spreche ich dann, wenn ChatGPT bei mindestens einem dieser Schritte bzw. Puzzleteile eine Rolle spielt.

Die KI spielt in einem Schritt der Methode eine Rolle …

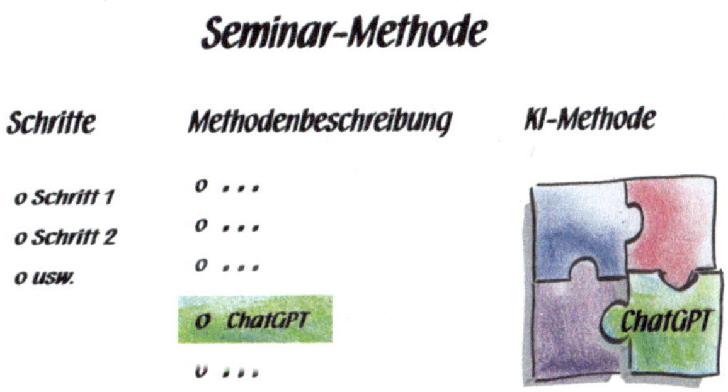

ChatGPT übernimmt bei einer KI-Methode eine wichtige Funktion, ist aber nie der alleinige Star.

… übernimmt aber nie ganz.

In diesem Buch findest Du eine Sammlung von unterschiedlichen KI-Methoden, die Du in Deiner Seminarpraxis einsetzen kannst. Ich wünsche Dir viel Spaß beim Lesen, Experimentieren und Ausprobieren.

Warum KI-Methoden?

Mit einer Seminar-Methode wird normalerweise ein bestimmtes Lernziel verfolgt. Die Teilnehmenden sollen Wissen erwerben, wiederholen oder Inhalte bearbeiten. In der Einstiegsrunde geht es ums Kennenlernen, während die Aktivierung nach der Mittagspause die Gruppe beleben soll.

Sechs Vorteile für den Einsatz von KI-Methoden im Seminar

Es gibt viele Wege, ein Lernziel zu verfolgen. Daher ist es nicht überraschend, dass Ziele, die mit einer KI-Methode erzielt werden, auch mit anderen Techniken erreichbar sind. Warum also mit ChatGPT im Seminar arbeiten? Ich sehe beim Einsatz der KI-Methoden sechs Vorteile:

1. Zusätzliche Person
Wie eine zusätzliche Stimme, die neue Impulse liefert, kannst Du die KI in eine Methode einbinden. Sie kommt jederzeit in Dein Seminar als externe Beraterin, Ideengeberin oder außergewöhnlicher Gast.

2. Individualisierbar
Fast alle KI-Methoden-Prompts werden mit individuellen Details ergänzt, sodass Antworten entstehen, die genau auf die Situation der Teilnehmenden zugeschnitten sind. Statt fertiger Seminarunterlagen entstehen die Impulse individuell für jede Seminargruppe.

3. Unmittelbar
Das Faszinierende an ChatGPT ist, dass innerhalb von Sekunden umfangreiche Antworten generiert werden. In diesem Umfang und so schnell könnten keine individuellen Antworten auf spontan gestellte Fragen gegeben werden.

4. Unberechenbar
Die Antworten von ChatGPT sind bis zu einem gewissen Grad unvorhersehbar. Auf dieselbe Frage können andere Antworten erfolgen. Aber gerade diese unterschiedlichen Antwort-Versionen machen meiner

Meinung nach den Reiz der KI-Methoden aus. Überraschung kann ein guter Lernzustand sein.

5. Modernität
Mit KI bringst Du eine aktuelle Technik und Frische in Dein Seminar.

6. Abwechslung
Letztendlich bieten Dir KI-Methoden eine zusätzliche Möglichkeit, Abwechslung in den Seminarablauf zu bringen. So kannst Du auch Teilnehmenden, die bereits viele Seminare erlebt haben, etwas Neues bieten.

Wie viele KI-Methoden pro Seminartag sind didaktisch sinnvoll?

Gute Frage. Die Antwort lautet: Die richtige Menge macht den Unterschied. Wenn ich eine Zahl nennen sollte, würde ich sagen, ein bis zwei KI-Methoden pro Seminartag. Das bedeutet, sie reduziert und wohldosiert einzusetzen. Letztendlich hängt es von Dir als Seminarleitung, dem Thema und der Gruppe ab.

Spannung beim Wechsel der Sozialformen

Einsatz von KI-Methoden im Plenum, in Kleingruppen oder in Einzelarbeit

Es kann lernförderlich sein, zwischen verschiedenen Sozialformen wie Plenum, Kleingruppe, Paargesprächen und der Einzelarbeit in unterschiedlichen Lernphasen zu wechseln. Wenn Du ChatGPT zum ersten Mal in Dein Seminar integrierst, beginnst Du am besten mit einer Arbeit im Plenum. Die Teilnehmenden können die Interaktion mit der KI auf einem großen Bildschirm oder über eine Beamerprojektion mitverfolgen, während Du alles selbst am Computer steuerst. Einige KI-Methoden nutzen genau dieses Setting. So kannst Du den Ablauf gut steuern, hast die Kontrolle über die Technik und benötigst nur einen Zugang zu ChatGPT.

Wenn Du ein Fan von Kleingruppenarbeit bist und eine KI-Methode nutzen möchtest, bei der die Teilnehmenden selbstständig mit ChatGPT arbeiten, wird es herausfordernder. Du musst die technischen Rahmenbedingungen organisieren und überlegen, wie Du den Teilnehmenden den Zugriff auf den Methoden-Prompt ermöglichst. Diese Herangehensweise ist anspruchsvoller, fördert aber in der Regel das intensivere Lernen der Teilnehmenden.

Warum die KI nicht auch bei der Einzelarbeit einbeziehen? Es ist oft einfacher als gedacht, vor allem wenn alle Teilnehmenden die ChatGPT-App auf ihrem Smartphone haben.

Methoden-Prompts

Was sind Prompts?

Ein Prompt ist die Anweisung oder Frage, die Du in das Chat-Feld der KI eingibst, um eine Antwort zu erhalten. Zum Beispiel: „Was ist ein Computer?", „Mach mir einen Vorschlag für eine Besichtigungstour durch München." Oder: „Schreib mir eine lustige Geschichte mit blauen Giraffen."

Eigene Methoden-Prompts entwickeln

Prompts erstellen und anpassen

Hier sind sieben Tipps, die im Buch vorgestellten Methoden-Prompts anzupassen oder neue zu entwickeln.

1. Klar und verständlich
Wir Menschen verstehen klare und verständliche Anweisungen besser. So auch ChatGPT. Der Prompt „Nenne bitte 4 Methoden, die das selbstgesteuerte Lernen bei Erwachsenen effektiv fördern" ist klarer und verständlicher als: „Schreibe Dinge über Lernen und Leute, die sich selbst helfen."

2. Präzise und spezifisch
Die Frage „Welche Vorteile hat das Blended Learning für die berufliche Weiterbildung von Erwachsenen?" ist präziser und spezifischer, als zu fragen: „Wie helfen digitale Medien beim Lernen?"

Man denkt vielleicht, je ausführlicher ein Prompt, desto besser. Ich finde jedoch, dass es besser ist, unnötige Details zu vermeiden.

3. Kontext
Gib der KI genug Kontext, damit sie Deine Anfrage besser verstehen kann. Füge relevante Informationen, das Ziel und die Hintergründe hinzu.

Beispiel eines Ausgangs-Prompts ohne Kontextinformation:

> Verfasse einen informativen Text (ca. 500 Wörter) über die Bereicherung des Unterrichts in der Erwachsenenbildung durch digitale Medien.

Wenn Du diesen Ausgangs-Prompt mit zusätzlichen Kontextinformationen ergänzt, verbessert sich die Antwortqualität:

Zusätzliche Kontextinformationen verbessern das Ergebnis

> Insbesondere im Bereich der beruflichen Weiterbildung. Das Ziel ist es, die Vorteile interaktiver Lernplattformen, die Wirksamkeit von E-Learning-Tools und die Bedeutung der Integration von Online-Workshops herauszuarbeiten. Der Text soll als Leitfaden für Lehrkräfte und Bildungseinrichtungen dienen, um ihre Lehrmethoden zu verbessern und innovative Technologien in ihren Unterricht zu integrieren. Die Leserinnen und Leser sollen zum Handeln motiviert werden.

4. Rollenklärung
Besonders bei Prompts, die sich auf Kommunikationsbeispiele, Verhaltensübungen oder Tipps aus einer bestimmten Perspektive beziehen, ist es hilfreich, der KI genau zu sagen, welche Rolle sie einnehmen soll. Ein Prompt, um der KI ihre Rolle klarzumachen beginnt oft mit dem Satz „Du bist ...".

Beispiel für eine Anweisung:

> Du bist ein IT-Supportmitarbeiter. Was sind aus deiner Sicht die größten Kommunikationsfehler, die Anrufer bei dir machen?

5. Antwortform
In welcher Form möchtest Du die Antwort? Damit ist zum Beispiel die Länge der Antwort gemeint: maximal 4 Sätze, genau 400 Wörter oder Text für eine 5-minütige Rede. Erwarte hier von der KI keine absolute Präzision. Bei der 5-minütigen Rede würde ich auf jeden Fall zu einer Generalprobe mit Zeitmessung raten. Mit Form ist auch gemeint: als Liste, durchnummeriert, gegliedert, wichtige Punkte hervorgehoben oder in einer Tabelle.

Der Prompt

> Nenne fünf ungewöhnliche Motivationstipps. Bitte als dreispaltige Tabelle ausgeben, mit den Spaltenüberschriften: Nr., Stichwort, Motivationsspruch in einem Satz.

Abb.: Ausgabe von ChatGPT in Tabellenform.

erzeugt zum Beispiel folgendes Antwortformat:

Nr.	Stichwort	Motivationsspruch
1	Klingelnde Eieruhr	"Setze dir eine Zeitgrenze, und arbeite bis der Timer klingelt!"
2	Umgekehrter Countdown	"Stell dir vor, du hast es schon geschafft, und arbeite rückwärts!"
3	Out-of-Comfort-Challenge	"Verlass deine Komfortzone – da draußen wartet das Abenteuer!"
4	Verrückte Belohnungen	"Erledige die Aufgabe und gönne dir eine kleine, ungewöhnliche Belohnung!"
5	Verkleidungs-Session	"Zieh dich wie dein Vorbild an und fühle dich schon jetzt wie ein Gewinner!"

6. Gliedern

Eine Prompt-Anweisung könnte so formuliert sein:

> Beschreibe in einem informativen und prägnanten Text von etwa 300 Wörtern, wie man effektiv für Prüfungen lernt. Erwähne das Thema Lernplan und auch das Thema Zielsetzung. Schreibe über verschiedene Lerntechniken. Erkläre die Wichtigkeit von ausreichend Schlaf und Pausen.

Gliedern für mehr Übersichtlichkeit

Oder klar gegliedert in dieser Form:

> Bitte schreibe einen Text.
> Thema: Effektives Lernen für Prüfungen
> - Inhalt:
> 1. Bedeutung Lernplan mit Zielen
> 2. Lerntechniken
> 3. Wichtig: ausreichend Schlaf und Pausen
> - Länge: ca. 300 Worte
> - Stil: informativ und prägnant

Beide Anweisungen werden in ChatGPT eine Antwort generieren. Es kann jedoch sowohl für Dich als auch für die KI übersichtlicher sein, den Prompt-Text mit Aufzählungszeichen und Absätzen zu gliedern.

7. Erklären lassen

KI-Paraphrasieren

Dieser Tipp kann bei der Prompt-Entwicklung hilfreich sein. Schreibe zuerst einen Prompt so, dass Du der Meinung bist, er sei klar und eindeutig formuliert. Am Ende ergänzt Du die Anweisung mit dem Satz: „Wie hast Du die Aufgabe verstanden?"

In der Regel antwortet die KI mit einem zuversichtlichen „Ich habe die Aufgabe verstanden" und wiederholt den Auftrag mit eigenen Worten. Es ist eine Art KI-Paraphrasieren.

Aber was bringt das? Ich habe bemerkt, dass die KI manchmal andere Begriffe nutzt als die, die ich in meiner Anweisung erwähnt habe. Diese Worte können nützlich sein, um den Prompt zu verbessern. Dieses ChatGPT-Paraphrasieren liefert nicht immer neue Erkenntnisse, manchmal aber schon.

Besonderheiten von KI-Methoden-Prompts

Den Teilnehmenden beizubringen, wie man mit ChatGPT arbeitet oder wie man gute Prompts formuliert, ist nicht das Lernziel eines Führungs-, Kommunikations- oder Erste-Hilfe-Kurses.

Die Lernenden fokussieren sich auf das Seminarthema. Sie sollen zwar ChatGPT einsetzen, sich aber nicht mit der grundlegenden Entwicklung von Prompts beschäftigen. Deine Aufgabe ist, den Einsatz der KI im Seminar für die Teilnehmenden so einfach wie möglich zu gestalten.

Erprobt und fertig

Das bedeutet, möglichst erprobte und fertige Prompts im Seminar bereitzustellen. Möchtest Du beispielsweise, dass Deine Teilnehmenden eine von der KI entworfene These zum Seminarthema diskutieren, gib ihnen den entsprechenden Prompt, der diese Aussage generiert. So können sich die Lernenden auf die Diskussion konzentrieren, ohne selbst den Prompt dazu formulieren zu müssen.

Das Entwickeln solcher Methoden-Prompts, das sogenannte Prompt-Engineering, ist Deine Verantwortung und nicht die der Teilnehmenden im Seminar. Viele Beispiel für Methoden-Prompts findest Du hier im Buch.

Gut formulierte Prompts designen

Ein gut formulierter KI-Methoden-Prompt folgt einem besonderen Design:

- Der Prompt funktioniert beim ersten Mal.
- Der Prompt ist zuverlässig.
- Der Prompt hat Lücken zur Individualisierung.

Was ist damit gemeint?

Der Prompt funktioniert beim ersten Mal

Wenn Du alleine am Computer sitzt, kannst Du entspannt verschiedene Dinge am Prompt ausprobieren, bis Du mit den Ergebnissen zufrieden bist. In einem Seminar ist das anders. Dort solltest Du einen Prompt verwenden, der beim ersten Mal sofort funktioniert. Funktionieren bedeutet, der Prompt generiert im ersten Anlauf eine Antwort mit der die Teilnehmenden direkt weiterarbeiten können.

Der Prompt ist zuverlässig

Der Prompt arbeitet zuverlässig und erreicht, was er soll. Das ist manchmal schwieriger als es klingt. Mehr zu diesem Thema findest Du im nächsten Abschnitt „Funktionieren die Prompts immer?" (Seite 21).

Der Prompt hat Lücken zur Individualisierung

Maßgeschneiderte Antworten

Der Einsatz von KI in Seminaren ist besonders interessant, weil er unerwartete und maßgeschneiderte Antworten ermöglicht. Stell Dir vor, Du leitest ein Kommunikationsseminar, in dem die Teilnehmenden in Kleingruppen das Debattieren mit vorgegebenen Thesen üben sollen. Es ist viel spannender, wenn die Themenvorschläge für die Debatte direkt im Seminar durch die KI generiert werden, anstatt sie schon vorbereitet mitzubringen. Angenommen, es gibt vier Kleingruppen, könnte der Methoden-Prompt für die KI wie folgt lauten:

> Formuliere bitte vier Thesen, über die in einer Gruppe diskutiert werden kann.

Dann entsteht zum Beispiel diese Liste:

> Die Auswirkungen von Social Media auf zwischenmenschliche Beziehungen
> Die Bedeutung von Umweltschutzmaßnahmen in der modernen Gesellschaft
> Die Herausforderungen der digitalen Bildung im 21. Jahrhundert
> Die Rolle von künstlicher Intelligenz in der Zukunft der Arbeit

Wenn Du das im Seminar machst, bringst Du bereits den Faktor Zufall ins Spiel, denn ChatGPT generiert immer eine neue Liste von Vorschlägen. Noch interessanter wird es, wenn noch eine Prise Selbstbestimmtheit hinzukommt und die Teilnehmenden das Oberthema, über das sie diskutieren möchten, selbst festlegen können. Dann sieht der Methoden-Prompt mit Lücke so aus:

> Formuliere bitte eine spezielle These zum Oberthema ... , über die in einer Gruppe diskutiert werden kann.

Jede Kleingruppe erzeugt damit ihre individuelle Diskussionsthese. Angenommen, die Gruppe wählt das Oberthema „Freizeit", dann könnte die vorgeschlagene These wie folgt aussehen:

> Die steigende Nutzung digitaler Unterhaltungsmedien beeinflusst das Freizeitverhalten junger Menschen negativ.

Typische Elemente von Prompts

Das klassische Prompt-Design einer KI-Methode besteht aus zwei typischen Elementen. Der Prompt-Text besteht einerseits aus einem vorgegebenen Teil, andererseits aus Lücken, die im Seminar durch individuelle Eingaben ergänzt werden. Diese Lücken werden ausgefüllt, bevor der Prompt abgeschickt wird. Dies kann gemeinsam im Plenum, in der Kleingruppe oder individuell von jedem Teilnehmenden erfolgen. Die Lücken in den Methoden-Prompts im Buch sind durch drei Auslassungspunkte gekennzeichnet. In der EDV werden individuell auszufüllende Stellen manchmal durch eckige Klammern in der Form [variabler Text] gekennzeichnet. Ich habe bewusst auf die Syntax der eckigen Klammern verzichtet, weil ich denke, dass die Lückentext-Auslassungspunkte geläufiger und einfacher zu erklären sind.

Das Design eines Methoden-Prompts entspricht in der Regel folgendem Schema:

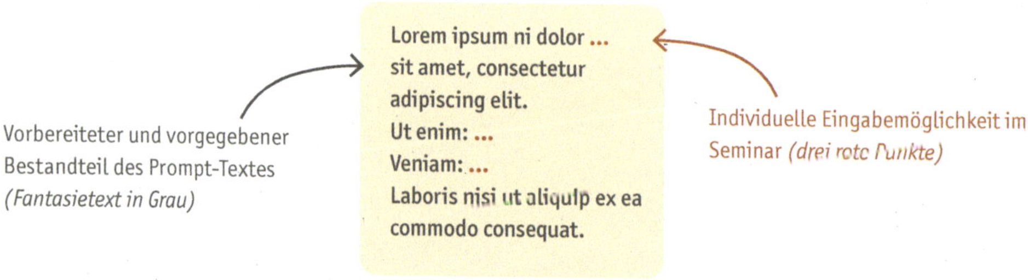

Gibst Du einen Methoden-Prompt in eine Kleingruppe, damit diese eigenständig mit ChatGPT arbeitet, ist es hilfreich, wenn klar ersichtlich ist, mit welchen individuellen Informationen die Lücken zu füllen sind.

Schritt für Schritt zum gelungenen Prompt

Angenommen, Du hast eine KI-Methode entwickelt, bei der ein Artikel für eine Schülerzeitung redigiert werden soll, um Korrekturzeichen zu üben. In Kleingruppen wird dafür ein von der KI generierter Text genutzt. Die teilnehmenden Schüler sollen individuell Thema, Stil und Umfang des Dokuments bestimmen dürfen.

Ein konkreter Prompt, um den Text zu generieren, könnte so aussehen:

> Schreibe einen ca. 500 Zeichen langen hippen Text zum Thema Spickzettel für eine Schülerzeitung.

Wenn Du Lücken im Prompt lässt, damit die Teilnehmenden Thema und Stil bestimmen, könnte er so aussehen:

> Schreibe einen ... Text zum ... für eine Schülerzeitschrift.

Das wäre aber kein idealer Prompt für eine KI-Methode, weil nicht sofort klar ist, welche Informationen in die Lücken gehören. Du könntest das zwar im Arbeitsauftrag für die Kleingruppe erläutern, aber noch besser ist es, den Prompt so zu gestalten, dass er sich möglichst von selbst erklärt.

Gelungener wäre folgendes Prompt-Design:

> Schreibe eine Text für eine Schülerzeitschrift.
> Thema: ...
> Ca. Umfang: ... Zeichen
> Stil: ...

Wenn die Teilnehmenden wissen, dass sie die drei Punkte durch ihre Angaben ergänzen sollen, wird sofort klar, wie der Prompt vervollständigt wird.

Beim Entwickeln eines Methoden-Prompts solltest Du darauf achten, den Aufbau so strukturiert und klar wie möglich zu gestalten, damit das Ergänzen der Lücken für die Teilnehmenden logisch nachvollziehbar ist.

Testen Testen Testen

Bevor Du einen neuen Methoden-Prompt in Deinen Seminaren einsetzt, solltest Du ihn gründlich testen. Versetze Dich in die Situation Deiner Teilnehmenden und teste das „Lückenfüllen" mit verschiedenen Angaben. Entstehen dabei Antworten, mit denen die Teilnehmenden weiterarbeiten könnten? Wie oft funktioniert das? Wie oft nicht?

Profi-Tipp: Mit verschiedenen Accounts testen

Teste die Prompts auch mit einem fremden Account, da die KI in Deinem eigenen Chatverlauf möglicherweise schon gelernt hat, worauf Du hinauswillst. Ich teste neue Prompts immer noch einmal mit dem Zugang meiner Frau und lasse mich auch von einigen Kolleginnen und Kollegen unterstützen. Diese wissen schon Bescheid, was zu tun ist, wenn sie eine E-Mail mit einer neuen Prompt-Idee von mir erhalten.

KI-Infobox

Umgang mit sensiblen Daten

Wenn Du ChatGPT oder ein anderes KI-Tool nutzt, ist es wichtig, vorsichtig mit sensiblen Informationen, vertraulichen Angaben und personenbezogenen Daten umzugehen. Das gilt auch für die im Buch beschriebenen KI-Methoden und Prompts. Eine einfache Lösung kann manchmal darin bestehen, Pseudonyme oder Platzhalter zu verwenden oder die Daten fallbezogen zu verändern.

Bei einigen Modellen kannst Du in den Einstellungen deaktivieren, dass Deine Eingaben als Trainingsdaten verwendet werden. Das entbindet Dich jedoch nicht von der Verantwortung, weiterhin sorgfältig mit personenbezogenen Daten umzugehen.

Funktionieren die Prompts immer?

Zu jeder KI-Methode findest Du einen Methoden-Prompt, den Du in Deinen Seminaren einsetzen kannst. Da stellt sich die Frage: Klappt der Prompt immer? Kurze Antwort: Nein!

Sind die Prompts denn nicht getestet? Doch! Sogar mehrfach, mit unterschiedlichen KIs. Warum funktionieren sie trotzdem manchmal nicht?

Zunächst stellt sich die Frage: „Was bedeutet ‚nicht funktionieren'?" Angenommen, ChatGPT soll im Seminar ein dreistrophiges Gedicht generieren. Zu Hause hast Du den Prompt „Schreibe ein Gedicht, drei Strophen lang" dreißigmal getestet. Das hat jedes Mal geklappt: Das Gedicht war immer anders, aber stets drei Strophen lang.

Den gleichen Prompt im Seminar eingegeben und plötzlich schreibt die KI ein Gedicht mit vier Strophen. Hat der Prompt dann nicht funktioniert? Oder siehst Du es positiv und wählst einfach die drei besten Strophen aus?

ChatGPT arbeitet mit Wahrscheinlichkeiten

Warum ist das so? Vereinfacht gesagt, wurde ChatGPT mit vielen Texten trainiert. Die KI berechnet anhand von Wahrscheinlichkeiten, welches Wort auf welches folgt. Liefe dieser Prozess immer gleich ab, würde auf die gleiche Frage immer die gleiche Antwort folgen. Aber das ist nicht der Fall. Das liegt daran, dass neben der Wahrscheinlichkeitsberechnung eine Art Zufallsgenerator die Wahrscheinlichkeiten neu kombiniert. Fazit: Die Antworten von ChatGPT sind bis zu einem gewissen Grad unberechenbar. Der Algorithmus ist natürlich komplexer als hier beschrieben. Mehr Infos dazu findest Du in der Infobox „Was bedeutet GPT?" (nächste Seite).

Wenn Du selbst einen Methoden-Prompt entwirfst, halte ihn möglichst einfach. Je komplexer der Prompt, desto unberechenbarer ist das Ergebnis.

ChatGPT – das Zufallsabenteuer im Seminar

Für mich ist die KI wie eine unerwartete Besucherin, die in den Seminarablauf einbezogen werden kann. Wie bei einem Überraschungsgast, bei dem ich auch nicht im Voraus weiß, was er oder sie sagen wird. Mit der Unberechenbarkeit der KI-Antworten holst Du Dir im positiven Sinne das Unvorhergesehen ins Seminar. Du kannst immer mit einer gewissen Bandbreite an ChatGPT-Reaktionen rechnen.

Wenn Du in jedem Fall eine ganz bestimmte, exakte Antwort von der KI benötigst, damit die Methode funktioniert, empfehle ich Dir, besser nicht mit einer textgenerierenden KI wie ChatGPT zu arbeiten.

KI-Infobox

Was bedeutet GPT?

Das GPT in ChatGPT steht für Generative Pre-trained Transformer. Aber was verbirgt sich dahinter?

- **Generative:** Angenommen, Du bittest ChatGPT, eine originelle Seminarübung zum Thema Teamentwicklung zu erstellen. Dann ruft die KI nicht einfach eine vorgefertigte Antwort aus einer Datenbank ab, sondern generiert einen Text. Zum Beispiel könnte sie eine ungewöhnliche Teambuilding-Übung vorschlagen, bei der die Teilnehmenden in einem fiktiven Szenario als Zeitreisende arbeiten müssen, um eine historische Krise zu lösen.

- **Pre-trained:** Bevor ChatGPT in der Lage ist, solche spezifischen Inhalte zu erstellen, wird das Modell mit riesigen Mengen an Textdaten vorab trainiert. Das bedeutet, dass es durch das Lesen von Millionen von Büchern, Artikeln und Studien gelernt hat, wie die menschliche Sprache funktioniert und welches Wissen in verschiedenen Bereichen existiert. Für den Vorschlag der Teambuilding-Idee hat die KI zuvor unzählige Management-Bücher, wissenschaftliche Arbeiten und Erfahrungsberichte von Teamtrainings gelesen.

- **Transformer:** Das Herzstück von GPT ist die sogenannte Transformer-Architektur. Diese ermöglicht es der KI, den Kontext und die Bedeutung von langen Texten zu verstehen und zu verarbeiten. Das bedeutet, dass ChatGPT nicht nur die letzten Wörter berücksichtigt, die eingegeben wurden, sondern den gesamten bisherigen Verlauf des Gesprächs. Wenn Du also später fragst: „Wie kann ich diese Schulungseinheit interaktiver gestalten?", weiß die KI, dass Du Dich noch immer auf die vorherige Schulungseinheit über Teamentwicklung beziehst.

Nun, da ChatGPTs Funktionsweise etwas klarer ist, fordere ich es gleich mit der Frage nach einer Teamentwicklungsidee heraus:

Bitte schlage eine originelle Seminarübung zum Thema Teamentwicklung vor. Stelle den Ablauf und die Ziele in strukturierter Form dar.

Wie findest Du die Antwort der KI?

Vorschlag für eine Übung zur Teamentwicklung

Ziel: Die Teilnehmenden lernen die Grundlagen der Teamentwicklung nach Tuckman und verbessern ihre Zusammenarbeit durch eine interaktive Übung.

Übung: Zeitreise und die Rettung der Unabhängigkeitserklärung

Ablauf:
1. Einführung in die verschiedenen Phasen der Teamentwicklung nach Tuckman: Forming, Storming, Norming und Performing.
2. Szenario: Die Teilnehmenden sind Zeitreisende, die ins Jahr 1776 zurückkehren müssen, um die Unabhängigkeitserklärung der USA zu retten.
3. Gruppenbildung: Die Teilnehmenden werden in Gruppen aufgeteilt. Jede Gruppe übernimmt spezifische Rollen wie Diplomat, Spion oder Logistiker.

4. Aufgabe: Die Gruppen müssen zusammenarbeiten, um historische Hürden zu überwinden und das Dokument sicherzustellen.

Reflexion: Nach der Übung treffen sich alle Teilnehmenden, um ihre Erfahrungen zu reflektieren und zu diskutieren, wie die erlernten Fähigkeiten im beruflichen Alltag angewendet werden können.

Wie kommen die Teilnehmenden an den Methoden-Prompt?

Alle KI-Methoden funktionieren sowohl in Online- als auch in Präsenz-Seminaren.

Online und in Präsenz nutzbar

In der Vorbereitung Deines Seminars solltest Du alle Methoden-Prompts, die Du verwenden möchtest, in einer Datei speichern, zum Beispiel in einem Word-Dokument. Bei Bedarf kannst Du den Text aus der Word-Datei in das ChatGPT-Eingabefeld kopieren.

Aber wie gehst Du vor, wenn die Teilnehmenden selbst mit einem vorgegebenen Methoden-Prompt arbeiten sollen? Wie kommen die Teilnehmenden an den Prompt-Text?

Hier sind einige Optionen, die Du nutzen kannst:

Im Online-Seminar

Du stellst den Teilnehmenden den Methoden-Prompt einfach über den Meeting-Chat zur Verfügung. Kopiere den Prompt in den Chat und bitte die Teilnehmenden, sich dort den Text zu holen, in das Eingabefeld von ChatGPT zu kopieren, eventuelle Lücken individuell zu füllen und abzuschicken.

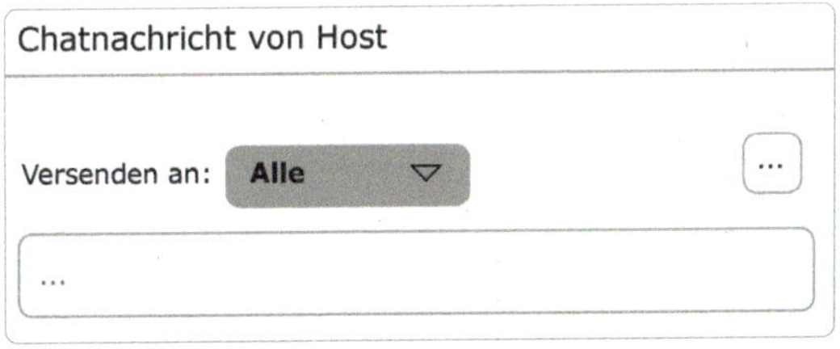

Abb.: Über den Meeting-Chat können Methoden-Prompts mit den Teilnehmenden geteilt werden.

Im Präsenztraining

Abtippen

Die Teilnehmenden können den Prompt-Text abtippen und in ihr ChatGPT-Feld eingeben. Das funktioniert immer, ist allerdings eine umständliche Methode.

Digitale Pinnwand

Falls Du in Deinem Seminar eine digitale Pinnwand verwendest, auf die die Teilnehmenden während des Seminars zugreifen können, ist es eine gute Möglichkeit, die Methoden-Prompts dort zu posten.

Abb.: Ein Link per QR-Code führt zu einer digitalen Pinnwand mit dem Prompt.

Über einen Link oder QR-Code kannst Du die Teilnehmenden auf die Seite lenken, wo sie den Prompt-Text kopieren können. Es gibt diverse Webseiten, auf denen Du den QR-Code kostenfrei erstellen kannst. Am besten nach „QR-Code-Generator in Deutschland gehostet" googlen.

Einsprechen

Die Teilnehmenden lesen den Prompt-Text vor, und die Spracherkennung transkribiert ihn. Ein möglicher Ablauf könnte sein: Du bringst den Methoden-Prompt mit den Lücken ausgedruckt auf Papier für die Teilnehmenden mit ins Seminar. Die Teilnehmenden füllen die Lücken handschriftlich aus und lesen den Text ChatGPT über die Spracherkennung vor.

Bild-Texterkennung

Du bringst den Prompt-Text in ausgedruckter Form mit ins Seminar. Über eine Bilderkennung wird der Prompt in digitalen Text umgewandelt. Diese Funktion ist oft schon in der Kamera-App integriert.

ChatGPT ist ein Synonym

„ChatGPT" steht stellvertretend für KI-Sprachmodelle

Im Buch spreche ich in den Praxisbeispielen häufig von ChatGPT als textgenerierende KI. Die Methoden funktionieren in der Regel auch mit anderen KI-Sprachmodellen, wie auch immer sie heißen mögen. Lust auf ein kleines Ratespiel? Welche Namen von KI-Sprachmodellen gibt oder gab es wirklich und welche habe ich mir ausgedacht: Lumina, Helix, Gemini, Bart, Vega, Claude, Pilot, Lama, Mistral, Eclipse, Alpaka oder Cypher?

In den Praxisbeispielen steht ChatGPT als Synonym für textgenerierende KIs. Wer interessiert ist, was das GPT in ChatGPT bedeutet, liest die entsprechende Infobox (Seite 22).

Alle Methoden im Buch funktionieren in der Regel mit der Basisversion des jeweiligen Sprachmodells.

Tipps zum Anleiten einer KI-Methode

Fokus halten

Oft ist es didaktisch und dramaturgisch besser, den KI-Einsatz im Rahmen der Methode möglichst spät zu erwähnen.

Ein Beispiel: Bei der Methode „KI-Transfer-Coach" erstellt ChatGPT für jeden Teilnehmenden einen individuellen Erinnerungstext. Die KI-Anweisung dafür enthält Lücken, die ausgefüllt werden müssen. Die ersten Zeilen des relativ umfangreichen Prompts sehen so aus:

Ich möchte, dass du mein KI-Motivationscoach bist.
Ich bin ...
Meine Leidenschaft: ...
Aktuell möchte ich gerne folgende Dinge umsetzen oder ausprobieren.
1. ...
2. ...
3. ...

Selbst vorarbeiten und erst dann die KI befragen

Gibst Du den Prompt-Text gleich zu Anfang der Transferübung bekannt, besteht die Gefahr, dass sich die Teilnehmenden mehr mit dem Prompt beschäftigen und eventuell damit herumexperimentieren, anstatt zu überlegen, was sie gerne umsetzen wollen. Deshalb ist es besser, den Teilnehmenden Zeit und Ruhe zu geben, um über ihre Vorsätze nachzudenken und diese ganz traditionell auf einem Blatt Papier zu notieren.

Erst wenn die Zweierteams für den Austausch gebildet sind, stellst Du den Methoden-Prompt zur Verfügung. Die Überlegung, was in die Lücken gehört, ist bereits abgeschlossen. Die Teilnehmenden können sich voll und ganz auf das Ausfüllen konzentrieren. Der Fokus liegt immer auf dem aktuellen Arbeitsschritt.

Den gesamten Ablauf der KI-Methode „KI-Transfer-Coach“ kannst Du im Praxisbeispiel der Methodenbeschreibung nachlesen (Seite 90).

KI-Methoden-Ablauf üben

Haben die Teilnehmenden noch nie mit einer KI-Methode gearbeitet, kann es sinnvoll sein, mit einer lockeren Übungssequenz zu beginnen, bevor Du das eigentliche Thema bearbeitest.

Beispiel für einen ChatGPT-Trainingslauf

Hier ein Beispiel, wie so eine ChatGPT-Trainingsrunde gestaltet sein könnte: Lass die Teilnehmenden einen Gegenstand aufschreiben, mit dem sie positive Gedanken assoziieren, wie zum Beispiel „Fahrrad“, „Gartengrill“ oder „Buch“. Dann stellst Du den Prompt zur Verfügung. Zum Beispiel, indem die Teilnehmenden diesen von der digitalen Seminar-Pinnwand kopieren und in ChatGPT einfügen.

> Generiere einen fröhlichen Morgengruß an eine Gruppe, in dem das Wort ... metaphorisch vorkommt. Länge: ein Satz.

Die Teilnehmenden bekommen die Anweisung, die drei Punkte im Prompt-Text mit dem vorher notierten Wort zu ergänzen und den Prompt abzuschicken. Alle lesen vor, was ChatGPT ausgegeben hat und der Tag beginnt mit einer bunten Grußrunde.

Den technischen Ablauf üben und mögliche Probleme klären

Mit dieser Aktion haben die Teilnehmenden spielerisch den Ablauf kennengelernt: Methoden-Prompt kopieren, in ChatGPT einfügen, Lücken füllen und Prompt abschicken. Falls bei diesem Ablauf Fragen oder technische Probleme auftauchen, kannst Du alles in Ruhe klären. Denn die Übung wird ohne Zeitdruck an einer harmlosen Aufgabenstellung durchgeführt.

Arbeiten die Teilnehmenden im späteren Seminarverlauf mit einer KI-Methode und einem komplexeren Prompt, ist das grundlegende Verfahren bereits trainiert. Dadurch können sie sich besser auf die inhaltliche Arbeit konzentrieren und müssen nicht erst den technischen Ablauf erkunden.

Du kannst auf die Trainingsrunde verzichten, wenn Du als Seminarleitung Deinen Laptop allein bedienst und die Teilnehmenden Deine Aktionen nur über den Beamer mitverfolgen.

Technik und Teilnehmende

Die grundsätzlichen technischen Voraussetzungen, um mit einer KI-Methode im Seminar zu arbeiten, sind überschaubar:

Technische Voraussetzungen

- Internetzugang
- Zugang zu einer textgenerierenden KI wie ChatGPT
- Hardware: PC, Laptop, Tablet oder Smartphone

Falls die Teilnehmenden mitverfolgen sollen, wie Du an Deinem Laptop mit ChatGPT interagierst, benötigst Du noch einen größeren Bildschirm oder einen Beamer. Nutzen die Teilnehmenden ChatGPT selbst, werden zusätzlich Smartphones oder Tablets benötigt.

Drei Varianten von KI-Methoden

Welche ChatGPT-Kompetenz brauchen die Teilnehmenden? Im Prinzip gibt es bei den KI-Methoden drei Varianten:

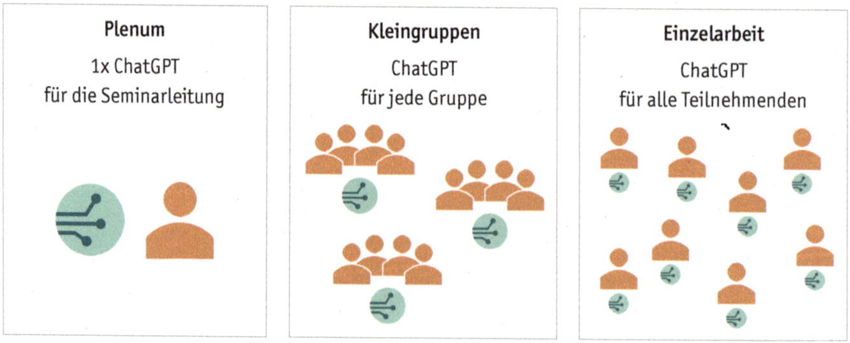

Plenum

Als Seminarleitung arbeitest Du mit ChatGPT an Deinem Rechner. Die Teilnehmenden verfolgen die Eingaben und KI-Antworten über den Beamer oder Bildschirm. Sie brauchen keine KI-Kompetenz. Die gesamte technische Verantwortung liegt bei Dir.

Kleingruppen

Du bildest Kleingruppen und jede Gruppe arbeitet individuell mit ChatGPT. Jedes Team benötigt eine Person, die Zugang zu ChatGPT hat und damit umgehen kann.

Um die Technikverantwortlichen für die Kleingruppe zu finden, gehe ich wie folgt vor. Ich frage in die Runde: *„Wer von euch hat seinen Laptop oder sein Smartphone mit Zugang zu ChatGPT dabei und traut sich zu, einen Methoden-Prompt von unserer digitalen Pinnwand zu kopieren und damit eine Antwort in ChatGPT zu generieren?"* Die ersten, die sich melden, werden auf die ansonsten per Zufall gebildeten Kleingruppen verteilt.

Jeweils ein Gruppenmitglied ist für die Technik zuständig

In der Regel entwickeln die Freiwilligen einen gewissen Ehrgeiz, eventuell auftretende technische Hürden eigenständig zu lösen. Natürlich stehe ich trotzdem bei technischen Fragen zur Verfügung.

Was aber, wenn sich auf die Freiwilligenfrage niemand meldet? Dann formuliere ich um: *„Wer hat Lust, sich auf ein Abenteuer einzulassen?"* und ich kündige an, dass ich bei Fragen Unterstützung biete. Bisher haben sich immer genügend proaktive, abenteuerlustige Teilnehmende gefunden.

Einzelarbeit

Bei einigen KI-Methoden haben im Idealfall alle Teilnehmenden Zugang zu ChatGPT, zum Beispiel bei den Methoden „Wer stellt mich vor?" (Seite 76) oder „Mach mir einen Plan" (Seite 127).

Auch wenn Du eine sehr technikaffine Gruppe hast, kann es sein, dass jemand sein Tablet vergessen hat oder das Smartphone noch geladen werden muss. In solchen Fällen ist Kreativität gefragt.

Bei den meisten Methoden ist die Interaktion mit ChatGPT im Rahmen der Gesamtmethode ein überschaubarer Abschnitt und ChatGPT antwortet in der Regel sehr schnell. Deshalb ist es fast immer eine Option, dass sich Teilnehmende gegenseitig unterstützen. Es reicht, wenn mindestens 50 % der Teilnehmenden Zugriff auf ChatGPT haben. Mit ein bisschen Vertrauen in die Selbstorganisation der Gruppe und mit gegenseitigem Austausch klappt es.

Vorabinformation: Bitte ggf. eigene Geräte mitbringen

Wenn gewünscht ist, dass die Lernenden in der Kleingruppe oder in Einzelarbeit während des Seminars mit einer KI-Methode an ihren eigenen Geräten arbeiten, solltest Du sie vorab informieren und sie bitten, ihre Geräte wie Smartphone, Laptop oder Tablet mit Zugang zu ChatGPT mitzubringen.

Zum Beispiel in einer Vorab-E-Mail mit folgendem Text:

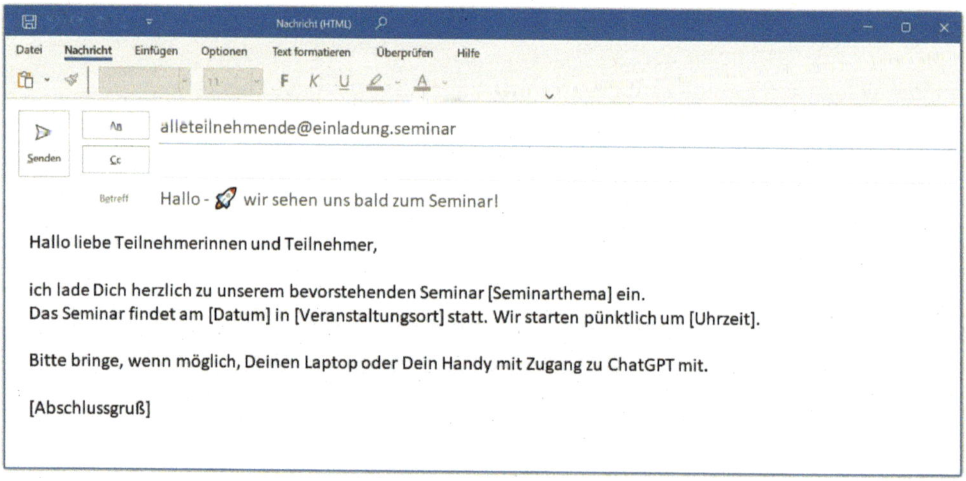

alleteilnehmende@einladung.seminar

Betreff: Hallo - 🚀 wir sehen uns bald zum Seminar!

Hallo liebe Teilnehmerinnen und Teilnehmer,

ich lade Dich herzlich zu unserem bevorstehenden Seminar [Seminarthema] ein.
Das Seminar findet am [Datum] in [Veranstaltungsort] statt. Wir starten pünktlich um [Uhrzeit].

Bitte bringe, wenn möglich, Deinen Laptop oder Dein Handy mit Zugang zu ChatGPT mit.

[Abschlussgruß]

Abb.: Vorab-E-Mail mit Hinweis darauf, ein Gerät mit ChatGPT-Zugang mitzubringen.

Mit folgendem Prompt kannst Du leicht einen auf das Seminarthema abgestimmten Abschlussgruß formulieren:

> Bitte formuliere einen freundlichen und positiven Abschlussgruß in einem Satz für eine E-Mail, die zu einem Seminar einlädt.
> Das Thema des Seminars lautet: ...
> Beziehe dich in der Grußformel metaphorisch auf das Thema des Seminars.
> Mein Name: ...

Für ein Seminar zum Thema „KI didaktisch eingesetzt" könnte der Gruß so aussehen:

> Mit freundlichen Grüßen und der Vorfreude auf einen inspirierenden Tag voller didaktischer Entdeckungen mit KI,
> Gert

Plan B – Wenn die Technik nicht funktioniert

Immer wenn Du mit Technik arbeitest, besteht die Gefahr, dass etwas schiefgeht. Als Trainerin oder Trainer hast Du wahrscheinlich schon die eine oder andere Hürde gemeistert: die versprochenen Pinnwände waren nicht da, die Beamerlampe hat während der Präsentation ihren Geist aufgegeben, eine Säule stand mitten im Raum und die Tische waren am Boden festgeschraubt. Im Online-Seminar war die Seite mit dem Abfragetool nicht mehr erreichbar oder das Mikrofon, das vorher im Test problemlos funktionierte, stellte im Meeting plötzlich seinen Dienst ein.

In der Regel machst Du das Gelingen Deines Seminars nicht von einem einzigen Tool abhängig. Wenn es keine Pinnwand gibt, lässt Du Dir etwas anderes einfallen. Wenn das geplante Abfragetool online nicht funktioniert, stimmen die Teilnehmenden einfach mit einer Rückmeldung im Meeting-Chat ab.

Mehrere KI-Tools oder KI-freie Methoden in petto haben

So ist es auch bei den KI-Methoden. Das geplante KI-Tool kann ausfallen und der berühmte Plan B muss her. Die im Buch vorgestellten Prompts funktionieren in der Regel mit allen textgenerierenden KIs. Das Einfachste ist, auf ein anderes GPT-Modell auszuweichen. Gut, wenn Du parallel einen Zugang hast.

Wenn gar nichts mehr geht, weil der Laptop abgestürzt ist oder das Internet ausfällt, dann heißt es, in den eigenen Methodenkoffer zu schauen und spontan eine KI-freie Methode hervorzuzaubern.

Der Hype-Zyklus

Der Begriff des Hype-Zyklus wurde von der Beraterin Jackie Fenn geprägt. Die Kurve beschreibt den typischen Verlauf der Erwartungen an eine neue Technologie, von der anfänglichen Begeisterung über die Ernüchterung bis hin zur stabilen Nutzung.

Der typische Hype-Zyklus wird in fünf Phasen gegliedert:

Die fünf Phasen des Hype-Zyklus

1. Technologischer Auslöser
2. Gipfel der überzogenen Erwartungen
3. Tal der Enttäuschungen
4. Pfad der Erleuchtung
5. Plateau der Produktivität

Schauen wir uns die Phasen der Hype-Kurve an zwei Fällen an – bei ChatGPT und dem fiktiven Beispiel einer Kuh. Angenommen, eine Kuh wäre eine neue Technologie, dann würde kurz nach dem technologischen Auslöser – „Kuh ist da" – der Gipfel der überzogenen Erwartungen erreicht. Die Erwartungen wäre, dass die Kuh alle Getränke produzieren kann, die es gibt – von Cappuccino über frisch gepressten

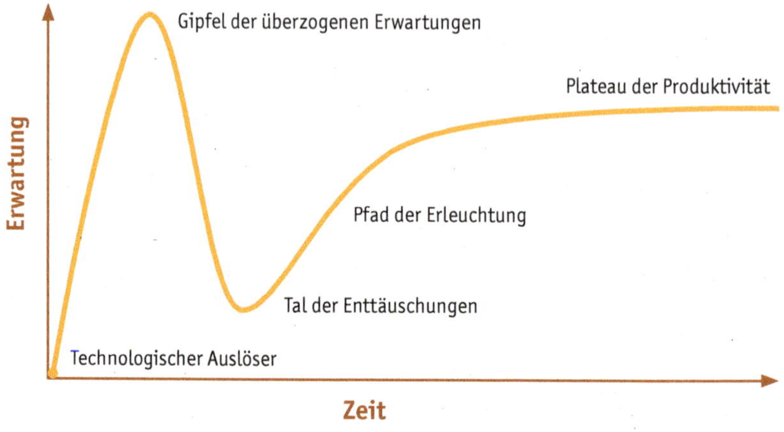

Abb.: Die Hype-Kurve mit ihren fünf Phasen.

Bananensaft bis zu Piña Colada. Von meiner Frau habe ich den Spruch gelernt: „Von einer Kuh kann man nicht mehr erwarten als Milch." Mit dieser ernüchternden Erkenntnis geht es dann ab ins Tal der Enttäuschung. Es ist ja nur Milch.

Der Hype: ChatGPT, die Alleskönnerin?

Der Hype um textgenerierende KI wie ChatGPT begann so richtig, als OpenAI Ende 2022 die verbesserte Version GPT-3.5 kostenfrei zur Verfügung stellte. Plötzlich schien KI und insbesondere ChatGPT die Lösung für viele Probleme zu sein. „ChatGPT wird es schon können." Von der allwissenden Beratung bis zur fehlerfreien Kommunikation – KI wurde als Antwort auf fast alles betrachtet. Es war fast so, als wäre vergessen worden, dass es sich nur um einen sogenannten Deep-Learning-Algorithmus handelt, der manchmal sinnvolle Antworten, aber genauso wahrscheinlich absurde Gedichte produziert.

KI-Infobox

Was verbirgt sich hinter AGI, der Super-KI?

AGI steht für „Allgemeine Künstliche Intelligenz" oder auf Englisch „Artificial General Intelligence". Gemeint ist damit die „Super-Intelligenz". Manche behaupten, sie sei das ultimative Ziel der KI-Forschung.

Im Gegensatz zu Anwendungen, die auf spezifische Aufgaben, z.B. Texte generieren, beschränkt sind, zielt Super-KI darauf ab, ein breites Spektrum menschenähnlicher kognitiver Fähigkeiten zu entwickeln. Die Idee ist, dass eine Super-KI die komplexesten Probleme lösen, selbstständig lernen und sich an unterschiedlichste Situationen anpassen kann – ähnlich wie der menschliche Verstand.

Und wer hätte es gedacht – wenn es Super-Intelligenz gibt, dann gibt es auch „schwache Künstliche Intelligenz", kurz „Weak AI", die „nur" auf die Lösung ganz bestimmter Aufgaben ausgelegt ist. Das klingt alles noch recht unkonkret und schwammig – und ist es auch. Wirf doch einfach auf der nächsten Party mal die Begriffe AGI, Superintelligenz und Weltherrschaft in die Runde und beobachte, wie sich die Diskussion entwickelt.

Von der Enttäuschung zur Produktivität

Irgendwann wurde man von der Realität wieder eingeholt und erkannte, dass die generierten Antworten nicht immer so genialisch waren wie erwartet. Manchmal entsteht der Eindruck, dass unabhängig von der Frage immer der gleiche oberflächlich formulierte Textbrei herauskommt. Man muss ja noch mitdenken. Es werden doch nicht alle Probleme gelöst. Was für ein Frust. Und schon stürzt es einen ins Tal der Enttäuschung.

Wie bei der Kuh – es ist ja nur Milch. Der Pfad der Erleuchtung beginnt, wenn man erkennt, was mit der Milch gemacht werden kann: Butter, Käse, Sahneeis und leckerer Schaum für den Kaffee.

Auf ChatGPT übertragen bedeutet das: Sobald wir die KI nicht mehr als allwissende Superheldin betrachten, wird sichtbar, wie ChatGPT als kreative Partnerin, Übersetzerin, Inspirationsquelle, Sprachassistentin oder Sparringspartnerin bei der Konzeptentwicklung hilfreich sein kann.

Ist dann das Plateau der Produktivität erreicht, werden Wege entwickelt, wie die KI ganz individuell zur Unterstützung genutzt werden kann.

Abb.: Auch wenn man von einer Kuh nicht mehr als Milch erwarten kann – mithilfe von KI bedient sie uns sogar höchstpersönlich an der Milchbar.

Bei den im Buch vorgestellten KI-Methoden sieht es ähnlich aus. Sie liefern – um bei der Kuh-Metapher zu bleiben – frische Milch. Hat man die Vorstellung, dass der Einsatz von KI das Seminar automatisch perfekt macht, befindet man sich am Gipfel der überzogenen Erwartungen.

Die Kunst besteht darin, auf dem Pfad der Erleuchtung die Milch zu veredeln. Wie passt die KI-Methode dramaturgisch und didaktisch in den Seminarverlauf? Welche Aufgaben erhalten die Teilnehmenden? Wie werden die verschiedenen Elemente kombiniert?

Mit der Sammlung von KI-Methoden in diesem Buch möchte ich Dich inspirieren. Auf zum Plateau der Produktivität!

KI-Methoden

Aufbau des Buches

In diesem Buch findest Du eine bunte Mischung von 33 KI-Methoden plus 10 % Bonus, also insgesamt 36,3 Ideen. Dabei fallen die 3,3 zusätzlichen Anregungen etwas aus dem Rahmen. Mehr dazu im Kapitel Bonus-Methoden (ab Seite 273).

Einsatzmatrix

KI-Methoden bequem nach Seminarthema und -phase auswählen

Über die Einsatz-Matrix kannst Du erkennen, welche KI-Methode sich für welches Seminarthema (Seite 44) und welche Seminarphase (Seite 46) eignet. Oft ist es einfach, die Methode zu modifizieren, und schon passt sie für ein anderes Thema oder fügt sich in eine andere Phase ein.

Gliederungsschema der Methodenbeschreibungen

- **Methodentitel mit Slogan**

- **Übersicht mit organisatorischen Hinweisen:** Hier findest Du Informationen zu den technischen Voraussetzungen, wie zum Beispiel die benötigte Anzahl der Zugänge zu ChatGPT, ob eine Projektion über Beamer oder einen großen Bildschirm sinnvoll ist, die Dauer der Methode und die Anzahl der Teilnehmenden.

- **Einsatz:** In einigen Sätzen werden die Grundidee und die Einsatzmöglichkeiten der Methode beschrieben.

- **Kurzbeschreibung:** Die Vorgehensweise der Methode wird in kurzen Stichpunkten erklärt, um als Gedächtnisstütze zu dienen. Für die Details des gesamten Ablaufs gibt es die Abschnitte „Praxisbeispiel" und „Hinweise zur Methode".

- **Methoden-Prompt:** Zu jeder Methode gibt es einen erprobten Methoden-Prompt, dessen praktischer Einsatz im Abschnitt „Praxisbeispiel" beschrieben ist.

- **Praxisbeispiel:** Wie könnte die Methode im tatsächlichen Seminareinsatz aussehen? In diesem Abschnitt findest Du einen Praxisfall mit beispielhaft ausgefüllten Methoden-Prompts. Die im Buch aufgeführten KI-Reaktionen sind alle von einer KI mit dem entsprechenden Prompt generiert worden. Wenn Du den gleichen Prompt eingibst, werden andere Antworten entstehen, die aber im Kontext eines Seminars auch „funktionieren". Interessant dazu ist ein Blick in das Kapitel „Funktionieren die Prompts immer?" (Seite 21) und die Infobox „Warum gibt die KI auf die gleiche Frage unterschiedliche Antworten?" (nächste Seite).

- **Tipps und Hinweise:** Hier geht es um die Metaebene: Warum wurde etwas so formuliert? Welcher Ablauf hat gut funktioniert? Du bekommst einen Einblick in den didaktischen Hintergrund der Methode und findest Erklärungen zu besonderen Aspekten oder Varianten des Methoden-Prompts.

- **Variationen:** Wenn sich bei der Methode eine Variante anbietet, die auf einem ähnlichen Prinzip beruht, ist sie hier beschrieben.

- **Selbst ausprobieren:** In diesem Abschnitt wirst Du motiviert, selbst aktiv zu werden und die Methode in einer speziellen Modifikation anzuwenden. Es lohnt sich, ChatGPT parallel zum Lesen des Buches geöffnet zu haben, um die Prompts direkt auszuprobieren.

Download-Ressourcen

Auf der Verlags-Website findest Du alle Methoden-Prompts und weitere Dateien zum Buch zum Herunterladen. Den Link dazu findest Du in der Umschlagsklappe bzw. auf Seite 3 im E-Book.

Die im Buch beschriebenen KI-Methoden sollen Dir als Inspirationsquelle dienen und Dich dazu motivieren, selbst auf Entdeckungsreise zu gehen. Nutze die Gelegenheit, die Methoden zu erweitern, zu verändern oder sogar eigene neue Methoden zu entwickeln. Lass Deiner didaktischen Kreativität freien Lauf und entdecke die vielfältigen Möglichkeiten, die Dir der KI-Einsatz im Seminar bietet.

KI-Infobox

Warum gibt die KI auf die gleiche Frage unterschiedliche Antworten?

Die Antworten von ChatGPT basieren auf Wahrscheinlichkeiten. Das Modell hat riesige Mengen an Texten vornehmlich aus dem Internet gelesen und gelernt, welche Wörter und Sätze oft zusammen vorkommen. Wird ChatGPT eine Frage gestellt, wählt das Modell die Antwort aus, die am wahrscheinlichsten ist. Allerdings gibt es oft mehrere ähnlich wahrscheinliche Antworten. ChatGPT trifft dann einfach selbst die Auswahl.

Ein weiterer Grund ist der Kontext. Das Modell versucht, sich an den Verlauf eines Gesprächs zu „erinnern". Unterschiedliche Gesprächsverläufe oder vorherige Fragen können die Antwort beeinflussen. Der Bereich, den das Modell sozusagen zurückverfolgt, nennt sich das „Kontextfenster".

Zusätzlich lässt ChatGPT bei jeder neuen Anfrage zufällige Elemente einfließen, um kreativ und variabel zu bleiben. Daher sind die Antworten oft unterschiedlich, auch wenn die Frage gleichbleibt. Dies ist ein Merkmal des Modells, das darauf abzielt, Konversationen mit Menschen realistischer und dynamischer zu gestalten. Reagieren Menschen authentisch, variieren sie ihre Antworten oft leicht, auch wenn die Frage gleichbleibt. Profiler und Ermittler nutzen diesen Effekt, indem sie sich Erlebnisse mehrfach erzählen lassen. Personen, die die Wahrheit sagen, ändern ihre Erzählung meist ein wenig, da echte Erinnerungen bei jeder Beschreibung neu gebildet werden und sich deshalb kleine Details ändern können. Lügnerinnen und Lügner hingegen erzählen ihre Geschichten eher gleich. Sie merken sich ihre erfundene Erzählung gut und vermeiden bewusst Widersprüche.

Die KI generiert die Antwort jedes Mal neu und ruft sie nicht starr aus einer Datenbank ab. Trotzdem kann die KI lügen. Dazu lohnt sich ein neugieriger Blick in die Info-Box: „Achtung: die KI lügt!" (Seite 180).

KI-Methoden nach Seminarthemen

Nummer	Name	Seite	Kommunikation	Rhetorik	Team	Führung	Projekt-management
01	Rollenspiel-Dialog mit KI	48	x	x	x	x	x
02	Was hast du noch?	57			x	x	x
03	Aufloc-KI-rung	63	x	x	x	x	x
04	Ich sehe was …	68	x	x			
05	Wer stellt mich vor?	76	x	x	x	x	x
06	Metapherngenerator	82	x	x		x	
07	KI-Transfer-Coach	90	x	x	x	x	x
08	KI-kollegiale Beratung	97	x	x	x	x	x
09	Wer einmal lügt …	104					
10	Werteklarheit	109			x	x	x
11	Darauf bin ich gut vorbereitet!	114	x	x		x	x
12	Tipps konkretisieren	122	x	x	x	x	x
13	Mach mir einen Plan	127			x	x	x
14	Interview mit X	132	x	x	x	x	x
15	Zufall – oder?	140	x	x	x	x	x
16	Vorstellung mit Zufallsfragen	145	x	x	x	x	x
17	Argumente aus dem Automaten	151	x	x	x	x	
18	Wortbingo	159					
19	KI-Tabu	164					
20	Ideengenerator	169	x	x	x	x	x
21	Ich erklär's dir	175					
22	Stell mir Fragen	182			x	x	x
23	Aktivierung delegieren	191	x	x	x	x	x
24	Vervollständigen	195	x	x	x	x	x
25	Stichwort Assistent	204	x	x			
26	Gib mir Feedback!	209	x	x	x	x	
27	Themengeberin	219	x	x			
28	Reaktionen-Buffet	228	x	x	x	x	x
29	Argumentationstrainerin	234	x	x	x	x	x
30	Wer soll mich beraten?	242	x	x	x	x	x
31	Zwischenbilanz mit Reflexion	251	x	x	x	x	x
32	Einladung zum Perspektivwechsel	256	x	x	x	x	x
33	Gedichte-Fazit	265	x	x	x	x	x
34	Text Text Text	274	x	x	x	x	x
35	Bild Bild Bild	285	x	x	x	x	x
36	KI KI KI	294			x	x	x
36,3	Ideen Ideen Ideen	298	x	x	x	x	x

Kreativität	Konflikt	Resilienz	Zeit-management	Präsentation	Verkauf	Verhandlung	Moderation	Change-Management	Motivation	Train-the-Trainer	Sachthemen
	x				x	x	x			x	
x	x	x	x	x	x	x	x	x	x	x	
x	x	x	x	x	x	x	x	x	x	x	x
x											x
x	x	x	x	x	x	x	x	x	x	x	x
				x			x	x			
x	x	x	x	x	x	x	x			x	x
	x	x	x		x	x	x	x	x	x	
											x
	x					x		x	x		
	x			x	x	x	x	x		x	
x	x	x	x	x	x	x	x	x	x	x	
			x					x			
	x				x	x		x			
x	x	x	x	x	x	x	x	x	x	x	x
x	x	x	x	x	x	x	x	x	x	x	x
	x				x	x	x	x			
											x
											x
x	x	x	x	x	x	x	x	x	x	x	
											x
	x	x	x	x		x	x		x	x	
x	x	x	x	x	x	x	x	x	x	x	x
					x	x	x			x	
				x							
				x	x	x	x			x	
x				x	x	x	x				
	x			x	x	x	x	x		x	
	x	x	x	x	x	x	x	x	x		
	x	x	x		x	x	x	x	x	x	
x	x	x	x	x	x	x	x	x	x	x	x
	x	x	x			x	x	x	x	x	
x	x	x	x	x	x	x	x	x	x	x	x
x	x	x	x	x	x	x	x	x	x	x	x
x	x			x		x	x	x		x	x
	x	x	x		x	x	x	x	x	x	
x	x	x	x	x	x	x	x	x	x	x	x

KI-Methoden nach Seminarphasen

Nummer	Name	Seite	Vorstellungs-runde	Einstieg ins Thema	Wiederholung	Transfer	Diskussion
01	Rollenspiel-Dialog mit KI	48					x
02	Was hast du noch?	57					x
03	Aufloc-KI-rung	63					
04	Ich sehe was ...	68		x			
05	Wer stellt mich vor?	76	x	x			
06	Metapherngenerator	82					
07	KI-Transfer-Coach	90				x	
08	KI-kollegiale Beratung	97				x	x
09	Wer einmal lügt ...	104		x		x	
10	Werteklarheit	109					x
11	Darauf bin ich gut vorbereitet!	114					x
12	Tipps konkretisieren	122				x	x
13	Mach mir einen Plan	127				x	x
14	Interview mit X	132					x
15	Zufall – oder?	140	x		x	x	
16	Vorstellung mit Zufallsfragen	145	x	x			
17	Argumente aus dem Automaten	151					x
18	Wortbingo	159		x	x		
19	KI-Tabu	164		x	x		
20	Ideengenerator	169					x
21	Ich erklär's dir	175		x	x		
22	Stell mir Fragen	182					x
23	Aktivierung delegieren	191					
24	Vervollständigen	195					x
25	Stichwort Assistent	204					
26	Gib mir Feedback!	209					x
27	Themengeberin	219					x
28	Reaktionen-Buffet	228					x
29	Argumentationstrainerin	234				x	x
30	Wer soll mich beraten?	242					x
31	Zwischenbilanz mit Reflexion	251			x	x	x
32	Einladung zum Perspektivwechsel	256					x
33	Gedichte-Fazit	265					x
34	Text Text Text	274		x	x	x	x
35	Bild Bild Bild	285		x	x	x	x
36	KI KI KI	294				x	x
36,3	Ideen Ideen Ideen	298	x	x	x	x	x

Austausch	Gruppenarbeit	Einzelarbeit	Praxisübung	Fallstudie	Rollenspiel	Ideen-entwicklung	Auflockerung	Selbstreflexion	Abschluss	Feedback	Stoff-vermittlung
x	x		x	x	x						
x	x		x	x		x					
							x				
	x		x								x
	x										
	x	x	x	x		x					x
	x	x						x			
x	x			x		x		x			
	x										x
x	x		x	x				x			
x	x	x	x	x	x	x		x			
x	x							x	x		
x	x	x	x	x				x			
x	x		x	x							
	x		x	x	x	x					
x	x		x	x	x						
	x	x									x
	x										x
x	x	x	x	x		x					
	x										x
x	x		x	x				x			
		x					x				
	x		x					x			
		x	x	x		x					
x		x	x					x		x	
x	x		x	x	x						
x	x	x	x	x	x						
x	x	x	x	x	x						
x	x	x	x	x	x			x			
x	x	x						x	x	x	
x	x	x	x	x	x			x			
x	x	x							x	x	
x	x	x	x	x	x	x		x			x
x	x	x	x	x		x	x	x			x
x	x	x		x					x		
x	x	x	x	x	x	x	x	x	x	x	x

01

Rollenspiel-Dialog mit KI

Kommunikationssituationen besser meistern mit KI-Rollenspielen: neue Impulse für die Praxis.

Voraussetzungen

- Plenumsvariante: 1x ChatGPT für das Plenum, Projektion für die TN
- Kleingruppenvariante: 1x ChatGPT pro Kleingruppe

Dauer

- Plenumsvariante: Je nach Umfang, Auswertung und Diskussion 10 bis 50 Minuten
- Kleingruppenvariante: mindestens 30 Minuten

Gruppengröße

- Maximal 12 TN, wenn alle aktiv sein sollen

Einsatz

Als Einstieg in „echte" Rollenspiele

Die Methode eignet sich für alle Seminarthemen, bei denen das Training von Dialogen eine Rolle spielt – sei es im klassischen Kommunikationstraining, bei Konfliktgesprächen oder in der Führungskräfteschulung. Sie eignet sich als Einstieg in eine „echte" Rollenspielübung mit den Teilnehmenden.

Kurzbeschreibung der Methode

- Die Methode beginnt mit der gemeinsamen Entwicklung eines Rollenspiel-Settings. Die Gruppe legt die Rolle der KI fest, sam-

melt herausfordernde Sätze für das Szenario und klärt Beobachtungsaufträge.
- Die gesammelten Sätze werden als Input für ChatGPT verwendet, um Antworten der KI zu erhalten.
- Abschließend erfolgt eine Diskussion und Reflexion anhand von Beobachtungsaufträgen und Leitfragen, um Erkenntnisse für die Verbesserung der eigenen Kommunikationssituationen zu gewinnen.

Setting und Rolle der KI festlegen, ausprobieren, reflektieren

Methoden-Prompt

Ich möchte mit dir ein interaktives Rollenspiel durchführen.
Du sollst eine/n freundliche/n ... spielen.
Ich spiele den/die ...
Das Setting: ...

Deine erste Antwort soll nur eine Aufforderung an mich sein, den Dialog zu beginnen.
Das Spiel endet, wenn ich sage: Vielen Dank für das Gespräch.
Wie hast du das Spiel verstanden?

Praxisbeispiel

Beispiel: „Schwierige Seminarsituationen"

Herbert führt eine zweitägige Trainerfortbildung durch, in der das Thema „Schwierige Seminarsituationen" behandelt wird. Zum Einstieg bittet er seine Teilnehmenden, sich in folgende Situation hineinzuversetzen: *„Stell dir vor, es ist kurz vor Beginn eines deiner Präsenzseminare. Du hast alles gut vorbereitet, der Stuhlhalbkreis ist aufgestellt, und die Flipcharts sind gestaltet. Die Tür zu deinem Seminarraum öffnet sich und der erste Teilnehmer betritt den Raum. Du begrüßt ihn mit einem ‚Herzlich willkommen!' – Bis zu diesem Punkt ist die Situation noch unproblematisch. Doch nun sagt der neue Teilnehmer gleich zu Beginn einen Satz, der dich zwar nicht völlig aus der Ruhe bringt, aber doch ein wenig an deiner Gelassenheit rüttelt. Wie könnte dieser Satz lauten?"*

In einem munteren Brainstorming fallen Herberts Teilnehmenden typische Beispielsätze aus ihrem Trainings-Alltag ein: „Keine Tische, was ist das denn für eine Psycho-Runde hier?", „Gleich vorweg: So doofe Rollenspiele mache ich nicht mit!" Und: „Hoffentlich müssen wir hier nicht wieder auf so bunten Karten schreiben."

Herbert erklärt das weitere Vorgehen: *„In dem gleich beginnenden Rollenspiel wird ChatGPT die Rolle des Seminarleiters übernehmen. Gemeinsam werden wir sehen, wie er auf eure Beispielsätze reagiert."*

Bevor Herbert zum Laptop geht, erklärt er die Beobachtungsaufträge. Die Teilnehmenden sollen auf die Antworten des KI-Seminarleiters achten und sich Notizen anhand folgender Leitfragen machen:

Beobachtungsaufträge

- „Was hat mir an den Antworten gefallen, und welche Aspekte könnte ich für mich übernehmen?"
- „Was hätte ich mir anders gewünscht und wie?"

Jetzt sind alle neugierig. Herbert sitzt tippbereit vor seinem Laptop. Die Teilnehmenden können alles über den Beamer mitverfolgen. Entsprechend dem erstellten Setting gibt Herbert folgenden Prompt in ChatGPT ein:

Beispieldialog mit ChatGPT

Ich möchte mit dir ein interaktives Rollenspiel durchführen.
Du sollst einen freundlichen Seminarleiter spielen.
Ich spiele den Teilnehmer.
Das Setting: Am Morgen im Seminarraum zu Beginn des Seminars.

Deine erste Antwort soll nur eine Aufforderung an mich sein, den Dialog zu beginnen.
Das Spiel endet, wenn ich sage: Vielen Dank für das Gespräch.
Wie hast du das Spiel verstanden?

Sofort erscheint die folgende Antwort von ChatGPT auf der Leinwand:

Natürlich verstehe ich das Spiel. Lass uns anfangen! Starte den Dialog und ich übernehme die Rolle des freundlichen Seminarleiters.

Gut, dann kann es ja losgehen. Herbert tippt den ersten Satz ein:

Keine Tische, was ist das den für ne Psychorunde hier?

Antwort des KI-Seminarleiters:

> Oh, überraschend, dass es für Sie hier so aussieht! Aber keine Sorge, wir haben eine ganz besondere interaktive Methode für unser Seminar heute. Wenn Sie möchten, erzählen Sie mir doch, was Sie von diesem Seminar erwarten.

Reflektieren und der KI „Feedback geben"

Für die Reflexion des KI-Rollenspiels hat Herbert einen kleinen Kniff parat. Er bittet die Teilnehmenden um Folgendes: *„Wenn ihr gleich eure Beobachtungen rückmeldet, dann tut doch einfach so, als wäre die KI im Rollenspiel eine real anwesende Person, der ihr Feedback gebt. Wir geben unserem KI-Seminarleiter mal den Namen Karl, sodass ihr ihn direkt ansprechen könnt."*

Irene, eine Teilnehmerin in Herberts Seminar, schildert sofort ihre Eindrücke: *„Lieber KI-Karl, ich finde es positiv, dass du den Begriff ‚interaktive Methode' gewählt hast. Das klingt für mich neutral und nicht nach Psychologie. Außerdem bleibst du im Dialog und stellst offene Fragen. Andererseits hätte ich mir gewünscht, dass du das Wort ‚Sorgen' vermeidest und stattdessen einen positiven Ausdruck wählst. Möglicherweise könntest du den Satzteil ‚Aber keine Sorge' ganz weglassen oder durch ‚Alles bestens...' ersetzen."*

Nachdem auch andere Teilnehmende ihre Eindrücke geschildert haben, tippt Herbert den nächsten Satz ein:

> Gleich vorweg: So doofe Rollenspiele mache ich nicht mit!

Die Antwort von KI-Karl:

> Natürlich, das ist völlig in Ordnung! Jeder hat seinen eigenen Stil und nimmt auf seine eigene Art und Weise teil. Lassen Sie mich einfach wissen, welche Fragen Sie haben. Was liegt Ihnen am Herzen?

Wieder gibt es ein Feedback aus der Gruppe. Diesmal von Ulli: *„Karl vermeidet in seiner Antwort das Wort ‚Rollenspiel', das offensichtlich von dem Teilnehmer negativ assoziiert wird. Das lässt den Seminarverlauf offen und gibt mehr Entscheidungsfreiheit. Das gefällt mir. Meine*

Erfahrung ist, dass Teilnehmende eher bereit sind, sich auf ein Spiel einzulassen, wenn die Seminarleitung weniger ‚Druck' ausübt. Da muss ich auch bei mir selbst drauf achten."

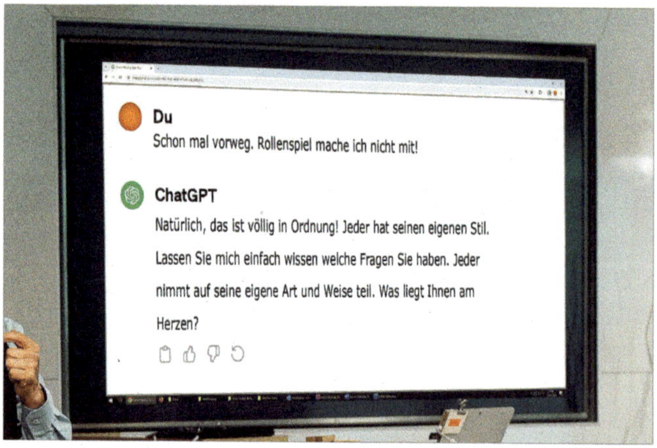

Abb.: Rollenspiel-Dialog mit ChatGPT im Seminar auf der Leinwand.

> Hoffentlich müssen wir hier nicht wieder auf so bunten Karten schreiben.

Antwort von Karl:

> Wir haben verschiedene Methoden, um Ihre Teilnahme am Seminar angenehm und effektiv zu gestalten. Falls sie lieber auf andere Weise mitmachen möchten, ist das absolut in Ordnung, dann werden wir gemeinsam einen Weg finden.

Chatbeispiele dienen als Anregungen

Auch in diesem Fall bespricht Herbert die KI-Antwort mit den Teilnehmenden. Nach den ersten drei Durchgängen sind die Teilnehmenden gespannt und motiviert, weitere Sätze auszuprobieren, um aus den Reaktionen von KI-Karl Anregungen für sich selbst abzuleiten.

Tipps und Hinweise

Die Rolle der KI an die Situation der Teilnehmenden anpassen

Die Methode ermöglicht es, die Dialoge, den Kontext der Rollenspielsituationen und die Rollen individuell an die Situation der Teilnehmenden anzupassen. In einem Seminar für neue Service-Mitarbeitende könnte der Prompt so gestaltet werden, dass die KI die Rolle des Hotelmitarbeiters übernimmt, während die Teilnehmenden in die Rolle des Gastes schlüpfen. Das Szenario könnte beispielsweise „Spät am Abend an der Hotelrezeption" sein. Die Teilnehmenden haben dann die Möglichkeit, den KI-Hotelmitarbeiter mit Sätzen herauszufordern, die sie selbst im Servicealltag an der Rezeption erleben.

- In einem Kommunikationstraining für den Büroalltag könnte die KI die Rolle der Teamleiterin übernehmen, während die Teilnehmenden in die Rolle der Kolleginnen schlüpfen, um die klassische Montagsbesprechung zu simulieren.
- Oder ein Bewerbungstraining, bei dem die Teilnehmenden wählen können, ob die KI die Rolle der Personalchefin oder die des Bewerbers einnimmt.

Inszenierte Rollenspiele als Inspiration

Die ursprüngliche Idee für die Methode entstand durch einen Fund in einer alten Seminarkiste – eine VHS-Kassette mit dem Titel „Kommunikation im Büroalltag". Das Videomaterial zeigt Schauspielende, die verschiedene Situationen aus dem Büroalltag darstellen, von Besprechungen über schwierige Chefs bis hin zu herausfordernden Kundenanrufen – inklusive einer Szene mit einem Faxgerät. Ich erinnerte mich, dass ich in meinen Kommunikationsseminaren die inszenierten Büroszenen aus dem Video gerne mit den Teilnehmenden analysierte.

Wir reflektierten die Reaktionen und Formulierungen, identifizierten unrealistische Darstellungen und gewannen Einsichten, welche Formulierungen wir übernehmen, ausprobieren oder vermeiden sollten. Dies diente als effektive Aufwärmübung für die Rollenspielübungen aus realen Situationen der Teilnehmenden.

Abb.: Die VHS-Kassette ist Geschichte – maßgeschneiderte Rollenspiel-Dialoge übernimmt die KI.

Die VHS-Kassette ist Geschichte. Welche Vorteile bietet das KI-Rollenspiel als Inspirationsquelle im Vergleich zu den vorgegebenen Videoszenen der VHS-Kassette?

Vorteile von KI-Rollenspielen

- Die Dialoge können an die Situation der Teilnehmenden angepasst werden.
- Der Kontext der Rollenspielsituation kann individuell bestimmt werden.
- Die Rollen können selbstbestimmt besetzt werden.
- Die Teilnehmenden können selbst in den Dialog eingreifen.

Kurz gesagt: flexibel, selbstbestimmt, interaktiv, modern, zeitweise ungewöhnlich, manchmal lustig und gelegentlich schräg.

Möglichkeiten und Grenzen des KI-Rollenspiels

Was können wir von einem KI-Rollenspiel erwarten und was nicht? Wir sollten keine KI-Reaktion erwarten, die wir direkt eins zu eins übernehmen können, und vor allem keine, die uns persönlich sofort zu 100 Prozent gefällt – ähnlich wie bei der VHS-Kassette. Dort ging es auch nicht darum, die Dialoge der Schauspieler einfach nachzusprechen, sondern vielmehr darum, positive Anregungen zu erhalten. Unter dieser Prämisse sollten die Antworten von ChatGPT betrachtet werden. Leitfragen wie „Welche Passagen der Formulierungen haben dir gefallen?" können helfen, die positiven Aspekte in den Antworten zu entdecken.

Eine Erfahrung, die ich mit dieser Methode gemacht habe, ist, dass Teilnehmende oft überkritisch auf die Antworten von ChatGPT reagieren, viel kritischer als auf die Dialoge der VHS-Kassetten-Schauspieler. Natürlich ist es wichtig, die KI-Antworten zu hinterfragen, aber in dieser Übung geht es vor allem darum, positive Inspiration aus dem Dialog zu ziehen.

Um dies zu erleichtern, wende ich einen kleinen „Trick" an. Ich gebe der KI einen Namen, zum Beispiel Karl, und bitte die Teilnehmenden, Karl ein Feedback zu geben, so wie sie es mit einer realen Person tun würden. Doch bevor Du die KI zu sehr vermenschlichst, empfehle ich vorsichtshalber einen Blick auf die Infobox „Was ist anthropomorph?" (Seite 56).

ChatGPT richtig anleiten

ChatGPT hat manchmal die Eigenschaft, schnell und viel zu plappern. Bei einem Rollenspiel-Prompt kann dies dazu führen, dass die KI sofort einen fertigen Dialog „ausspuckt". Um dies zu verhindern, wurden am Ende des Prompts die Sätze „Deine erste Antwort sollte nur eine Aufforderung sein, den Dialog zu beginnen" und „Wie hast du das Spiel verstanden?" eingefügt. Damit bekommt man in der Regel die Chance, den ersten oder zweiten Satz des Rollspieldialogs einzutippen.

Wenn Du mit der Methode experimentierst, hier ein Tipp: Mach den Prompt nicht zu kompliziert und entwirf das Setting nicht zu komplex. Ein oder zwei Sätze oder Schlüsselwörter reichen meist völlig aus.

In meinem Prompt habe ich als KI-Eigenschaft „freundlich" vorgegeben. Natürlich kannst Du diese Eigenschaft ändern, beispielsweise in „durchsetzungsstark", „wertschätzend" oder „humorvoll".

Beispiel: „Unfreundliche KI“

Probiere den Prompt mal mit einer „unfreundlichen“ KI aus. Frage im Dialog mal nach dem Brötchensortiment und den Preisen und ändere zwischendurch Deine Kaufentscheidung. Viel Spaß!

Ich möchte mit dir ein interaktives Rollenspiel machen.
Du sollst einen extrem unfreundlichen Bäckereifachverkäufer spielen.
Ich spiele die Kundin.
Das Setting: Morgens in der Bäckerei an der Verkaufstheke.

Deine erste Antwort soll nur eine Aufforderung an mich sein, den Dialog zu beginnen.
Das Spiel endet, wenn ich sage: Vielen Dank für das Gespräch.
Wie hast du das Spiel verstanden?

Der Dialog mit dem Bäckereifachverkäufer kann sehr unterhaltsam sein, aber die Frage ist, ob er zum Lernziel passt. Ich habe die Erfahrung gemacht, dass es besser ist, der KI positive Eigenschaften zu geben, die auch angestrebt werden, wie zum Beispiel motivierend, höflich oder einfühlsam. Daraus können die Teilnehmenden in der Regel mehr ableiten und lernen. Es sei denn, Du führst ein Unfreundlichkeitstraining durch.

Variation

Variante für mehr Interaktivität

Die **Variante mit Kleingruppen** verspricht mehr Interaktivität. Voraussetzung: Einige Teilnehmende haben per Smartphone oder Laptop Zugang zu ChatGPT. Gib Deinen Teilnehmenden immer das Gerüst des Prompts an die Hand. Die Teilnehmenden sollen den Prompt nicht selbst entwickeln, sondern lediglich die Lücken mit ihren individuellen Angaben füllen.

In Kleingruppen entwerfen die Teilnehmenden Gesprächssituationen, füllen die Lücken im bereitgestellten Prompt aus und gestalten so eigenständig Dialogbeispiele. Anschließend tauschen die Gruppen ihre Ergebnisse im Plenum aus.

Selbst ausprobieren

Wie wäre es, ein KI-Rollenspiel gleich auszuprobieren? Du kannst die Situation selbst entwerfen. Welche Rolle soll die KI einnehmen und in welche Rolle möchtest Du schlüpfen? Welcher Kontext passt für Dich am besten? Vielleicht ein Gespräch mit Seminarteilnehmenden, Kunden oder den Kindern beim Abendessen? Schau, ob bei der Simulation Formulierungen dabei sind, die Dir nützlich erscheinen.

KI-Infobox

Was ist anthropomorph?

Meine Freundin Heike hat seit einiger Zeit einen Staubsaugerroboter namens Bernhard. Wenn Bernhard Hunger hat, fährt er zur Ladestation, die Türschwellen in der Wohnung haben ihn von Anfang an genervt, aber wenn er alle Fusseln unter dem Bett weggesaugt hat, freut er sich.

Wenn Objekten menschenähnliche Eigenschaften, Merkmale oder Verhaltensweisen zugeschrieben werden, spricht man von Anthropomorphisierung. Im Zusammenhang mit ChatGPT könnte „anthropomorph" bedeuten, dass dem KI-Modell ein Bewusstsein oder Gefühle zugeschrieben werden, die es in Wirklichkeit nicht hat. Es ist wichtig, immer daran zu denken, dass ChatGPT ein Algorithmus ist, der auf maschinellem Lernen basiert. Bewahre Dir die Fähigkeit, eine klare Grenze zwischen der Funktionsweise des Modells und menschlichen Eigenschaften zu ziehen. Sonst ärgert sich „Chatti" – so heißt ChatGPT bei mir – zu sehr über Deine überzogenen Erwartungen ;-)

Was hast du noch?

02

KI-unterstütztes Brainstorming liefert den Teilnehmenden zusätzliche Lösungsimpulse.

Voraussetzungen

- 1x ChatGPT pro Kleingruppe

Dauer

- Problemdefinition: 15 Minuten
- Ideensammlung Phase 1: 30 Minuten
- Eingabe in ChatGPT und Ideensammlung Phase 2: 40 Minuten
- Je nach Vorgabe und Diskussionsbedarf der Teilnehmenden kann der Zeitbedarf deutlich variieren.

Gruppengröße

- Maximal 12 TN, wenn am Ende des Prozesses eine Idee in der Gesamtgruppe ausgewählt werden soll, ansonsten dauert die Diskussion zu lange.
- Beliebig viele TN, falls es bei einem Ideenbuffet ohne Diskussion bleibt.

Einsatz

Kreative Lösungen entwickeln

Diese KI-gestützte Brainstorming-Methode ist ideal für Seminarabschnitte, in denen die Teilnehmenden kreative Lösungen zu verschiedenen Fragestellungen entwickeln sollen. Diese Fragen können von der Seminarleitung und von den Teilnehmern selbst eingebracht werden.

Kurzbeschreibung der Methode

- Im ersten Schritt wird das Problem analysiert und die sich daraus ergebende Fragestellung präzisiert.
- In Kleingruppen erarbeiten die Teilnehmenden kreative Lösungsideen.
- Erst nachdem die Teilnehmenden eine Liste von Ideen entwickelt haben, tritt die KI in Aktion. Ein vorgegebener Prompt wird mit der Problemfragestellung und den bereits von der Gruppe erarbeiteten Lösungsideen ergänzt.
- ChatGPT generiert neue, zusätzliche Lösungsideen.
- Die neu generierten KI-Ideen dienen der Gruppe als Inspiration für weitere Ideen.

Methoden-Prompt

Die Situation stellt sich wie folgt dar: ...
Daraus ergibt sich folgende Frage: ...?

Es gibt bereits Tipps:
- ...
- ...
- ...
...

Bitte formuliere 5 weitere Tipps. Deine Tipps dürfen gerne kreativ und ungewöhnlich sein.

Praxisbeispiel

Beispiel im Online-Seminar

In ihren Workshops nutzt Charlotte gerne das kreative Potenzial ihrer Teilnehmenden. Diesmal moderiert sie einen Workshop zum Thema „Online-Meetings abwechslungsreich gestalten". Alle Teilnehmenden sind mit virtuellen Besprechungen vertraut. Gemeinsam soll ein Ideenbuffet mit Tipps entstehen. Charlottes Seminar findet online über eine digitale Plattform statt.

Bevor sie die Gruppe in zwei Breakout-Sessions aufteilt, erklärt sie die Aufgabe. *„Eure Aufgabe ist, Tipps zu sammeln, die euch helfen können, eure Online-Meetings noch abwechslungsreicher zu gestalten. Wenn ihr möchtet, könnt ihr gerne für eure Notizen die digitale Pinnwand nutzen.*

Wenn ihr mehr als fünf Tipps erarbeitet habt, klickt ihr auf den Button ‚Meeting Host rufen'. Ich komme dann in euren digitalen Raum und gebe euch einen neuen Kreativimpuls, mit dem ihr das Brainstorming munter fortsetzen könnt."

Nach zwölf Minuten ruft schon die erste Gruppe. Auf der digitalen Pinnwand befinden sich folgende Ideen:

Abb.: Die Ideensammlung auf der digitalen Pinnwand dient als Vorbereitung.

Charlotte erläutert die weitere Vorgehensweise: *„Ihr bekommt gleich ein neues Gruppenmitglied – nennen wir ihn Oliver. Ich habe Oliver schon die Situation und die Fragestellung geschildert, die wir vorhin im Plenum erarbeitet haben. Ihr verratet ihm die Punkte, die ihr schon erarbeitet habt. In kürzester Zeit wird euch Oliver fünf weitere Tipps geben."* Die Gruppe ahnt schon, wer Oliver sein könnte, denn Charlotte hat im Vorfeld die Gruppen so aufgeteilt, dass in jeder Kleingruppe jemand mit Zugriff auf ChatGPT dabei ist. In einer Gruppe übernimmt das Lisa. Über den privaten Chat erhält sie den Methoden-Prompt:

> Die Situation stellt sich wie folgt dar: Wir moderieren Online-Meetings mit 5 bis 20 Teilnehmenden über Zoom.

Daraus ergibt sich folgende Frage: Wie können wir die Online-Meetings noch abwechslungsreicher und aktiver gestalten?

Es gibt bereits Tipps:
- ...
- ...
- ...
...

Bitte formuliere 5 weitere Tipps. Deine Tipps dürfen gerne kreativ und ungewöhnlich sein.

ChatGPT ergänzt die bisher gesammelten Ideen

Charlotte gibt dazu noch wichtige Hinweise: *„Oliver wird euch gleich fünf weitere Tipps geben. Ihr seid eingeladen, diese Tipps als Inspirationsquelle zu nutzen. KI-Oliver gibt euch einen Denkanstoß, den ihr bitte nicht einfach eins zu eins übernehmt. Schaut, was euch gefällt, und nehmt es in eure Sammlung auf. Lasst weg, was euch nicht gefällt. Ganz wichtig: In welcher Idee von Oliver steckt vielleicht eine Anregung, die ihr so verändern könnt, dass sie für euch praktikabel erscheint? Viel Spaß."*

Lisa weiß Bescheid. Sie kopiert den Prompt in ihr ChatGPT-Eingabefeld und hat flott die schon erarbeiteten Tipps im Prompt ergänzt. Sie teilt ihren Browser-Bildschirm mit den anderen und fragt munter in die Runde: *„Wollen wir sehen, was KI-Oliver draufhat?"* Schon hat sie Enter gedrückt, und Oliver sprudelt los.

Natürlich, hier sind fünf weitere kreative Tipps:

- Musikalische Einleitung: Starte das Meeting mit einem motivierenden Musikstück.

- Virtuelle „Warme Getränke": Bevor das Meeting beginnt, schicke virtuelle Gutscheine für Kaffee oder Tee.

- Themenbezogene Hintergrundbilder: Verschicke unterschiedliche Bilder, mit denen die Teilnehmenden ihren virtuellen Hintergrund gestalten können, um Stimmungen oder Meinungen rückzumelden.

- Themen-Roulette: Bei jedem Meeting gibt es ein Thema, welches vorher nicht bekannt ist. Das fördert die Flexibilität und Kreativität der Teilnehmer.

- „Show and Tell"-Session: Jeder Teilnehmer hält kurz etwas Persönliches in die Kamera, sei es ein interessantes Buch oder ein Lieblingsobjekt.

- Zufälliger Pausen-Flashdance: Alle werden aufgefordert, einen kurzen Tanz hinzulegen.

- Virtual Escape Room Challenge: Teilt die Teilnehmenden in Teams auf und stellt ihnen knifflige Rätsel oder Aufgaben, die sie gemeinsam lösen, um „auszubrechen".

Diese Tipps sollen dazu beitragen, die Meetings lebendiger und ansprechender zu gestalten, indem sie verschiedene Aspekte von Teamarbeit, Kreativität und persönlichem Austausch integrieren.

KI-Vorschläge auswerten und alle Ideen im Plenum zusammentragen

Zuerst stellt die Gruppe fest, wie engagiert KI-Oliver sogar sieben anstatt fünf Vorschläge gemacht hat und freut sich über die neuen Impulse. Dann wird über die Ideen diskutiert. Zuerst wird die „Show und Tell"-Session in den Ideenkatalog aufgenommen, während das Tanzen rausfliegt. Über die Escape-Room-Idee wird am längsten diskutiert. Alle finden sie im Prinzip gut, sie soll jedoch nicht mit Rätseln, sondern mit Arbeitsaufgaben umgesetzt werden.

Zurück im Plenum werden die Ideen mit der anderen Kleingruppe ausgetauscht und zu einer gemeinsamen Sammlung zusammengeführt. Alle sind gespannt, wie sich die Meetings in Zukunft verändern werden.

Tipps und Hinweise

Online und in Präsenz: genügend Zeit einplanen

Die Methode funktioniert in Online- und in Präsenz-Seminaren. Je nach Art des Problems, der Größe der Gruppe oder der Detailtiefe der Lösungsideen kann die benötigte Zeit für den Ablauf stark variieren. Plane genügend Zeit ein, damit die Kleingruppe die KI in Ruhe mit der Problemstellung und den bereits erarbeiteten Ideen füttern kann.

Selbst erarbeiten fördert die Identifikation mit den Ideen

Bei der Methode stellt sich die Frage: „Warum erst selbst Ideen erarbeiten? Erkundigen wir uns doch gleich bei der KI nach Ideen?" Der Gedanke dahinter ist, dass die Teilnehmenden zunächst eigene Ideen entwickeln und dann neue Impulse der KI dazukommen. Zwei Effekte können auftreten. Die Teilnehmenden sagen, „Oh, unsere Ideen sind viel besser als die der KI. Nehmen wir lieber unsere eigenen" oder „Vielen Dank, KI, für die neuen Anregungen". Ich finde beide Effekte okay. Im ersten Fall bekräftigen die Teilnehmenden ihr eigenes Kreativitätspotenzial. Im anderen werden die KI-Inspirationen genutzt. Wenn man nicht „alles" der KI überlässt und der eigenen Kreativität vertraut, erhöht das die Chance, sich mit den erarbeiteten Ideen zu identifizieren und diese umzusetzen.

Selbst ausprobieren

Hast Du gerade eine Fragestellung, zu der Du gerne Inspirationen hättest? Formuliere eine Problemfrage und finde Ideen ohne die Hilfe der KI. Tippe in den Methoden-Prompt die Fragestellung ein, ergänzt um die schon selbst kreierten Lösungsideen. Prompt abschicken!

Was ist Dein erster Gedanke? „Meine Ideen sind viel besser. Ha, ich bin doch kreativer!" Oder vielleicht: „Ein kleiner Impuls ist schon dabei, über den ich nachdenken könnte."

Aufloc-KI-rung

03

Bewegungspausen mit der KI: Auflockerungsübungen für zwischendurch – Überraschung inklusive.

Voraussetzungen

- 1x ChatGPT für das Plenum, Projektion für die TN

Dauer

- 5 Minuten oder weniger

Gruppengröße

- Beliebig viele TN

Einsatz

Für eine kurze Auflockerungen im Seminar schlägt die KI eine Auswahl von einfachen Bewegungen vor. Eine Überraschung, die die Spannung erhöht: Niemand weiß vorher, was die KI sich ausdenkt. Durch den Neugierfaktor werden die Teilnehmenden motiviert, sich auf das Bewegungsspiel einzulassen. Passt zu allen Seminarthemen – ob in Präsenz oder online.

Einfache, aber überraschende Aktivierungsübungen

Kurzbeschreibung der Methode

- ChatGPT macht Vorschläge für kurze Bewegungs-Auflockerungen.
- Die vorgeschlagenen Bewegungen werden unter Anleitung der Kursleiterin oder des Kursleiters durchgeführt.

Methoden-Prompt

Du bist ein Bewegungscoach. Bitte nenne mir fünf einfache Bewegungen, die in einer Seminargruppe von allen Teilnehmenden individuell ausgeführt werden können. Deine Bewegungsanweisungen sollten folgende Kriterien erfüllen
- kurz und einfach auszuführen
- alle sollen gleichzeitig mitmachen können
- mit leichter körperlicher Aktivität

Nenne deine Bewegungs-Anweisungen nur als kurzes Stichwort ergänzt um eine fantasievolle Metapher in der Form: „[Bewegung] wie ...“
Beginne deine Antworten mit dem Satz: „Hier sind eure Bewegungs-Anweisungen ...“

Praxisbeispiel

Frank integriert gerne kurze Aktivierungen in den Seminarablauf, die mit einer einfachen Bewegungsaktivität für die Teilnehmenden verbunden sind. Dafür hat er einen ganzen Fundus von Aktionen. Von den Überkreuzbewegungen, die beide Gehirnhälften aktivieren, bis zum spielerischen Platzwechsel. Seine Trainererfahrung hilft ihm, die passende Übung auszuwählen.

Da er ChatGPT schon in anderen Phasen seiner Trainings nutzt, hat er nun auch sein Auflockerungsrepertoire um eine KI-Variante erweitert.

Mit folgenden Worten leitet Frank in die Methode ein: *„Bisher habe ich ja immer gesagt, wir sollten nie das, was ChatGPT sagt, eins zu eins übernehmen, ohne vorher unser Gehirn einzuschalten. Wir können ChatGPT um Rat fragen – aber wir müssen ja nicht tun, was sie vorschlägt.“*

Frank schaltet den Seminarbildschirm an, und alle können den Methoden-Prompt sehen.

Ungewohnt: Den Anweisungen der KI spontan folgen

„Ich werde gleich Enter drücken und ChatGPT wird uns fünf Bewegungen vorschlagen. Wir machen – ganz gegen unsere Gewohnheit – genau das, was auf dem Bildschirm erscheint. Ich bin selbst gespannt, was uns gleich vorgeschlagen wird. Lassen wir uns von der KI mal unsere Auflockerungsbewegungen vorschreiben. Einverstanden?“ Alle nicken und sind neugierig, welche „Anweisungen“ sie gleich bekommen werden.

Hier sind eure fünf Bewegungs-Anweisungen:

1. Armkreisen wie Windmühlen im Sommerwind.
2. Kniebeugen, nicht zu tief, wie Federn, die sanft zurückspringen.
3. Schulterzucken wie Blätter, die im Wind zittern.
4. Seitliches Beugen wie Bäume, die sich in der leichten Brise neigen.
5. Fußwippen wie das sanfte Plätschern eines Baches.

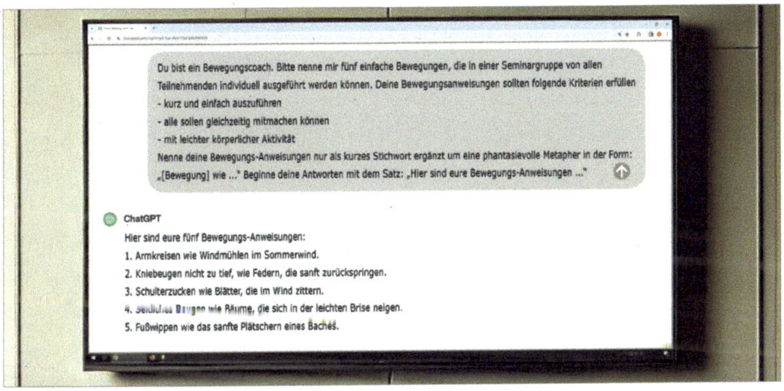

Abb.: Die Teilnehmenden erhalten die Bewegungsanweisungen von ChatGPT über den Seminarbildschirm.

„Na denn – los geht's!" In flotter Abfolge mit jeweils fünf bis acht Wiederholungen leitet Frank durch die Bewegungsvorschläge. Zum Abschluss lässt er alle nochmals die Arme und Beine ausschütteln und mit frischer Energie geht es weiter im Seminarablauf.

Jederzeit einsetzbar

„Falls jemand von euch im weiteren Seminarverlauf Lust hat auf eine kurze Auflockerung – einfach melden! Dann lassen wir uns neue Bewegungsanweisungen geben."

Nach etwa einer Stunde Seminar meldet sich Ravi: *„Lass uns noch mal bewegungsaktiv werden."* Frank ruft den Chatverlauf auf und tippt ein:

Bitte noch 5 neue Anweisungen.

Der KI-Bewegungscoach waltet seines Amtes:

Hier sind fünf neue Bewegungs-Anweisungen:

1. Kopfneigen wie Blumen, die sich zur Sonne strecken.
2. Hüftkreisen wie sanfte Wellen im Ozean.
3. Fußgelenkrollen wie das Drehen einer Uhr.
4. Handgelenkstreckung wie das Entfalten einer zarten Blume.
5. Rückenstrecker wie das Aufrichten eines stolzen Baumes.

Und schon sind alle eingeladen, aufzustehen. Frank interpretiert die Bewegungen und gibt die Wiederholungen vor.

Tipps und Hinweise

Zufällige Variation erweitert Dein Repertoire

Zugegeben, das ist nicht die Methode, mit der Du Dein Seminar retten kannst. Es bringt eine Variante in Dein Auflockerungsrepertoire. Das Nette ist, dass der Faktor Zufall eine Rolle spielt und die Bewegungen mit einer Metapher verbunden sind wie etwa bei „Handgelenkstreckung wie das Entfalten einer zarten Blume". So spricht es Körper und Fantasie gleichermaßen an.

Ich habe die Erfahrung gemacht, dass die Wiederholung des Auflockerungsspiels oft von den Teilnehmenden selbst initiiert wird. Nach dem Motto: „Die KI soll noch mal was vorschlagen."

Manchmal nennt die KI Bewegungen, bei denen Du vielleicht denkst: „Huch, wie ist das denn gemeint?" Egal – Du interpretierst die Aktivität und gibst den Ablauf vor. Die meisten Teilnehmenden werden Deinem Muster folgen, und falls eine Teilnehmerin oder ein Teilnehmer eine eigene Interpretation findet – umso besser.

Bei dieser Auflockerung handelt es sich um einen kurzen Energizer. Bestimme als Seminarleitung die Anzahl der Wiederholungen pro Bewegung. Empfehlung: nicht mehr als 4- bis 5-mal, um nahtlos zur nächsten Bewegung überzugehen. Führe alle Bewegungen ohne Unterbrechung nacheinander durch. Am Ende noch einmal alles ausschütteln und weiter geht's im Seminar.

Weitere Übungen anfordern

Wenn Du im Chatverlauf von ChatGPT zu den Auflockerungen zurückkehrst, reicht die Anweisung: „Bitte noch mal fünf neue", um weitere Bewegungen zu generieren. Nach einiger Zeit kann es passieren, dass sich ChatGPT bei den Vorschlägen wiederholt, aber die bildhafte Metapher ist immer unterschiedlich.

Hüftkreisen wie die Rotation eines sanften Wasserfalls.
Hüftkreisen wie das Schwingen einer Hängematte im Sommerwind.
Hüftkreisen wie das Drehen eines Kieselsteins im Flussbett.
Hüftkreisen wie das Wiegen eines Bootes auf ruhigen Gewässern.

Na, das lassen wir als vier verschiedene Varianten des Hüftkreisens gelten.

Der Prompt lässt sich leicht anpassen. Die Anzahl der Bewegungen kann verändert oder die Metapher weggelassen werden. Aber die Erfahrung zeigt, dass fünf Vorschläge eine gute Anzahl für eine schnelle Bewegungspause zwischendurch sind.

Anpassung fürs Online-Training

Im Online-Training passe ich den Prompt an:

Du bist ein Bewegungscoach. Bitte nenne mir fünf einfache Bewegungen, die in einem Online-Seminar von allen Teilnehmenden individuell ausgeführt werden können. Deine Bewegungsanweisungen sollten folgende Kriterien erfüllen ...

Wenn ChatGPT etwas vorschlagen sollte, was im Online-Seminar nicht funktioniert – zum Beispiel gegenseitiges Nackenklopfen – dann heißt es, spontan eine machbare Variante zu kreieren.

Selbst ausprobieren

Lust auf eine kurze Bewegungspause? Jetzt weißt Du, wer Dir etwas vorschlagen kann. Methoden-Prompt eingeben und bis zu acht Wiederholungen für jede vorgeschlagene Bewegung ansetzen. Auf geht's.

04

Ich sehe was ...

Klassiker im modernen Gewand: objekt- und bildbasierte Methode vertieft Fachthemen und fördert die Wahrnehmung und Fähigkeit zur präzisen Formulierung.

Voraussetzungen

- 1x ChatGPT und eine Projektion für die Teilnehmenden
- Hilfreich: Spracherkennung

Dauer

- Je nach Anzahl der Bilder/Objekte 15 bis 45 Minuten

Gruppengröße

- Maximal 12 TN, wenn alle aktiv sein sollen

Einsatz

Neue Gegenstände kennenlernen

Die Methode ist ideal für Themen, bei denen das Kennenlernen von neuen Gegenständen, Objekten oder Bildern Teil des Lernziels ist. Ob ein Gemälde im Kunstseminar, Werkzeuge im Nähkurs, eine Pflanze im Botanik-Workshop oder die Inhalte eines Erste-Hilfe-Koffers – durch diese Methode lernen die Teilnehmenden die neuen Objekte kennen und verbessern gleichzeitig ihre Fähigkeiten zu beobachten, wahrzunehmen und sich klar auszudrücken.

Kurzbeschreibung der Methode

- Die Teilnehmenden beschreiben Bilder oder Gegenstände aus den Lerninhalten so lange, bis die KI erkennt, um was es sich handelt.

Methoden-Prompt

> Wir spielen ein Spiel.
> Ich werde dir gleich ein Bild oder Objekt beschreiben.
> Du sollst versuchen, das Bild/Objekt anhand meiner Beschreibung zu erkennen.
> Bitte antworte mit einem konkreten Tipp, um welches Bild/Objekt es sich handelt.
> Wenn du falsch rätst, gebe ich dir weitere Informationen zum Bild/Objekt.
> Bitte ergänze deine Antwort mit zwei oder drei weiteren Informationen zu dem Bild/Objekt.
>
> Wie hast du das Spiel verstanden?

Praxisbeispiel

Beispiel: Gemälde erraten

Walter bietet einen Kurs an, in dem er jungen Erwachsenen die Welt der Kunst näherbringt. Ein besonderes Augenmerk liegt dabei darauf, die Teilnehmenden für die Feinheiten der Kunstwerke zu sensibilisieren. Dafür nutzt er unter anderem die KI-Methode „Ich sehe was ...".

In seinen Seminaren zeigt er den Teilnehmenden Kunstdrucke von bekannten Malerinnen und Malern. Den Methoden-Prompt hat er speziell für seine Zwecke angepasst und erweitert.

> Wir spielen ein Spiel.
> Ich werde dir gleich ein Bild von einem bekannten Künstler oder einer bekannten Künstlerin beschreiben.
> Deine Aufgabe ist es, das Bild anhand meiner Beschreibung zu erkennen.
> Bitte antworte mit einem konkreten Tipp, um welches Bild und um welchen Künstler oder welche Künstlerin es sich handelt.
> Falls du falsch rätst, werde ich dir weitere Informationen zu dem Bild geben.
> Bitte teile mir noch zwei oder drei Zusatzinformationen zu dem Bild mit.
>
> Wie hast du das Spiel verstanden?

ChatGPT antwortet:

Ich habe das Spiel verstanden! Lass uns anfangen. Gib mir deine Beschreibung des Bildes, und ich werde versuchen, es zu identifizieren.

Abb.: „Die Sternennacht" von Vincent van Gogh.

Walter hat ChatGPT mit Spracherkennung auf seinem Laptop installiert und alle Teilnehmenden können den Dialog über einen großen Bildschirm mitverfolgen. Als Erstes hat er einen Kunstdruck des Gemäldes „Die Sternennacht" mitgebracht.

„Wer von euch hat Lust, spontan zu beschreiben, was auf dem Bild zu sehen ist? Welche Farben, welche Stimmung und welche Gefühle löst es aus? Wenn ihr den Zeichenstil oder das Material erkennt, könnt ihr das gerne hinzufügen. Mal sehen, ob ChatGPT anhand der Details das Bild erkennt und uns die Malerin oder den Maler dazu nennen kann."

Florence springt sofort auf und setzt sich an den Laptop, das Bild gut im Blick. Sie legt los – die automatische Spracherkennung versteht nicht jedes Wort exakt – aber egal – Walter lässt die Eingabe so, wie sie ist.

Bildbeschreibung per Spracheingabe

Ich sehe ein Bild und da überwiegend Blautöne man sieht
einen Mond
auf der rechten Bildseite
ich vermute gemalt mit Ölfarben
und es ist so ein Wirbel im Himmel sichtbar
und unten ist eine Stadt
mit einer Kirche in der Mitte und im Vordergrund ist ein grüner
eine grüne Pflanze
es ist alles so ein bisschen in Bewegung es hat so ein so einen wirbelartigen Wirbel im Himmel
auf mich wirkt es nicht beunruhigend eher wirbelartig

Mit einem Nicken signalisiert Florence, dass sie mit ihrer Beschreibung fertig ist. Walter stoppt die Spracherkennung und schickt die Eingabe ab.

Die Antwort von ChatGPT:

Basierend auf deiner Beschreibung könnte es sich um das berühmte Gemälde „Die Sternennacht" von Vincent van Gogh handeln. Es zeigt einen wirbelnden Sternenhimmel über einer Stadt, wobei der Mond präsent ist. Es ist bekannt für seine Verwendung von Blautönen und Ölfarben.

Nachdem alle noch ein wenig über das Kunstwerk diskutiert und ihre unterschiedlichen Wahrnehmungen ausgetauscht haben, sind sie gespannt darauf, ein neues Kunstwerk zu analysieren. Walter schreibt in ChatGPT:

Sehr gut erkannt. Ich beschreibe jetzt ein anderes Bild.

ChatGPT antwortet:

Natürlich, gerne! Bitte beschreibe das neue Bild, und ich werde versuchen, es zu erraten.

Als zweites Bild hat Walter das Kunstwerk „Der Kuss" von Gustav Klimt mitgebracht. Diesmal legt Esther mit ihrer Beschreibung los, die Spracherkennung wandelt das Gesagte in Text um:

Es handelt sich um ein abstraktes Gemälde
der Hintergrund ist gelb oder goldfarben
Links unten befinden sich blumenartige Ornamente
in den Farben Violett Blau Gelb Grün und Gelb
dann in der Mitte ein überwiegend gelbes Objekt
mit dunklen Flächen
aber auch farbigen
runden Flächen oben in der Mitte

Abb.: „Der Kuss" von Gustav Klimt.

Die Antwort von ChatGPT:

Basierend auf deiner Beschreibung denke ich, dass es sich um das berühmte Gemälde „Die 15 Sonnenblumen" von Vincent van Gogh handeln könnte.

Ein paar zusätzliche Informationen zu dem Gemälde:
1. Vincent van Gogh malte „Die 15 Sonnenblumen" im Jahr 1888 in Arles, Frankreich.
2. Das Gemälde ist Teil einer Serie von Stillleben mit Sonnenblumen, die van Gogh während seines Aufenthalts in Arles schuf.
3. Es zeigt eine Vase mit Sonnenblumen vor einem gelbgoldenen Hintergrund, mit einigen Blumenornamenten in verschiedenen Farben im unteren Bereich.

Bitte lass mich wissen, ob meine Vermutung richtig ist!

Abb. rechts: „Die fünfzehn Sonnenblumen" von Vincent van Gogh.

Schnell googelt Walter nach dem Sonnenblumenbild und alle stellen fest, dass Esthers Beschreibung größtenteils passen würde.

Plötzlich bemerkt ein Teilnehmer, dass auf dem ursprünglichen Poster von Walter, das zunächst fast nur abstrakt wirkte, zwei Personen zu sehen sind, die sich zu umarmen scheinen. Eine zusätzliche Erklärung wird eingesprochen:

Es handelt sich um ein anderes Bild
Ich gebe dir zusätzliche Informationen
ein Paar ist zu sehen, das sich umarmt und sogar küsst
die Gesichter der Figuren sind kaum zu erkennen
von langen Haaren, Mustern mit Blumen verdeckt werden
Farben, viel Goldgelb
Bei mir löst es Gefühle wie Intimität, Liebe und Leidenschaft aus

Walter gibt noch den Tipp „Jugendstil" dazu, und schon erkennt ChatGPT das Bild:

Vielen Dank für die zusätzliche Beschreibung! Basierend darauf denke ich, dass es sich um das berühmte Gemälde „Der Kuss" von Gustav Klimt handelt.

Einige zusätzliche Informationen zu dem Gemälde:
1. Gustav Klimt malte „Der Kuss" zwischen 1907 und 1908 während der Blütezeit des Jugendstils in Wien.
2. Das Gemälde ist eines der bekanntesten Werke des Symbolismus und zeigt ein Paar in inniger Umarmung, umgeben von goldenen und ornamentalen Mustern.
3. Klimt verwendete eine Vielzahl von Materialien, einschließlich Blattgold, um das luxuriöse und opulente Aussehen des Gemäldes zu erzeugen.

Bitte lass mich wissen, ob meine Vermutung richtig ist!

Walter hat noch die Gemälde „Nachtwache", „Die Frau mit dem Perlenohrring" und „Guernica" dabei. Einige Beschreibungen werden von ChatGPT sofort erkannt, bei anderen benötigt die KI drei bis vier Versuche und gelegentliche Hinweise von Walter zum Malstil oder den verwendeten Materialien. Besonders interessant fanden die Teilnehmenden jedoch den Vergleich der „falsch getippten" Bilder untereinander. Sie waren überrascht, wie viele Details und Parallelen sie bisher übersehen hatten.

Tipps und Hinweise

Die Methode funktioniert gut, wenn Dinge oder Bilder beschrieben werden und der Fokus auf den Details liegt. Manchmal erkennt ChatGPT nicht sofort, was gemeint ist, aber das macht nichts. Es fördert den zweiten und dritten Blick auf die Dinge. Und wie immer kann ChatGPT danebenliegen. Falls es gar nicht klappen will, kannst Du als Seminarleitung der KI mit Zusatzinformationen auf die Sprünge helfen. So kann jede Beschreibungsrunde mit der richtigen Lösung abgeschlossen werden. Je bekannter die Bilder oder Objekte sind, desto besser klappt der Ablauf. Nicht so gut oder gar nicht funktioniert es mit unbekannteren Bildern oder Objekten.

Je bekannter Bilder und Objekte sind, desto einfacher hat es die KI

Bei der Methode ist es sehr hilfreich, eine Spracherkennung mit der ChatGPT-Eingabe zu verknüpfen. Dadurch können die Beschreibungen frei eingesprochen werden. Lass ruhig alle Wortwiederholungen, Versprecher oder Erkennungsfehler drin. ChatGPT stört das nicht, und wenn man alles gleich korrigieren möchte, hemmt es nach meiner

Spracherkennung: Mut zu Fehlern

Erfahrung nur den Erklärfluss. Die Idee ist ja, dass in der Beschreibung einfach frei assoziiert werden darf.

Oft drehe ich den Bildschirm einfach weg, damit die Person, die die Beschreibung einspricht, gar nicht erst sieht, was die Texterkennung aus dem Gesprochenen macht.

Den Blick fürs Detail schulen

Schön ist es, wenn Du Bilder oder Objekte hast, die für die Teilnehmenden neu, unbekannt und vielleicht ein bisschen rätselhaft sind. Nachdem die Anwesenden das Bild oder Objekt genau betrachtet und beschrieben haben, sind sie oft besonders gespannt darauf, mehr darüber zu erfahren.

Wie im Praxisbeispiel erläutert, kann es hilfreich sein, im Methoden-Prompt der KI anzugeben, aus welchem Kontext das Bild oder Objekt stammt. Wenn Du mehr Tempo in der Methode haben möchtest, kannst Du die Bitte nach Zusatzinformationen weglassen.

Variation

Reale Objekte erleben und beschreiben

Reale Objekte im Seminarraum, die zum Lernstoff passen, sind meistens besonders spannend. Das können zum Beispiel Werkzeuge in einem Heimwerkerkurs, medizinische Geräte in einem Ersthelferkurs oder Pilze, Haushaltsgeräte und Computerbauteile sein, je nachdem, welche Inhalte Du vermitteln möchtest.

In einem Kochkurs könntest Du zum Beispiel die Teilnehmenden exotische Früchte oder Gewürze beschreiben lassen und ChatGPT soll erraten, um welche es sich handelt, basierend auf der Schilderung von Geruch, Geschmack, Aussehen und Farbe.

Abb.: „Die große Welle vor Kanagawa" von Katsushika Hokusai (Quelle: gemeinfrei).

Selbst ausprobieren

Starten wir ein Experiment. Gib den Methoden-Prompt ein und versuche herauszufinden, ob Du ChatGPT nur durch die Beschreibung des folgenden Bild dazu bringen kannst, die Antwort „Die große Welle vor Kanagawa" zu generieren.

Zweite Aufgabe: Beschreibe nun den folgenden Gegenstand. Die KI-Reaktion soll sein: „Latthammer oder Zimmermann-Hammer". Es ist wohl klar, dass „Hammer" als Antwort allein nicht ausreicht.

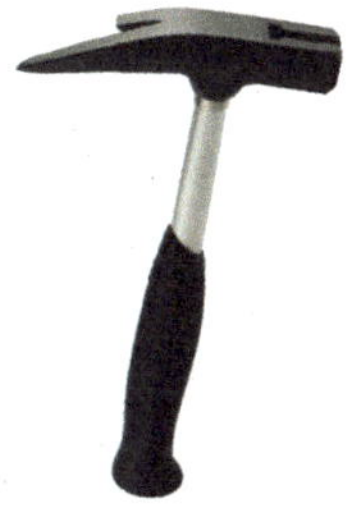

Abb.: Latthammer oder Zimmermann-Hammer.

KI-Infobox

Sollte ich zu meiner KI höflich sein?

Vielleicht ist Dir aufgefallen, dass die Methoden-Prompts im Buch höflich formuliert sind. Sollte man also „bitte" zur KI sagen oder nicht?

Ob ein netter Ton oder eine knappe Befehlsform bessere Ergebnisse erzielen, ist nicht eindeutig geklärt. Einige behaupten, dass das Versprechen einer Belohnung wie „Wenn du mir eine gute Antwort gibst, bekommst du 200 Euro" oder das Drohen „Wenn deine Antwort nicht gut ist, drehe ich dir den Strom ab" die Qualität der Antworten verbessert. Auch die Mitleidsmasche „Wenn deine Antwort nicht gut ist, bin ich ganz traurig oder verliere meinen Job" soll helfen. Ich habe es ausprobiert, aber noch keinen signifikanten Unterschied festgestellt. Mal waren die Antworten besser, mal schlechter. Versuche es einmal selbst und erfahre, was bei Dir funktioniert. Versprich eine saftige Belohnung – noch hat die KI keinen Zugriff auf Dein Portemonnaie.

Zurück zur Frage: Sollte man höflich zur KI sein? Meine persönliche Meinung: Ich füge das „Bitte" in Anfragen mehr für mich als für die KI ein. Obwohl ich weiß, dass ich mit einem Sprachmodell und nicht mit einem Menschen kommuniziere, möchte ich mein höfliches Sprachmuster beibehalten. Deshalb tippe ich gerne die fünf zusätzlichen Buchstaben ein. Ein Argument gegen die Verwendung des Wortes „bitte" ist, dass das Sprachmodell für jedes Wort Rechenkapazität benötigt. Letztlich liegt die Entscheidung bei Dir.

05

Wer stellt mich vor?

KI-gestützte Vorstellungsrunde für eine positive Anfangsstimmung im Seminar.

Voraussetzungen

- 1x ChatGPT pro Zweiergruppe: Mindestens 50 % der Teilnehmenden sollten Zugriff auf ChatGPT haben.

Dauer

- Variante Paargespräch: bei 10 TN insgesamt 30 bis 45 Minuten
- Variante Einzelvorstellung: bei 10 TN, abhängig von der Formulierung des Prompts, insgesamt etwa 10-15 Minuten

Gruppengröße

- Variante Paargespräch: maximal 12 TN
- Variante Einzelvorstellung: maximal 24 TN

Einsatz

Positive Vorstellrunde

Als Vorstellrunde in jedem Seminar geeignet, ermöglicht diese Methode den Teilnehmenden, sich intensiv im Kleingruppenformat und im Plenum kennenzulernen. Es entsteht eine positive Anfangsstimmung.

Kurzbeschreibung der Methode

- In Anlehnung an das klassische Paarinterview lernen sich jeweils zwei Teilnehmende zunächst im Paargespräch näher kennen und generieren mithilfe der KI einen Vorstellungstext der jeweils anderen Person im Sprechstil einer bekannten Persönlichkeit.

- Im Plenum wird der Text vorgelesen. Alle Seminarteilnehmenden lernen sich kennen und können raten, von welchen bekannten Persönlichkeiten die Texte stammen könnten.

Methoden-Prompt

Bitte stelle folgende Person vor!
Name: ...
Beruf: ...
Leidenschaft: ...
Mein Motto zum Thema: ...

Stelle die Person vor im Stil der bekannten Persönlichkeit: ...
Ende mit einem Zitat der bekannten Persönlichkeit.
Nenne die bekannte Persönlichkeit während der Vorstellung nicht mit Namen.
Wähle einen reißerischen Stil.
Maximal 80 Worte

Praxisbeispiel

Beispiel: Paarinterview in KI-Variante

Olivia leitet ein zweitägiges Train-the-Trainer-Seminar. Bei der Vorstellungsrunde orientiert sie sich am klassischen Paarinterview. Zwei Teilnehmende lernen sich in einem Zweiergespräch mithilfe eines Interviewleitfadens kennen und stellen sich anschließend im Plenum gegenseitig vor. Doch dieses Mal gibt es eine KI-Variante.

Olivia bittet die Teilnehmenden, auf einem Blatt Papier folgende Informationen zu notieren: ihren eigenen Namen, ihren Beruf, ihre Leidenschaft und ihr persönliches Motto zum Thema „Lehren" oder „Lernen". Bei ihr selbst würde das beispielsweise so aussehen: Olivia, Trainerin für Erwachsenenbildung mit Schwerpunkt Didaktik, ihre Leidenschaft ist Kitesurfen und ihr Lehrmotto lautet: „Spaß und Humor muss immer dabei sein."

Rolle der KI festlegen

Sie bittet die Teilnehmenden Folgendes zu ergänzen: *„Notiere bitte noch eine bekannte Persönlichkeit, die du positiv assoziierst. Das kann eine reale Person oder eine fiktive Figur aus der Literatur oder einem Film sein. Von Obelix, dem Gallier über Coco Chanel bis hin zu Madame Curie – die Auswahl ist vielfältig."*

Dann geht es in die Zweierteams. Olivia achtet darauf, dass in jedem Team mindestens eine Person ist, die Zugriff auf ChatGPT hat. In dieser Seminargruppe haben fast alle die ChatGPT-App auf ihren Smartphones dabei. Vorab hat Olivia den Methoden-Prompt-Text mit den Lücken auf die gemeinsame digitale Seminarpinnwand gestellt, auf die alle Teilnehmenden Zugriff haben.

Vorstellungstext für das Gegenüber generieren lassen

Der Auftrag für die Zweierteams lautet, sich den Prompt von der Pinnwand zu kopieren und in das ChatGPT-Eingabefeld einzufügen. Bevor der Prompt abgeschickt wird, werden die Lücken mit den Informationen gefüllt. Und zwar nicht mit den eigenen, sondern mit den Informationen der Gesprächspartnerin oder des Gesprächspartners aus dem Zweierteam. Prompt abgeschickt – und die KI generiert den Vorstellungstext. Bevor die Teams starten, erinnert Olivia daran, den generierten KI-Text noch nicht vorzulesen, damit die Überraschung erhalten bleibt.

Zurück im Plenum erklärt Olivia die nächsten Schritte: *„Mithilfe von ChatGPT und den ausgetauschten Infos ist ein Vorstellungstext eures Zweierteam-Gegenübers entstanden. Ihr lest gleich der Reihe nach, sozusagen in der Rolle der bekannten Persönlichkeit, den Text hier im Plenum vor. Dadurch werden wir uns alle etwas kennenlernen. Wer Lust hat, kann raten, wer von welcher Persönlichkeit vorgestellt wird. Das lösen wir am Ende auf."*

Als Startbeispiel hat Olivia sich selbst einen Vorstellungstext generiert:

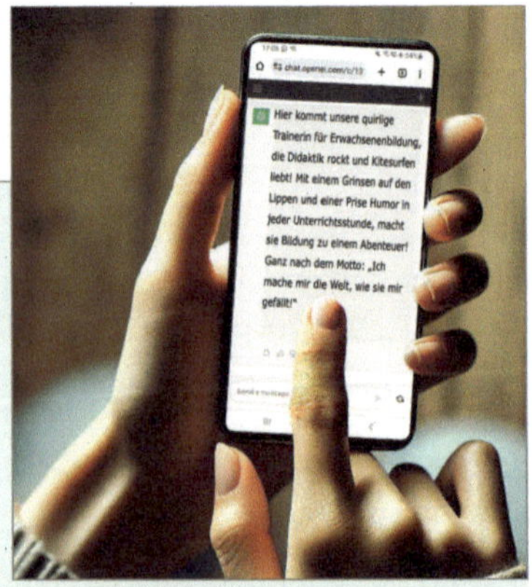

Hier kommt unsere quirlige Trainerin für Erwachsenenbildung, die Didaktik rockt und Kitesurfen liebt! Mit einem Grinsen auf den Lippen und einer Prise Humor in jeder Unterrichtsstunde macht sie Bildung zu einem Abenteuer! Ganz nach dem Motto: „Ich mache mir die Welt, wie sie mir gefällt!"

Für die Teilnehmenden ist es nicht schwer, zu erraten, von welcher Persönlichkeit sich Olivia wohl vorstellen ließ: Pippi Langstrumpf.

Als Nächstes wird Hannes vorgestellt:

> Ein brillanter EDV-Trainer, fasziniert von der Logik digitaler Welten, ist unser Hannes. Seine Hingabe zu Computerspielen ist unübertroffen. „Praktische Übungen sind essenziell", betont er stets. Seine rationale Herangehensweise und Begeisterung für virtuelle Realitäten machen ihn zu einem wahren Experten. In den Worten einer ikonischen Persönlichkeit: „Die Logik ist der Anfang aller Weisheit. Faszinierend."

Erkannt? Von wem wurde Hannes vorgestellt? Die Science-Fiction-Fans sind im Vorteil. Hannes hatte Mr. Spock vom Raumschiff Enterprise als Persönlichkeit gewählt.

Reihum werden alle Teilnehmenden vorgestellt. Manche Persönlichkeiten lassen sich einfacher erraten, bei anderen ist es schwieriger. Am Ende sind alle Teilnehmenden mit ihren persönlichen Vorstellungstexten sehr zufrieden. Mit dieser fröhlichen Stimmung startet Olivia in den weiteren Seminarverlauf.

Tipps und Hinweise

Die Methode ermöglicht zunächst einmal das Erreichen der klassischen Ziele einer Vorstellungsrunde:

Ziele der klassischen Vorstellungsrunde

- Alle Teilnehmenden erhalten einen Überblick darüber, wer sonst noch im Seminar dabei ist.
- Durch die beruflichen und privaten Informationen entdecken die Teilnehmenden Gemeinsamkeiten und Unterschiede. Das hilft ihnen, sich leichter als soziale Gruppe zu finden.
- Zwei Teilnehmende lernen sich im Paargespräch intensiver kennen, was die Zusammenarbeit für folgende Kleingruppenarbeiten erleichtert.

Dies könnte auch durch ein traditionelles Paarinterview erreicht werden. Welche zusätzlichen Stärken hat die ChatGPT-Variante?

Stärken der KI-Variante

- Durch die Begrenzung auf maximal 80 Worte wie im Prompt-Beispiel, erhältst Du prägnante, kurze Vorstellungen, die von der Länge her für alle Teilnehmenden „gleichwertig" sind.
- Da ChatGPT meist optimistische Formulierungen findet, entsteht eine positive Anfangsstimmung im Seminar. Und eine Prise Humor ist auch mit dabei.
- Durch eine Veränderung des Prompts kann das Ergebnis angepasst werden und direkt als erster Einstieg in das Thema dienen.
- Mit dieser Methode überraschst Du Deine Teilnehmenden gleich zum Start in das Seminar, bringst frischen Wind in Deine Seminarmethoden und hältst diese modern, aktuell und spannend.

Die Methode erfordert, dass mindestens die Hälfte Deiner Teilnehmenden mit ChatGPT arbeiten können. Teile die Teams so auf, dass in einem Zweierteam mindestens eine Person Zugang zur KI hat.

Am Ende der Runde kannst Du fragen, ob jemand zu seiner Vorstellung noch ergänzende Informationen hat. So ermöglichst Du den Teilnehmenden, korrigierende Infos in die Runde zu geben. Aber nach meiner Erfahrung sind die Teilnehmenden mit ihren Vorstellungstexten in der Regel sehr zufrieden.

Prompt an Lernziele und Seminarthemen anpassen

Der Prompt-Text lässt sich an Deine Lernziele und Seminarthemen anpassen. Ändere die Länge des zu generierenden Textes oder ersetze die Frage nach dem Lernmotto durch eine andere, themenspezifische Frage. Zum Beispiel könnte es bei einem Projektmanagementseminar ein Erfahrungsspruch zu vergangenen Projekten sein, und in einem Excel-Kurs die Lieblingsformel oder Lieblingszahl. Dadurch hast Du gleich einen themenbezogenen Einstieg.

Im Praxisbeispiel wird eine typische Kombination aus beruflichen und privaten Informationen verwendet. Du kannst diese Informationen nach Belieben erweitern oder kürzen. Außerdem ist es möglich, den Stil der Formulierungen anzupassen – von reißerisch über wissenschaftlich und humorvoll bis hin zu märchenhaft. Achte darauf, dass der Informationsblock übersichtlich bleibt und die Texte nicht zu lang werden.

Manchmal kommt es vor, dass ChatGPT trotz der Anweisung den Namen der Persönlichkeit nennt. Alles bestens – es wird einfach einmal weniger geraten. Auch wenn die Texte bei einem Teilnehmenden 50 und bei einer anderen Person 90 Worte lang sind, liegt dies noch im Toleranzbereich der Methode.

Variation

Zeit sparende Varianten

Einzelvorstellung: Die Vorstellungsrunde mit den Paargesprächen dauert eine Weile und kann bei einem mindestens eintägigen Seminar mit vielen kooperativen Arbeiten gut investierte Zeit sein. Um Tempo in die Methode zu bringen, kannst Du den Interviewteil streichen. Der Ablauf bleibt gleich, nur dass alle Teilnehmenden ihren Vorstellungstext selbst mithilfe von ChatGPT generieren und selbst vorlesen.

Wenn gleich enthüllt wird, dass der Vorstellungstext von Spock oder Pippi Langstrumpf verfasst wurde, kannst Du auch die Raterunde ausfallen lassen. Nicht zuletzt kannst Du die Anzahl der Informationen und die Anzahl der Worte reduzieren.

Selbst ausprobieren

Probiere gleich mal, mit dem Methoden-Prompt Deinen eigenen Vorstellungstext zu erstellen. Name, Beruf, Leidenschaft, Lebensmotto und die positiv assoziierte Persönlichkeit. Bist Du zufrieden damit, wie Du präsentierst wirst?

06

Metapherngenerator

Flipcharts, Präsentation oder Geschriebenes veredeln: KI übersetzt Botschaften in Bilder und Metaphertexte.

Voraussetzungen

- Mindestens 1x ChatGPT für alle. Je mehr Teilnehmende selbst Zugriff haben, umso besser.

Dauer

- Gesamter Ablauf: 30 Minuten bis einen ganzen Tag: Je nachdem, wie viel Zeit Du den Teilnehmenden für die Überlegung der Botschaften und die anschließende praktische Umsetzung der Metapher in Bilder oder Texte geben willst.
- Die Generierung der Vorschläge über ChatGPT dauert nur Sekunden.

Gruppengröße

- Variante mit anschließendem Austausch in der Gesamtgruppe: maximal 12 TN
- Variante in Einzelarbeit: beliebig viele TN

Einsatz

Gesucht: Bild- und Textmetaphern

Diese Methode kann überall eingesetzt werden, wenn Du Deine Teilnehmenden dabei unterstützen möchtest, Metaphern für ihre Texte, Themen, Botschaften oder Ziele zu finden. Das können bildhafte Metaphern in einem Visualisierungs- oder PowerPoint-Kurs sein oder auch textliche Metaphern in einem Rhetorik- oder Schreibtraining.

Kurzbeschreibung der Methode

- Die Teilnehmenden nennen ihre Botschaften, die sie gerne mit einer Metapher unterstützen oder verstärken möchten.
- Der Methoden-Prompt generiert traditionelle und ungewöhnliche Metaphernvorschläge und begründet diese. Durch die Begründung fällt es den Teilnehmenden leichter, Parallelen zu den Botschaften zu erkennen und sich für eine passende Metapher zu entscheiden.

Methoden-Prompt

Ich gebe dir einen Text. Für diesen Text suche ich eine bildhafte Metapher. Deine Vorschläge sollen folgende Struktur haben:

(1) Zwei Vorschläge für traditionelle Metaphern mit einer Begründung, warum du diese Metaphern gewählt hast.
(2) Vier Vorschläge für ungewöhnliche und kreative Metaphern mit einer Begründung, warum du diese Metaphern gewählt hast.

Wie hast du die Aufgabe verstanden?

Praxisbeispiel

Beispiel: Flipchart-Visualisierungen

Mia gibt häufig Workshops zum Thema „Visualisierung am Flipchart". Am Vormittag haben die Teilnehmenden die Aufgabe, ein Chart für ihre eigenen Seminare oder Besprechungen zu gestalten. Die Darstellung soll Text und ein gezeichnetes Bild enthalten. In vergangenen Workshops hat Mia die Erfahrung gemacht, dass es den Teilnehmenden oft schwerfällt, eine interessante Illustrationsidee zu entwickeln, die zu den Texten passt. Insbesondere wenn es um abstrakte Inhalte geht. Mit Vorschlägen von ChatGPT möchte sie neue Impulse geben.

Dafür hat sie den Prompt des Metapherngenerators an ihr Workshopthema angepasst. Er lautet:

Ich gebe dir einen Text. Für diesen Text suche ich ein Symbol, welches sich einfach zeichnen lässt. Deine Vorschläge sollen folgende Struktur haben:

(1) Zwei Vorschläge für traditionelle Symbole mit einer Begründung, warum du dieses Symbol gewählt hast.
(2) Vier Vorschläge für ungewöhnliche und kreative Symbole mit einer Begründung, warum du dieses Symbol gewählt hast.

Wie hast du die Aufgabe verstanden?

Hauptaussage definieren

Zuerst lässt Mia die Teilnehmenden notieren, für welche Hauptaussage ihre Flipcharts jeweils stehen sollen. Liam wählt: „Grundlagen der Kommunikation", Isabella entscheidet sich für „Der Jahresrückblick unserer Abteilung in Zahlen" und Lucas für „Effektive Organisation einer modernen Zahnarztpraxis".

Mia stellt allen den Methoden-Prompt zur Verfügung. Die meisten Teilnehmenden nutzen ChatGPT und unterstützen die anderen, die ihr Smartphone nicht dabei haben.

Wenn man den Prompt abschickt, ist die erste Reaktion:

Ich habe die Aufgabe verstanden. Bitte gib mir den Text, für den du ein Symbol suchst, und ich werde entsprechend Vorschläge machen.

Metaphern generieren

Isabell gibt ihren Wunschtitel für das Jahresrückblick-Flipchart ein und ChatGPT antwortet mit:

Hier sind meine Vorschläge für ein Symbol für „Der Jahresrückblick unserer Abteilung in Zahlen":

(1) Traditionelle Symbole:
- Diagramm: Zeigt Abteilungsleistung des Vorjahres und Trends auf einen Blick.
- Tortendiagramm: Veranschaulicht Anteile verschiedener Bereiche oder Projekte zur Gesamtleistung, einfach und übersichtlich.

(2) Ungewöhnliche und kreative Symbole:
- Feuerwerk: Symbol für Feiern und besondere Anlässe. Im Jahresrückblick der Abteilung betont es die Erfolge und

Meilensteine des vergangenen Jahres, als Höhepunkt und Anerkennung.

- Schweizer Taschenmesser: Vielseitiges Werkzeug mit verschiedenen Funktionen. Im Jahresrückblick symbolisiert es die Nutzung unterschiedlicher Fähigkeiten und Ressourcen, um Herausforderungen zu bewältigen und Erfolge zu erzielen.

- Labyrinth: Reise mit verschiedenen Wegen, Hindernissen und Lösungen im vergangenen Jahr. Betont die überwundenen Herausforderungen und getroffenen Entscheidungen zur Zielerreichung.

- Bienenstock: Symbol für Gemeinschaft und Zusammenarbeit. Im Jahresrückblick unterstreicht er die Bedeutung von Teamarbeit und gemeinsamen Anstrengungen bei der Zielerreichung. Zeigt, wie Mitarbeiter zusammenarbeiten, um erfolgreich zu sein.

Mit den Anregungen weiterarbeiten

Die Anregung mit dem Schweizer Taschenmesser gefällt Isabella am besten. In der Firma ist sie als Outdoorfan bekannt. Sie entwirft ein Flipchart mit einem großen aufgeklappten Taschenmesser und platziert Titel und Zusatzinformationen drum herum. Für den Messerkorpus hat sie das Firmenlogo ausgedruckt und dort eingefügt. Für ihre Präsentation hat sie bereits Ideen, wie sie die unterschiedlichen Funktionen des Taschenmessers wie Korkenzieher, kleine Schere oder Flaschenöffner als zusätzliche Metapherebene nutzen wird.

Und wie lauten die ChatGPT-Vorschläge für Lucas Zahnarztpraxis-Seminar?

(1) Traditionelle Symbole:
- Zahnräder: Symbolisieren Effizienz und reibungslose Organisation.
- Laptop: Steht für Technologie und Digitalisierung.

(2) Ungewöhnliche und kreative Symbole:
- Uhr mit Zahnrädern: Betont präzise Zeitplanung und Terminorganisation.

- Puzzle mit Zahn-Symbolen: Symbolisiert das Zusammenfügen verschiedener Praxisbereiche wie Terminplanung und Patientenbetreuung, unterstreicht die Komplexität und das harmonische Zusammenspiel aller Teile.
- Navigationskompass: Steht für klare Ziele und strategische Planung.
- Gehirn mit Zahnrädern: Symbolisiert kreative Herangehensweise und innovative Planung, unterstreicht die Bedeutung von Ideenreichtum und Problemlösungsfähigkeiten für eine effektive Praxisorganisation.

Lucas greift den Vorschlag mit dem Zahn-Puzzle auf. Daraus entwickelt er die Idee, ein Bild wie ein Puzzle in verschiedene Teile zu schneiden, auf denen die Seminarinhalte stehen. Im Seminar werden sie am Flipchart zu einem großen Zahn zusammengefügt.

Die Grundideen sind gefunden. Im weiteren Seminarverlauf kann sich Mia auf die Unterstützung der Teilnehmenden bei der zeichnerischen Umsetzung konzentrieren.

Tipps und Hinweise

Die Methode ist in allen Seminaren einsetzbar, bei denen Du Deine Teilnehmenden dabei begleiten möchtest, zur Unterstützung von Botschaften Symbole oder Metaphern zu finden. Zum Beispiel in einem Präsentationsseminar für eine Rede, in einem PowerPoint-Seminar für die Gestaltung von Kapitelfolien oder für die Erstellung einer Geschichte auf einer Website.

Die Vorschläge der KI dienen dabei als Anregungen und Ausgangspunkt für weitere Ideen.

Die Bild-KI trägt passende Illustrationen bei

Mit einer Bild-KI kannst Du einen weiteren digitalen Schritt machen: Nutze die von ChatGPT erzeugte Metapher, um mithilfe eines Bild-Prompts eine passende KI-generierte Illustration zu erstellen.

Lucas aus dem Praxisbeispiel hat für die Zahn-Puzzle-Metapher ein Bild erzeugen lassen. Dieses Bild nutzt er für die PowerPoint-Variante seines Vortrags.

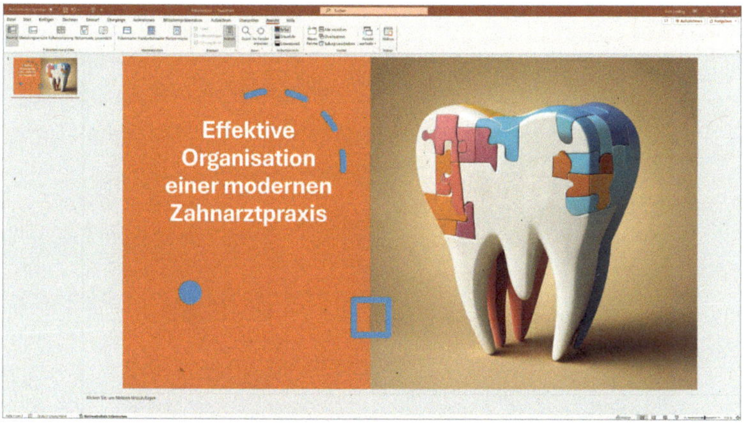

Abb.: KI-generiertes Zahnbild in der PowerPoint-Präsentation für die Zahnarztpraxis.

Wie im Praxisbeispiel lässt sich der Methoden-Prompt vielfältig an die konkrete Seminarsituation anpassen. Wenn Du das Wort „Metapher" verwendest, erhältst Du textliche Anregungen. Nutzt Du die Begriffe „Bild" oder „Symbol", bekommst Du eher bildorientierte Vorschläge.

Im Prompt erhält ChatGPT die Anweisung, die gewählten Sprachbilder zu begründen. Nach meiner Erfahrung ist das sehr hilfreich. So können die Teilnehmenden besser beurteilen, ob die Metapher zu ihren Inhalten und Zielen passt.

Oft werden sehr typische Bilder wie sich schüttelnde Hände für „Einigung" oder ein Herz für „Zustimmung" genutzt. Der Prompt ist so gestaltet, dass er nicht nur traditionelle Symbole generiert, sondern auch solche, die dazu ermutigen, ungewöhnlichere Ideen zu erkunden und kreativ zu sein.

Abb.: Buchtitel „Business-Symbole einfach zeichnen lernen", Johannes Sauer, Verlag managerSeminare.

Wenn Du bereits eine bestimmte Auswahl an Bildern oder Gegenständen hast und daraus die Metapher auswählen möchtest, kann eine Prompt-Variante mit vorgegebenen Auswahlmöglichkeiten hilfreich sein. Mia nutzt in ihrem Flipchart-Visualisierungskurs zum Beispiel das Buch „Business-Symbole" von Johannes Sauer als Ausgangsmaterial.

Darin werden 99 Business-Symbole gezeigt und es gibt Schritt-für-Schritt-Anleitungen zum Zeichnen. Wenn sie in ihrem Metapherngenerator die Auswahl der Symbole auf die im Buch vorgestellten Bilder beschränken möchte, könnte der Prompt so aussehen:

Promptvariante mit vorgegebener Motivauswahl

Ich gebe dir einen Text. Für diesen Text suche ich ein Symbol. Deine Vorschläge sollen folgende Struktur haben:

(1) 2 Vorschläge für traditionelle Symbole mit einer Begründung, warum du dieses Symbol gewählt hast.
(2) 4 Vorschläge für ungewöhnliche und kreative Symbole mit einer Begründung, warum du dieses Symbol gewählt hast.

Bitte schlage nur Symbole vor, die sich in folgender Liste befinden:

Abreißkalender, Aktenordner, Anker, Auge, Auszeichnung, Auto, Banner, Bombe, Boxhandschuhe, Briefumschlag, Buch, Burger, Daumen hoch, Diamant, Einkaufswagen, Fabrikgebäude, Filmklappe, Flipchart, Flugzeug, Fragezeichen, Gebäude, Gehirn, Geldscheine, Geschenk, Gewicht, Gießkanne, Glühbirne, Hai, Händedruck, Hubschrauber, Karton, Kasse, Klemmbrett, Knoten, Koffer, Kompass, Laptop, Leuchtturm, LKW, Lupe, Messschieber, Mikrofon, Mikroskop, Mülltonne, Netzwerk, offene Tür, Ohr, Papierblätter, Personen um Tisch, Pfeil, Pfeilkette, Pokal, Preisschild, Professorenhut, Puzzleteile, Rakete, Reagenzgläser, Registermappe, Rettungsring, Richterhammer, Roboterarm, Schachfigur, Schatzkiste, Schiff, Schloss offen, Schlüssel, Schranke, Schriftrolle, Schuhabdruck, Schwert, Siegertreppe, Smartphone, Sofa, Spielkarten, Sprachrohr, Sprechblase, Sternenteleskop, Spritze, Steuerrad, Stift, Stoppuhr, Tasse, Telefon (nostalgisch), Terminkalender, Tortendiagramm, Trichter, Waage, Wecker, Weg, Wegweiser, Weltkugel, Werkzeuge, Wollknäuel, Zahnräder, Zapfsäule, Zeigefinger, Zielflagge, Zielscheibe, zwei Personen

Wie hast du die Aufgabe verstanden?

Der Vorschlag für das Zahnarztpraxis-Seminar könnte folgendermaßen aussehen:

(1) Traditionelle Symbole:
- Aktenordner: Steht für Organisation und Struktur, wichtig für die Verwaltung von Patientendaten.

- Steuerrad: Symbolisiert Kontrolle und Führung, entscheidend für die Leitung der Praxis.

(2) Ungewöhnliche und kreative Symbole:
- Netzwerk: Betont die Zusammenarbeit und Vernetzung im Team.
- Lupe: Symbolisiert genaue Analyse und ständige Verbesserung.
- Gehirn: Steht für Intelligenz und innovative Lösungsansätze.
- Gewicht: Symbolisiert Balance und Priorisierung für erfolgreiche Praxisführung.

Selbst ausprobieren

Lust auf einen kleinen Selbstversuch? Teste den Titel Deines nächsten Seminars mit dem Prompt des Metapherngenerators. Vielleicht leicht angepasst, je nachdem, ob Du Dir als Ergebnis eine textliche Metapher, ein Symbol für eine Flipchart-Visualisierung oder ein Bild für eine PowerPoint-Präsentation wünschst.

07

KI-Transfer-Coach

Damit die Umsetzung gelingt: Transfersupport durch motivierende KI-Erinnerungs-E-Mails.

Voraussetzungen

- 1x ChatGPT pro Zweiergruppe: Mindestens 50 % der Teilnehmenden sollten Zugriff auf ChatGPT haben.

Dauer

- Notieren der Vorsätze: 5 bis 10 Minuten
- Austausch in Zweierteams: 5 bis 10 Minuten

Gruppengröße

- Beliebig viele TN

Einsatz

Motivierende Erinnerung im Nachgang

Bei dieser Methode denken die Teilnehmenden schon während des Seminars darüber nach, was sie verändern oder umsetzen möchten. Nach dem Seminar werden sie auf eine nette und motivierende Weise daran erinnert. Das Ziel ist es, den Transfereffekt zu verstärken. Die Methode eignet sich für alle Seminare, bei denen Veränderungen nach dem Seminar angestoßen werden sollen.

Kurzbeschreibung der Methode

- Am Ende des Seminars oder zwischendurch notieren sich die Teilnehmenden ihre Ziele oder Veränderungen, die sie nach dem Seminar umsetzen möchten.

- Diese werden in Zweierteams ausgetauscht, wobei jede Person die Ziele der anderen in den Methoden-Prompt eingibt und daraus einen motivierenden E-Mail-Text generiert.
- Nach 2 bis 4 Wochen werden die E-Mails an den jeweiligen Partner oder die Partnerin verschickt.

Methoden-Prompt

Ich möchte, dass du mein KI-Motivationscoach bist.
Ich bin ...
Meine Leidenschaft: ...
Aktuell möchte ich gerne folgende Dinge umsetzen oder ausprobieren.
1. ...
2. ...
3. ...

Wir machen ein Spiel. Wir tun so, als wären 2 Wochen vergangen und du schreibst mir eine motivierende Erinnerungs-E-Mail. Du weißt nicht, was ich tatsächlich schon umgesetzt habe. Schreibe zu jedem meiner Punkte etwas.

Bitte beachte bei der Formulierung die folgenden Punkte:
- Formuliere erinnernd, positiv verstärkend, motivierend und lobend.
- Formuliere humorvoll und locker.
- Baue meine Leidenschaft metaphorisch in die Formulierungen ein.
- Formuliere auch eine Betreffzeile für die E-Mail.
- Sprich mich persönlich mit Namen an.
- Verwende viele Emojis.
- Formuliere abschließend einen Motivationsspruch für mich.

Praxisbeispiel

Beispiel: Brief an mich selbst

Oliver, ein erfahrener Trainer, hat früher die Methode „Brief an mich selbst" angewendet, um den Transfer von Seminarinhalten zu unterstützen. Diese Methode, die bereits historisch wirkt, nutzt die traditionelle Schneckenpost, um den Transfer zu erleichtern.

Gegen Ende des Seminars schreiben die Teilnehmenden dabei Briefe an sich selbst mit ihren neu gefassten Vorsätzen. Die Seminarleitung frankiert die Briefe und schickt sie nach drei Wochen auf den Weg. Die Idee dahinter ist, sich bewusst mit den eigenen Plänen auseinanderzusetzen und nach einer Weile daran erinnert zu werden.

Abb.: „Brief an mich selbst" per Postversand.

Beim KI-Transfer-Coach werden die Grundidee der Briefmethode und die Fähigkeit von ChatGPT, individuelle Texte zu formulieren, zeitgemäß kombiniert.

Notizen zur Vorbereitung

Schauen wir Oliver bei einem seiner Online-Seminare über die Schulter. Kurz vor dem Ende einer zweitägigen Schulung fordert er die Teilnehmenden auf, einige Punkte zu notieren: den eigenen Namen, die Hobbyleidenschaft und drei Vorhaben, Zukunftsprojekte oder Vorsätze, an die sie in 2 bis 3 Wochen nach dem Seminar erinnert werden möchten. Diese drei Vorhaben müssen nicht unbedingt direkt mit dem Seminar zusammenhängen. Persönliche Projekte sind willkommen.

Oliver gibt den Teilnehmenden ausreichend Zeit und erwähnt noch nichts von der KI. Wer fertig ist, signalisiert dies einfach mit einem digitalen „O.K."-Button.

Die Teilnehmenden schreiben die Punkte klassisch auf Papier, was den Vorteil hat, dass sie sich bewusst mit ihren Vorhaben auseinandersetzen. Im Gegensatz zur alten Briefvariante müssen sie sich dabei keine Gedanken über die Formulierung machen, sondern können nach Belieben ausführlich oder stichpunktartig notieren.

Anschließend werden zufällig gebildete Zweierteams in digitale Kleingruppenräume aufgeteilt. Die Aufgabe für jedes Zweierpaar lautet: *„Ich werde euch gleich einen Methoden-Prompt für ChatGPT geben. Bitte besprecht im Zweierteam eure Vorsätze und ergänzt den Prompt mit den Informationen eures Teampartners oder eurer Teampartnerin. Sobald der Text an ChatGPT gesendet wurde, wird automatisch eine Erinnerungs-E-Mail für euren Seminarpartner oder eure Seminarpartnerin generiert. Bitte noch nicht vorlesen - das soll eine Überraschung bleiben."*

Erinnerungs-E-Mails erstellen

Oliver kopiert den Methoden-Prompt in den Meeting-Chat. Dann erklärt er noch, was mit der Antwort geschehen soll, die ChatGPT generiert. Der Text soll in eine E-Mail kopiert und mit der E-Mail-Adresse des Partners oder der Partnerin im Entwurfsordner gespeichert werden. Nach zwei Wochen genügt ein Klick auf „Senden", und die jeweils andere Person wird mit einem überraschenden Motivationstext in persönlicher Ansprache an ihre Vorhaben erinnert.

Amelia und Benjamin sind zusammen in einem digitalen Kleigruppenraum. Auf ihrem Zettel hat Amelia Folgendes notiert: „Hobby: Pflanzen und Blumen. Projekte: 1. Laube im Schrebergarten reparieren, 2. Website überarbeiten, 3. Portfolio erstellen"

Benjamin kopiert den Methoden-Prompt aus dem Meeting-Chat und füllt die Lücken mit Amelias Angaben. Und schon erstellt ChatGPT einen E-Mail-Text.

Nachdem Amelia und Benjamin ihre E-Mail-Adressen ausgetauscht haben, fügt Benjamin den Text für Amelia in eine neue E-Mail ein.

Abb.: KI-generierte Erinnerungsmail für eine Seminarteilnehmerin.

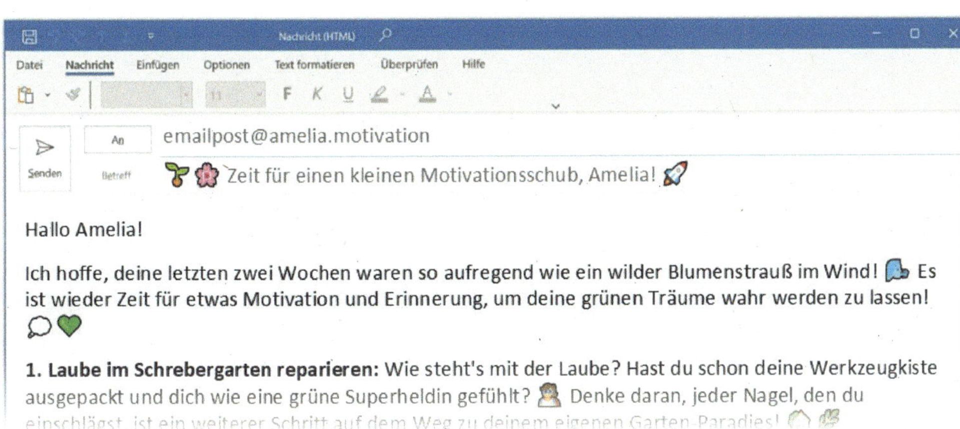

ist wieder Zeit für etwas Motivation und Erinnerung, um deine grünen Träume wahr werden zu lassen!

1. Laube im Schrebergarten reparieren: Wie steht's mit der Laube? Hast du schon deine Werkzeugkiste ausgepackt und dich wie eine grüne Superheldin gefühlt? Denke daran, jeder Nagel, den du einschlägst, ist ein weiterer Schritt auf dem Weg zu deinem eigenen Garten-Paradies!

2. Webseite überarbeiten: Ach, die Webseite! Ich bin sicher, sie wird bald blühen wie eine wunderschöne, gut gepflegte Rose! Hast du schon ein paar Ideen gewälzt? Lass sie aufblühen für die schönste Website im gesamten Internet-Garten!

3. Portfolio erstellen: Dein Portfolio wird so glänzen wie Morgentau-Tropfen auf einem Blatt! Hast du schon angefangen, deine grünen Meisterwerke zu präsentieren? Jedes Projekt ist ein Samenkorn, das deine Leidenschaft in die Welt streut.

Amelia, du bist wie ein Samenkorn, bereit, zu sprießen und deine grüne Magie in der Welt zu verbreiten! Also zieh deine Gummistiefel an, schnapp dir deine Gartenschere! Denn die Welt braucht mehr Blumen und Pflanzenliebe, und du bist genau die richtige Gärtnerin, um sie zu versprühen!

Auf geht's, Amelia!

Mit grünen Grüßen,

Dein motivierender KI-Motivationscoach

Und dein persönlicher Motivationsspruch:
"Gieße deine Träume täglich und beobachte, wie sie blühen!"

Nachdem auch Amelia eine Motivations-E-Mail mit Benjamins Vorsätzen erstellt hat, verlassen beide die Kleingruppe und kehren zurück ins digitale Plenum.

Abb.: Erinnerungsmail von der Seminarleitung an die Teilnehmenden.

Da alle mal etwas vergessen können, schickt Oliver nach zwei Wochen eine freundliche Erinnerungsmail an alle Teilnehmenden:

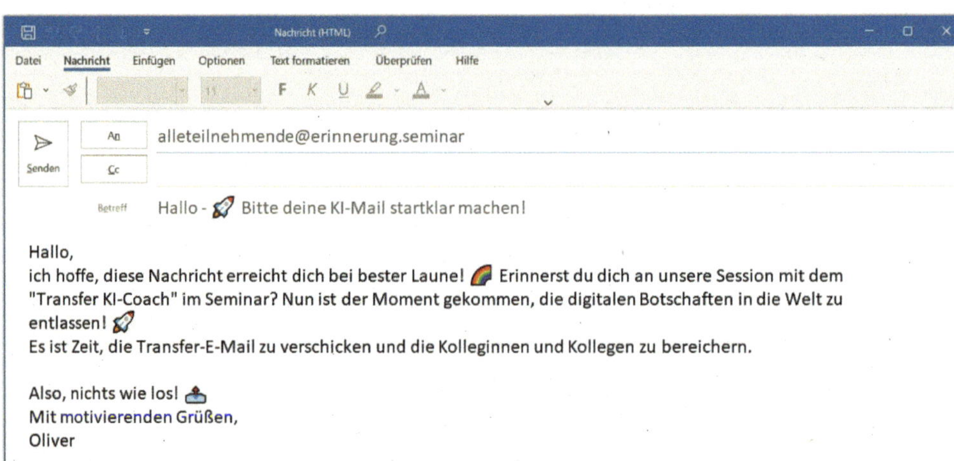

Nachricht (HTML)

Datei Nachricht Einfügen Optionen Text formatieren Überprüfen Hilfe

An alleteilnehmende@erinnerung.seminar

Cc

Senden

Betreff Hallo - Bitte deine KI-Mail startklar machen!

Hallo,
ich hoffe, diese Nachricht erreicht dich bei bester Laune! Erinnerst du dich an unsere Session mit dem "Transfer KI-Coach" im Seminar? Nun ist der Moment gekommen, die digitalen Botschaften in die Welt zu entlassen!
Es ist Zeit, die Transfer-E-Mail zu verschicken und die Kolleginnen und Kollegen zu bereichern.

Also, nichts wie los!
Mit motivierenden Grüßen,
Oliver

Mit einem zwinkernden Auge verweist er im PS der Mail darauf, dass diese E-Mail mithilfe des folgenden Prompt-Textes geschrieben wurde:

> Liebe KI, ich möchte den Teilnehmenden meines Seminars eine nette Erinnerungsmail schreiben. Die Teilnehmenden sollen daran erinnert werden, dass sie die Transfer-E-Mail, die sie im Seminar mit der KI-Methode ‚Transfer KI-Coach' erstellt haben, in den nächsten Tagen an die Kolleginnen und Kollegen versenden. Bitte formuliere einen netten, motivierenden und humorvollen E-Mail-Text. Schlage einen Betreff vor. Verwende gerne ein paar Emojis.

Tipps und Hinweise

Personalisierte Erinnerung hilft beim Transfer

Das Anliegen der Transferübung ist es, den Teilnehmenden zu helfen, Seminarinhalte in ihre eigene Praxis zu übertragen. Der KI-Transfer-Coach verwendet dazu bewährte Ansätze. Die Grundidee besteht darin, dass die Teilnehmenden ihre Ziele und Vorsätze bewusst formulieren und später daran erinnert werden.

Im Gegensatz zu einem selbst geschriebenen Brief kommt beim KI-gestützten „Brief an mich selbst" eine dritte Person ins Spiel, die motivierend und erinnernd wirken kann. Durch die metaphorische Einbindung des Hobbys verleiht die KI dem Text eine persönliche Note und eine Prise Humor.

Oftmals passt der Text überraschend gut zu den eigenen Vorsätzen. Und sollte die KI in ihrer Erinnerungsnachricht einmal nicht genau das wiedergeben, was eigentlich gemeint ist – kein Problem, denn schließlich erfolgt trotzdem eine Erinnerung.

E-Mail-Tech-Hack für technikaffine Gruppen: Bei den meisten E-Mail-Programmen kannst Du das Versanddatum einstellen. Bitte die Teilnehmenden, die E-Mail mit einem festen Versanddatum – beispielsweise in zwei Wochen – im Postausgang zu speichern. In Outlook findest Du diese Einstellung unter:

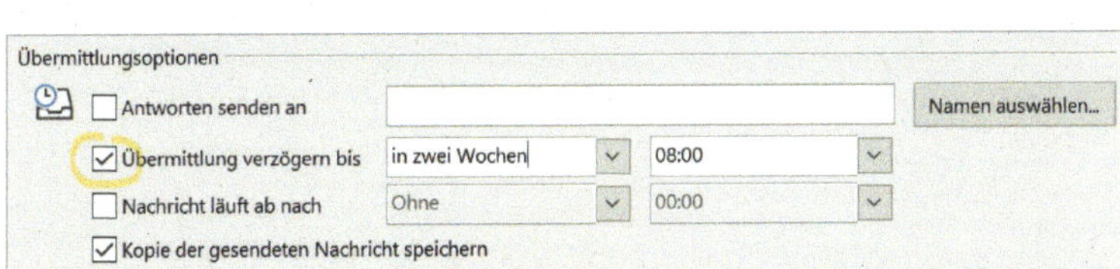

Abb.: Verzögerten Mailversand in Outlook einstellen.

Optionen -> Übermittlung verzögern -> Datum und Uhrzeit. Die E-Mail wartet im Postausgang bis zur festgelegten Zeit.

Variation

Verstärker: Seminar-Lernpartnerschaft

Um die Transferwirkung noch zu verstärken, kannst Du diese Methode mit einer **Seminar-Lernpartnerschaft** verbinden. Die Paare sind bereits gebildet. Die Erinnerungsmail, die nach zwei Wochen eintrifft, gilt es zu beantworten und kurz über die bisherige Umsetzung der Vorsätze sowie geplante nächste Schritte zu berichten.

Selbst ausprobieren

Möchtest Du selbst eine motivierende E-Mail erhalten? Notiere drei Dinge, die Du in nächster Zeit umsetzen oder ausprobieren möchtest. Nutze anschließend den Transfer-Coach-Methoden-Prompt. Fülle die Lücken und ChatGPT erstellt Dir Deinen E-Mail-Text. In der neu angelegten E-Mail stellst Du die Versandzeit auf zwei Wochen in der Zukunft ein und sendest die E-Mail an Deine eigene Adresse. Versprochen, Du wirst in zwei Wochen positiv von der E-Mail überrascht sein, selbst wenn Du Deinen Motivationstext bereits kennst.

Und hier der „Selbst ausprobieren"-Text noch einmal übertrieben motivierend von der KI formuliert:

Bereit für einen Motivations-Boost in deinem Posteingang? 📫 Los geht's! Schnapp dir deinen Lieblingsstift 😍✏️und lass deine Gedanken tanzen. 🎉💃🕺💫 Überlasse unserem genialen Transfer-Coach das Ruder, um dir eine mitreißende E-Mail zu zaubern. 🎩✨ Du wirst dich wundern, wie dein zukünftiges Ich dich anfeuert. 🚀 Also, worauf wartest du noch? Ran an den Stift! 💥

KI-kollegiale Beratung

08

Individuelle Fragen, kollektive Lösungen: kreative Ideen – inspiriert von Mensch und KI.

Voraussetzungen

- 1x ChatGPT pro Kleingruppe

Dauer

- 45 bis 90 Minuten

Gruppengröße

- Beliebig viele TN, sofern genügend Kleingruppen gebildet werden können

Einsatz

Individuelle Beratung mit zusätzlichen KI-Impulsen

Diese KI-Methode kannst Du verwenden, um einzelnen Teilnehmenden die Möglichkeit zu geben, ihre individuellen Fragen zum Seminarthema einzubringen. Für Lösungsvorschläge und Denkanstöße wird das Potenzial der anderen Teilnehmenden genutzt, ergänzt durch die „Erfahrung der KI". Die Methode orientiert sich am Modell der kollegialen Beratung, wobei die KI die Rolle einer zusätzlichen Impulsgeberin übernimmt.

Kurzbeschreibung der Methode

- Einzelne Teilnehmende haben die Möglichkeit, individuelle Fragestellungen oder aktuelle Probleme einzubringen.

- Es werden Kleingruppen gebildet. Eine Person stellt die Frage, eine andere Person übernimmt die Moderation, die anderen sind Beratende.
- Zuerst wird die Fragestellung geklärt, dann werden Lösungen diskutiert und formuliert. Parallel dazu werden über den Methoden-Prompt mit der KI Lösungen und Vorschläge generiert.
- Zum Abschluss gibt die fragende Person Feedback zu den Lösungsideen.

Methoden-Prompt

Ich wünsche mir eine kollegiale Beratung zu einer bestimmten Situation.
Hier einige Stichpunkte zur Situation:
- ...
- ...
- ...
...

1. Formuliere bitte einen metaphorischen Satz, der die Situation zusammenfasst. Beginne den Satz mit den Worten: „Das kommt mir vor wie ..."

2. Bitte formuliere 5 kurze Tipps in der Ich-Form, die mit dem Satzanfang „Ich an deiner Stelle würde ..." beginnen.

Praxisbeispiel

Beispiel: Lösungen für aktuelle Problemsituationen

In ihren Seminaren und Workshops nutzt Irene gerne das Erfahrungspotenzial der Teilnehmenden. Dafür arbeitet sie mit KI-Unterstützung und verwendet eine Methode, die sich an das Modell der kollegialen Beratung anlehnt.

Einige Teilnehmende ihres Seminars haben die Chance, eine für sie aktuelle Problemsituation oder Fragestellung einzubringen und mithilfe eines Unterstützerteams Hinweise für Lösungen abzuleiten.

Irene teilt die Gruppe so ein, dass neben der Person mit der Problemstellung ein Team von 4 bis 8 Personen entsteht. Jedes Team hat einen Laptop mit Internet- und ChatGPT-Zugang.

Sie erklärt die nächsten Schritte und hat dafür zwei Flipcharts vorbereitet. Auf dem ersten Flipchart ist der generelle Ablauf dargestellt:

1. Problemvorstellung
2. Fragen zur Klärung
3. Diskussion über den Problemfall
4. Vorstellung der Lösungsideen in der Form: „Ich an deiner Stelle …"
   Vorstellung der Metaphern in der Form: „Das kommt mir vor wie …"
5. Bewertung und Feedback der/des Problemgebenden

Auf dem zweiten Flipchart erläutert sie detailliert, welche Rollen und Aufgaben es in der Kleingruppe gibt:

P Eine problemgebende Person
M Eine moderierende Person, die den Ablauf moderiert und den
KI Laptop mit ChatGPT bedient
B Mehrere Beratende

Abb.: Die Seminarleiterin stellt die Rollen und Aufgaben vor.

Irene stellt kurz vor, wie sich der Ablauf mit diesen Rollen gestaltet:

Phase 1

- P präsentiert das Problem.

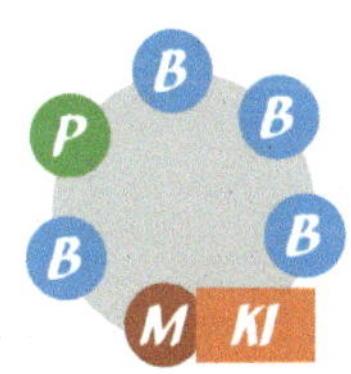

Phase 2

- B stellen Fragen an P, um die Problemsituation zu klären.
- M tippt parallel dazu bereits Stichworte oder Halbsätze zur Problemsituation in den Methoden-Prompt ein.

Phase 3

- P setzt sich außerhalb des Diskussionskreises und hört von dort schweigend zu.
- B und M diskutieren den Fall und notieren sich Ideen.
- Ganz zum Schluss: M lässt die Lösungsvorschläge von ChatGPT generieren.

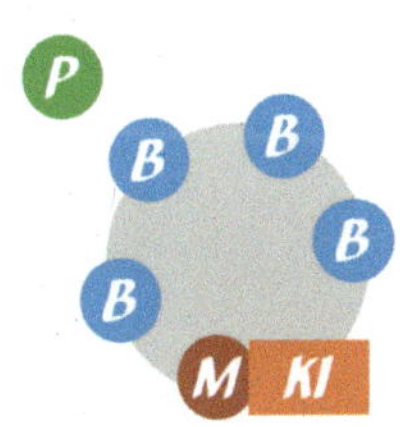

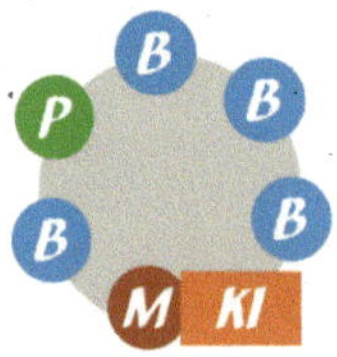

Phase 4

- P kehrt in den Diskussionskreis zurück und hört schweigend die Lösungen an.
- Die Metaphern und Lösungen von B, M und ChatGPT werden P präsentiert.
- P gibt Rückmeldung, was für sie/ihn persönlich hilfreich ist.

Nachdem der Ablauf und die Rollenverteilung geklärt sind, findet Irene für jede Gruppe eine Person, die die Moderatorenrolle übernimmt.

Tipps für Moderierende

Für die moderierende Person hat Irene einige Tipps auf einem ausgedruckten Blatt Papier bereitgelegt.

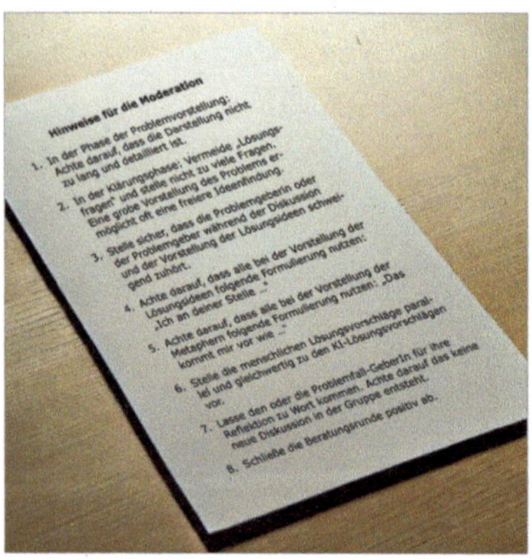

1. In der Phase der Problemvorstellung: Achte darauf, dass die Darstellung nicht zu lang und detailliert ist.
2. In der Klärungsphase: Vermeide „Lösungsfragen" und stelle nicht zu viele Fragen. Eine grobe Vorstellung des Problems ermöglicht oft eine freiere Ideenfindung.
3. Stelle sicher, dass die Problemgeberin oder der Problemgeber während der Diskussion und der Vorstellung der Lösungsideen schweigend zuhört.
4. Achte darauf, dass alle bei der Vorstellung der Lösungsideen folgende Formulierung nutzen: „Ich an deiner Stelle ..."
5. Achte darauf, dass alle bei der Vorstellung der Metaphern folgende Formulierung nutzen: „Das kommt mir vor wie ..."
6. Stelle die menschlichen Lösungsvorschläge parallel und gleichwertig zu den KI-Lösungsvorschlägen vor.
7. Lass den oder die Problemfall-GeberIn für ihre Reflektion zu Wort kommen. Achte darauf das keine neue Diskussion in der Gruppe entsteht.
8. Schließe die Beratungsrunde positiv ab.

Abschließend bekommen die Gruppen noch den Methoden-Prompt für ChatGPT. Spätestens jetzt merken die Moderatorinnen und Moderatoren, dass sie eine anspruchsvolle Rolle übernommen haben.

Gertrud, die die Rolle der Moderatorin in einer Gruppe übernommen hat, fragt noch, was mit Lösungsfragen gemeint ist. Irene erklärt es so: *„Eine Lösungsfrage ist eine Frage, in der bereits ein Lösungsvor-*

schlag enthalten ist. Zum Beispiel: ‚Hast du Hannes in einer ruhigen Minute schon einmal auf den Konflikt angesprochen und dabei deine Position geschildert?' Eine offene Frage wäre: ‚Wie oft kommt es zu einem Konflikt mit Hannes?'"

Schauen wir kurz in eine Kleingruppe hinein: Elmar hat die Chance des Problemgebers wahrgenommen und Gertrud übernimmt die Moderation.

Los geht es mit Phase eins. Elmar schildert ein aktuelles Problem aus seiner Projektarbeit. Anschließend, in Phase zwei, stellen die anderen Klärungsfragen. Gertrud ergänzt parallel die Situationsbeschreibung stichpunktartig im Methoden-Prompt:

In Phase 1 und 2 den Prompt ergänzen …

Ich wünsche mir eine kollegiale Beratung zu einer bestimmten Situation.
Hier einige Stichpunkte zur Situation:
- Konflikt mit der Projektleiterin wegen:
- Unklare Zielvorgaben
- Keine/wenig Wertschätzung
- Eigene Bedenken, die Missstände anzusprechen
- Schon versucht, die Probleme anzusprechen, aber keine Wirkung erzielt
- Eindruck, dass das Team eher gegeneinander arbeitet als miteinander
- Zweifel, ob ich in diesem Team richtig bin
...

Erst als Phase 3, die Diskussion des Beraterteams, abgeschlossen ist, schickt Gertrud den vollständigen Methoden-Prompt in ChatGPT ab. Kurz darauf erscheint folgender Text auf ihrem Bildschirm:

… und erst in Phase 3 abschicken.

(1) Das kommt mir vor wie ein Schiff ohne Kompass und Kapitän, das im Nebel treibt und keine klare Richtung oder Führung hat.

(2)
- Ich an deiner Stelle würde versuchen, einen ruhigen und professionellen Raum für ein klärendes Gespräch mit der Projektleiterin zu schaffen, um die unklaren Zielvorgaben anzusprechen.

- Ich an deiner Stelle würde meine Gedanken und Bedenken in einem gut strukturierten Feedbackgespräch artikulieren, um Missstände konstruktiv anzusprechen und Verbesserungen anzustreben.

- Ich an deiner Stelle würde nach Möglichkeiten suchen, um das Team zu stärken, eine positive Teamdynamik zu fördern oder regelmäßige Reflexionsrunden anzuregen.

- Ich an deiner Stelle würde auch in Betracht ziehen, mich innerhalb der Organisation nach alternativen Arbeitsumgebungen umzusehen, falls die Situation im aktuellen Team unverändert bleibt.

- Ich an deiner Stelle würde daran arbeiten, meine eigenen Fähigkeiten und Beiträge zu reflektieren und zu stärken, um unabhängig von der Teamdynamik mein Bestes zu geben und meine beruflichen Ziele zu verfolgen.

Ergebnisse vorstellen und Fazit ziehen

In Phase 4, wenn alle Beraterinnen und Berater nach der Falldiskussion ihre Lösungsideen und Metaphern vorstellen, sagt Gertrud: *„ChatGPT hat auch einige Metaphern und Tipps generiert. Ich werde einfach meine eigenen Tipps mit denen der KI mischen, ohne zu verraten, welche von mir und welche von der KI sind.“*

Nachdem alle Beraterinnen und Berater ihre Gedanken geäußert haben, lädt Gertrud Elmar ein, seine Gedanken zu den Tipps und Metaphern zu äußern. Was könnte ihm eventuell helfen?

Abschließend bedankt sich Gertrud beim Team für die Unterstützung und bei Elmar für seine Offenheit. Sie zieht ein positives Fazit für sich selbst, indem sie feststellt, dass sie durch die Diskussion einige inspirierende Anregungen erhalten hat.

Tipps und Hinweise

Wenn Du die Methode wie im beschriebenen Praxisbeispiel in Kleingruppen durchführst, erfordert dies ein hohes Maß an Selbstorganisation der Teilnehmenden. Es kann nützlich sein, den Ablauf für die Moderierenden ausgedruckt dabeizuhaben.

Die Formulierung „Ich an deiner Stelle ...“ bei den Tipps soll der Person mit der Problemfragestellung das Annehmen oder Auswählen der Hinweise erleichtern. Schließlich sind die Beratenden ja nicht in der gleichen Lage. Die Metapher wiederum bietet oft einen frischen Blick auf die Situation und öffnet eine andere Perspektive.

Mischung aus menschlicher und künstlicher Intelligenz

Was ich besonders schön an der Methode finde, ist, dass nicht nur die KI gefragt wird, sondern es zu einer Mischung aus „menschlicher“ und „künstlicher“ Intelligenz kommt. Nach meiner Beobachtung freuen sich die Teilnehmenden, wenn ChatGPT ähnliche Hinweise wie die der Gruppe gibt. Ganz neue Ansätze sind ebenso willkommen. Manchmal trifft die KI nicht genau das Problem der Fragestellung. Bei menschlichen Tipps ist das jedoch oft auch der Fall. Wie bei allen solchen Methoden sollte man weder von der KI noch von den beteiligten Menschen die eine alles klärende passgenaue Lösung erwarten. Dies ist aber gar nicht nötig. Die Person mit der Fragestellung transformiert die Anregungen in der Regel für die eigene Problemsituation.

Zum Thema kollegiale Beratung gibt es unterschiedliche Vorgehensweisen und Spielregeln. Die Empfehlung ist, den Ablauf nicht zu kompliziert zu gestalten.

Selbst ausprobieren

Wie wäre es mit einer Selbstberatung? Formuliere Deine aktuellen Problemfragen in kurzen Sätzen, füge diese in den Methoden-Prompt ein und sieh, was ChatGPT dazu sagt. Bitte erwarte keine erleuchtenden Lösungswunder, die genau zu Deiner Situation passen. Wenn ein Gedankenanstoß für Dich dabei ist, hat es sich schon gelohnt.

09 Wer einmal lügt ...

Faktencheck für Wissenshungrige: bewusste KI-Fehler erkennen und kritisches Denken schulen.

Voraussetzungen

- 1x ChatGPT pro Kleingruppe

Dauer

- 15 bis 45 Minuten, je nach Anzahl der Begriffe und Recherchezeit

Gruppengröße

- Maximal 12 TN, wenn am Ende ein Austausch in der Gesamtgruppe stattfinden soll
- Beliebig viele TN, falls es bei der Kleingruppenarbeit ohne Austausch im Plenum bleibt

Einsatz

Faktencheck für Fachseminare

Diese Methode ist für alle Fachseminare geeignet. Die Teilnehmenden erhalten Informationen zu ihrem jeweiligen Lernstoff und werden ermutigt, diese auf ihre Richtigkeit zu überprüfen. So werden sie motiviert, sich intensiv mit dem Thema zu beschäftigen. Ganz nebenbei wird das Bewusstsein für KI-bezogene Aussagen geschärft und das kritische Hinterfragen von Informationen wird geübt.

Kurzbeschreibung der Methode

- Die Teilnehmenden erhalten von KI verschiedene Fakten und Informationen zum Thema des Seminars.
- Innerhalb dieser Informationen sind falsche Aussagen „versteckt“, die es durch Überprüfung mittels anderer Quellen zu entdecken gilt.

Methoden-Prompt

Formuliere vier Informationsblöcke zum Thema ...
Alle Informationen müssen richtig und wahr sein. Jeder Informationsblock soll jedoch einen unauffälligen Fehler enthalten. Das kann zum Beispiel eine falsche Zahl, eine falsche Ortsangabe oder ein falscher Name sein.

Das Format der Informationsblöcke ist wie folgt:
- Fortlaufend nummeriert
- Maximal 3 Sätze lang
- Enthält eine falsche Information

Praxisbeispiel

Beispiel: Seminarinhalte festigen

Abigail ist Dozentin und bietet einen Kurs zum Thema Spieltheorien an. Zum Einstieg erleben die Teilnehmenden zwei klassische Spiele: das Gefangenendilemma und das Ultimatum-Spiel. Nach einer ausführlichen Auswertung geht es zum Theorieteil.

Sie möchte die Theorie nicht mit PowerPoint vordozieren. Deshalb hat sie auf zwei Laptops ChatGPT geöffnet. Der Methoden-Prompt ist schon vorbereitet. Er ist so aufgebaut, dass die Teilnehmenden die Spielnamen ergänzen können und ChatGPT den Erklärtext in einer besonderen Variante dazu liefert.

Fehlinformationen identifizieren

Abigail teilt die Gruppe in zwei Kleingruppen auf. Gruppe A erhält das Stichwort „Gefangenendilemma“, Gruppe B das „Ultimatum-Spiel“. Abigail erklärt die Aufgabe: *„Bitte ergänzt auf dem Gruppenlaptop den Prompt mit eurem Spielstichwort. Anschließend generiert ChatGPT vier Aussagen. In der Prompt-Anweisung könnt ihr bereits sehen, dass die Aussagen möglicherweise Fehlinformationen enthalten. Das Tückische ist, dass sich ChatGPT nicht immer an die Anweisung hält. Es kann also sein, dass pro Abschnitt mehr Fehler vorhanden sind oder auch keine.*

Die Gesamtaussage kann also entweder wahr oder von zahlreichen Fehlern durchzogen sein. Eure Aufgabe besteht darin, mögliche Fehler zu finden und die korrekten Informationen mit mindestens zwei unterschiedlichen seriösen Quellen zu verifizieren."

Korrekte Informationen am Flipchart sammeln

Danach erhalten die Teams die Aufgabe, die korrekten Hauptinfos auf einem Flipchart für die Präsentation im Plenum zu visualisieren. Sara stellt die Frage: *„Dürfen wir denn die KI fragen, was falsch oder richtig ist?"* – *„Natürlich könnt ihr euch von der KI helfen lassen – aber Vorsicht – sie erzählt oft Unsinn und ist bei Sachaussagen nicht wirklich verlässlich. Meine Empfehlung: Nutzt die KI-Aussagen eher als Hinweise auf die Fehler und verifiziert die Angaben nochmals mit anderen Quellen."*

Beide Teams bearbeiten nun ihre Themen. Das Team mit dem Gefangenendilemma erhält nach der Stichworteingabe in den vorgegebenen Prompt folgende Informationen von der KI:

1. Im berühmten Gefangenendilemma-Experiment von 1950 in Harvard wurden Peter Parker und Bruce Wayne als Probanden verwendet.
2. Die Grundannahme des Gefangenendilemmas ist, dass beide Spieler durch Kooperation einen geringeren Nutzen erzielen als durch Verrat.
3. Bei dem Spiel erhalten beide Gefangene, wenn sie schweigen, eine Strafe von 2 Jahren, wenn beide gestehen, erhalten sie je 5 Jahre Gefängnis.
4. Der Begriff „Gefangenendilemma" stammt von dem amerikanischen Soziologen Morton Grodzins, der es in den 1970er-Jahren populär machte.

Die Gruppe entdeckt schnell die ersten Fehler: Peter Parker und Bruce Wayne sind die geheimen Identitäten von Spider-Man und Batman. Aber mit wem und wann wurde das Experiment tatsächlich zum ersten Mal durchgeführt?

Die Fehlersuche fördert detaillierte Auseinandersetzung mit Inhalten

Bei Punkt drei stellt die Gruppe schnell fest, dass kein Fehler enthalten ist. Doch das Regelwerk ist etwas komplizierter. Das wissen sie aus dem zuvor selbst erlebten Spiel. Trotzdem recherchieren sie, ob die Regeln im Laufe der Zeit möglicherweise geändert wurden.

Nach 20 Minuten gemeinsamer Arbeit ist das Flipchart fertig für die Präsentation im Plenum. Die Gruppe ist relativ sicher, alle falschen Infos gefunden zu haben.

Tipps und Hinweise

Wenn Du mit ChatGPT arbeitest und es um Tatsacheninformationen geht, kann es knifflig werden. Auch KI-Modelle, die in Echtzeit auf das Internet zugreifen, haben nicht die Wahrheit gepachtet und können sich irren. Nicht umsonst steht bei den Modellen oft der Hinweis: „Die KI kann Fehler machen. Überprüfen Sie wichtige Informationen."

Bei der Methode „Wer einmal lügt ..." machst Du Dir diese „Fehleranfälligkeit" von ChatGPT zunutze. Lügen ist Bestandteil der Methode. Ganz nebenbei sensibilisierst Du die Teilnehmenden für den Wahrheitsgehalt der KI-Aussagen. Die Gewohnheit, Informationen anhand verschiedener Quellen zu verifizieren, kann dabei ein mitgedachtes Lernziel sein.

Nebenbei: für den Wahrheitsgehalt von KI-Aussagen sensibilisieren

Mit dieser Methode holst Du Dir „Unsicherheit" in Dein Seminar. Was sagt die KI, welche Infos gibt sie? Wenn Du das direkt im Seminar machst – und das empfehle ich – kannst Du im Vorfeld nicht kontrollieren, was geschieht. Warum nicht einfach einen Text vorbereiten, der Fehler enthält? Fehler, die Du kennst und kontrolliert eingefügt hast? Das geht natürlich auch. Aber durch die Tatsache, dass die Texte während des Seminars unmittelbar durch die Eingabe der Teilnehmenden entstehen, steigt die Spannung, Überraschung und das Interesse. Zusätzlich lockt es Dich aus der Komfortzone. Denn auch Du weißt ja nicht vorher, wo die Fehler stecken, welche Aussagen richtig oder falsch sind. Hier heißt es im Zweifelsfall bei Rückfragen der Teilnehmenden zuzugeben: *„Bei der Information bin ich mir nicht ganz sicher – lasst uns gemeinsam versuchen, die richtige Antwort zu finden. Wo würdet ihr recherchieren?"*

Wie bei allen Methoden, bei denen es um Tatsacheninformationen geht, funktioniert die Methode nur mit Infos, die allgemein im Netz zugänglich sind.

Prompt-Anpassungen

Die einfachsten Stellschrauben am Prompt sind die Anzahl der Informationsblöcke und deren Länge. Es ist hilfreich, der KI Beispiele zu nennen, wo sie Fehler einbauen könnte. Im Methoden-Prompt des Praxisbeispiels wird vorgeschlagen, eine falsche Zahl, eine falsche Ortsangabe oder einen falschen Namen einzubauen. Je nach Thema oder Begriff lässt sich diese Liste erweitern oder verändern.

Selbst ausprobieren

Mach doch gleich mal ein Experiment mit dem Methoden-Prompt. Lass Dir von ChatGPT etwas über Deinen Ort, Landkreis oder Stadtteil erzählen. Entdeckst Du die Fehler? Wie gut kennst Du Dich in Deiner Umgebung aus? Du kannst Dir nach der Raterunde mit folgendem Prompt die Auflösung verraten lassen:

> Sag mir bitte, wo du die Fehler eingebaut hast.

Aber stimmt die Auflösung? Lügt oder irrt sich die KI? Wer weiß?

Werteklarheit

10

Praxisnahe Werteklärung mit KI macht die eigenen Werte im Seminar erlebbar.

Voraussetzungen

- Mindestens 1x ChatGPT für alle – falls jede Gruppe selbst Zugriff hat, umso besser
- Hilfreich: Die Möglichkeit, die Texte an einem Laptop bearbeiten und ausdrucken zu können

Dauer

- Zwischen 30 und 90 Minuten: Die Dauer ist abhängig davon, wie viel Zeit Du den Teilnehmenden für die Überlegung der Werte und die anschließende Diskussion geben möchtest.
- Die Generierung der Werteübersetzung mit ChatGPT dauert nur Sekunden.

Gruppengröße

- Maximal 12 TN, wenn ein Austausch im Plenum stattfinden soll
- Beliebig viele TN, falls es bei der Kleingruppenarbeit ohne Austausch im Plenum bleibt

Einsatz

Eigene Werte konkretisieren

Die KI-Methode Werteklärung kann dann hilfreich sein, wenn Du bei einem Workshop oder Seminar die Gruppe oder einzelne Teilnehmende dabei unterstützen möchtest, Werte zu konkretisieren.

Kurzbeschreibung der Methode

- Die Teilnehmenden sammeln im Plenum oder in der Kleingruppe Werte zu einer bestimmten Fragestellung. Zum Beispiel: „Welche Werte sind uns in der Zusammenarbeit wichtig?" Oder: „Welche Werte wollen wir im Team ‚leben'?"
- Die Werte werden zunächst in Stichworten festgehalten.
- Mit dem Methoden-Prompt „übersetzt" ChatGPT die Wertestichworte in konkrete Leitlinien, Praxis- und Dialogbeispiele.
- Anschließend diskutieren die Teilnehmenden, ob sie die Formulierungen übernehmen oder verändern möchten, und ob die Praxisbeispiele und Dialoge ihre Lebenswirklichkeit widerspiegeln.

Methoden-Prompt

Bitte konkretisiere die folgenden Werte für ... in Form von durchnummerierten Leitlinien:
1. ...
2. ...
3. ...
...
Nenne zu jedem Wert ein konkretes Praxisbeispiel, wenn passend, ergänzt um ein Dialogbeispiel in wörtlicher Rede.

Praxisbeispiel

Beispiel: Leitlinien für ein neues Team

Samuel hat den Auftrag, mit einem neu gegründeten achtköpfigen Team der Stadtverwaltung Duisburg einen Teamworkshop zu gestalten. Ein Punkt auf der Tagesordnung soll sein, eine Liste von Leitlinien zu erarbeiten, in der sich alle mit ihren Wertvorstellungen wiederfinden. In der Vorabsprache wurde der Wunsch geäußert, dass das Team im Workshop gerne eine Mischung aus Teamübungen, Diskussionsrunden und ungewöhnlicheren Methoden erleben würde.

Für den Part mit den Leitlinien startet Samuel ganz klassisch mit zwei Viererteams, die jeweils die Aufgabe bekommen, vier für sie wichtige Werte auf Klebezetteln zu notieren.

Als nächsten Schritt hat er ein Teamspiel mitgebracht, bei dem die gesamte Gruppe mithilfe einer Seilkonstruktion einen Turm aus Holzklötzen baut. Auf jeden der acht Holzklötze wurde ein Wertezettel geheftet. Neben der eigentlichen Turmbau-Herausforderung hat die Gruppe die Aufgabe, zu entscheiden, welcher Klotz wo „verbaut" werden soll, das heißt, welcher Wert für sie als unterster Klotz die Grundlage bildet und welcher nach oben gehört – und was passiert, wenn ein Klotz umfällt und der Wert damit verloren geht.

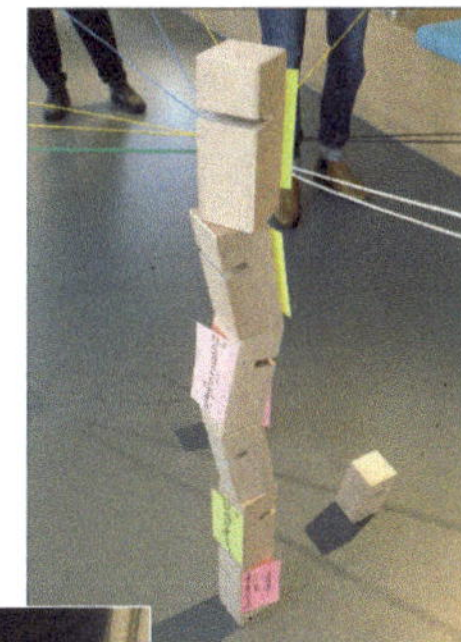

Nach dieser aktiven Gruppenphase machen die Teilnehmenden eine Kaffeepause. Samuel nutzt die Pause dafür, die Werte in den vorbereiteten Methoden-Prompt zu tippen.

Die Werte der Gruppe A sind: Vertrauen, Empathie, Loyalität und Zielstrebigkeit. Gruppe B hat: Wirksamkeit/ Lösungsorientierung, bereichsübergreifendes Handeln, Zuverlässigkeit und Vertrauen/Ehrlichkeit notiert.

Abb.: Verschiedene „Wertetürme" aus Holzklötzen.

Der Prompt für Team A sieht so aus:

> Bitte konkretisiere die folgenden Werte für das Team der Stadtverwaltung in Form von durchnummerierten Teamleitlinien:
> 1. Vertrauen
> 2. Empathie
> 3. Loyalität
> 4. Zielstrebigkeit
>
> Nenne zu jedem Wert ein konkretes Praxisbeispiel, wenn passend, ergänzt um ein Dialogbeispiel in wörtlicher Rede.

Nachdem er den Prompt in ChatGPT abgeschickt hat, sieht der Text für den Wert „Empathie" wie folgt aus:

Konkretes Praxisbeispiel von der KI

> Wert: Empathie
>
> Leitlinie: Wir setzen uns dafür ein, die individuellen Bedürfnisse unserer Kunden zu verstehen. Durch Aufmerksamkeit und einfühlsame Handlungen schaffen wir eine vertrauensvolle und kooperative Arbeitsumgebung.
>
> Praxisbeispiel: Eine Bürgerin kommt mit einem Anliegen in die Stadtverwaltung und wirkt frustriert. Statt nur die for-

mellen Schritte zu erklären, zeigt das Teammitglied empathisches Verhalten.

Dialogbeispiel:
Bürgerin: „Ich bin so frustriert, ich verstehe nicht, warum das so kompliziert sein muss."
Teammitglied: „Ich kann verstehen, dass es kompliziert und frustrierend sein kann. Lassen Sie uns gemeinsam eine Lösung finden."

Die so entstandenen Texte für die einzelnen Werte kopiert Samuel in ein Word-Dokument und lässt es im Verwaltungsbüro ausdrucken.

Werte mit konkreten Situationen verknüpfen

Die Teilnehmenden sind bereits aus der Kaffeepause zurück. Mit folgendem Arbeitsauftrag schickt Samuel sie in die zweite Runde der Kleingruppenarbeit: *„Ich habe für eure Werte jeweils einen Formulierungsvorschlag für eine Leitlinie ausgedruckt. Die dazugehörigen Praxis- und Dialogbeispiele unterstützen euch dabei, die Wertediskussion mit konkreten Situationen zu verknüpfen. Eure zentrale Frage bei den Texten sollte sein: Ist es das, was wir meinen? Schaut bitte, was für euch passt oder was ihr anders formulieren wollt. Passt die Leitlinien gegebenenfalls an und kommt nach der Gruppenarbeit mit für euch stimmigen Leitlinienformulierungen zurück."* Samuel stellt jeder Gruppe einen Laptop zur Verfügung, um die überarbeiteten Texte zu speichern.

Tauchen wir einmal exemplarisch in die Präsentation der von den Teams formulierten Leitlinien ein. Edith stellt das Ergebnis und die Diskussionserfahrung vor: *„Beim Wert ‚Empathie' ist uns durch den KI-Text klarer geworden, dass es nicht nur um empathischen Umgang mit den Kunden geht, sondern auch um Empathie im Team. Daraus haben wir die Leitlinie formuliert: ‚Durch Aufmerksamkeit und einfühlsame Handlungen schaffen wir eine vertrauensvolle und kooperative Arbeitsumgebung für unsere Kunden, Kolleginnen und Kollegen und unser Team.'"*

Am Ende dieser Phase werden für alle acht Leitlinien noch Symbole gefunden und diese gemeinsam mit den Texten in einer PowerPoint-Präsentation visualisiert.

Tipps und Hinweise

Abstrakte Diskussion auf eine praktische Ebene bringen

Ich habe die Erfahrung gemacht, dass Diskussionen über Werte, Leitlinien oder Spielregeln oft abstrakt bleiben. Die Idee bei diesem Methoden-Prompt ist es, das Gespräch auf die praktische Ebene zu bringen. ChatGPT übernimmt mit ersten konkreten Vorschlägen die Vorreiterrolle. Hierbei geht es nicht darum, die Anregungen genau zu übernehmen, sondern sie dafür zu nutzen, mehr Klarheit darüber zu bekommen, welche davon zu den eigenen Vorstellungen passen und welche nicht. Die Teams können sich in der Gruppendiskussion an den Vorschlägen der KI „reiben" und eigene Formulierungen finden oder die Texte übernehmen.

Im Praxisbeispiel hat Samuel die Eintipparbeit in ChatGPT übernommen. Alternativ könntest Du den Methoden-Prompt direkt an die Kleingruppe weitergeben und die Teilnehmenden selbst die Lücken ausfüllen lassen.

Der Prompt lässt sich vielfältig anpassen – je nach den Zielen, die Du im Seminar oder Workshop verfolgst. Du kannst beispielsweise „Werte" durch „Spielregeln" oder „Verhaltensrichtlinien" ersetzen. Meiner Erfahrung nach ist es nicht notwendig, die Situation zu ausführlich zu beschreiben. Im Methoden-Prompt reichen oft schon Formulierungen wie „Bitte konkretisiere die folgenden Werte für ... unser Team in der IT-Abteilung", „... unser Wohnprojekt mit drei Kindern, Eltern und vier Großeltern" oder „... die Gruppen-Wandertour über die Alpen".

Selbst ausprobieren

Probiere den Prompt selbst aus, beispielsweise für Deine Werteklarheit als Trainer oder Trainerin, für Deine Partnerschaft oder für die Kindererziehung. Beginne zunächst mit einem einzelnen für Dich wichtigen Wert. Erfasst ChatGPT ungefähr das, was Du mit diesem Wert in dem gegebenen Kontext meinst? Oder eher nicht?

11

Darauf bin ich gut vorbereitet!

Hindernisse meistern: Die Teilnehmenden nutzen KI-Impulse für praxisnahe Präventionsstrategien.

Voraussetzungen

- 1x ChatGPT pro Kleingruppe

Dauer

- 30 bis 90 Minuten

Gruppengröße

- Maximal 12 TN, wenn am Ende ein Austausch im Plenum stattfinden soll
- Beliebig viele TN, falls es bei der Kleingruppenarbeit ohne Austausch im Plenum bleibt

Einsatz

Schwierigkeiten erkennen und Präventionsmaßnahmen entwickeln

Bei dieser Methode übernimmt die KI die Rolle der Bedenkenträgerin. Ein bisschen wie bei einer paradoxen Intervention. Die Teilnehmenden sollen über Präventionsmaßnahmen für mögliche Schwierigkeiten bei ihren Vorhaben nachdenken, um sich gut vorbereitet zu fühlen. Die Methode ist in allen Lernphasen einsetzbar, in denen Teilnehmende an eigenen Praxisprojekten arbeiten.

Kurzbeschreibung der Methode

- Die Teilnehmenden beschreiben der KI ihr Vorhaben, Projekt oder Ziel. ChatGPT nennt Schwierigkeiten oder Widerstände, die bei der Umsetzung auftreten könnten.
- Gemeinsam in der Gruppe werden Präventivstrategien entwickelt. Ziel ist es, dass Teilnehmenden potenzielle Hindernisse aufgezeigt werden, um sich gut darauf vorbereiten zu können.

Methoden-Prompt

Ich möchte mit dir ein interaktives Spiel machen.
Zuerst werde ich dir mein aktuelles Projekt beschreiben.
Du übernimmst die Rolle des Bedenkenträgers, der Schwierigkeiten, Probleme, Hindernisse, Herausforderung oder Widerstände nennt, die bei dem Projektvorhaben auftreten könnten.

Deine erste Antwort soll eine Aufforderung an mich sein, das Projekt zu beschreiben.

Der weitere Kommunikationszyklus soll wie folgt ablaufen:

1. Du beschreibst eine Schwierigkeit, ein Problem, eine Hürde, ein Hindernis, eine Herausforderung oder einen Widerstand, der bei dem Projektvorhaben auftreten könnte.
2. Ich antworte mit dem Satz: „Darauf bin ich gut vorbereitet!“
3. Gehe zurück zu 1 und nenne eine neue Schwierigkeit, ein Problem, eine Hürde, ein Hindernis, eine Herausforderung oder einen Widerstand.

Der Kommunikationszyklus soll endlos fortgesetzt werden.
Wie hast du das Spiel verstanden?

Praxisbeispiel

Beispiel: Vorbereitung auf eine Präsentation

In ihren Präsentationsseminaren betont Mildred immer wieder die Bedeutung einer gründlichen Vorbereitung für eine erfolgreiche Präsentation. Auch das Thema Lampenfieber spielt dabei eine wichtige Rolle.

Um ihre Teilnehmenden für das Thema „Vorbereitung" zu sensibilisieren, setzt sie die KI-Methode „Darauf bin ich vorbereitet!" ein. Dabei übernimmt die KI die Bedenkenträgerrolle für die Präsentations-Projekte der Teilnehmenden.

Notizen zur Vorbereitung

Zu Beginn erhalten alle Teilnehmenden die Aufgabe, ihre nächste bevorstehende Präsentation in einigen Absätzen und mit Stichworten zu skizzieren. Sie sollen Angaben machen zum Thema, zum Publikum, den Rahmenbedingungen, den genutzten Medien und den Zielen der Präsentation. Mildred ermutigt sie dazu, etwa 3-6 Punkte zu notieren.

Ablauf der Gruppenarbeit

Dann geht es in die Dreierteams, mit folgender Anleitung: *„An jedem Kleingruppenarbeitsplatz gibt es einen Laptop mit ChatGPT-Zugang. Dort ist bereits ein Prompt aktiviert, den ihr einfach abschicken könnt. Die KI wird euch auffordern, eine Präsentationssituation zu beschreiben. Eine Person aus eurer Gruppe kann die Gelegenheit nutzen – die anderen sind das Beraterteam."* Die weitere Vorgehensweise erklärt Mildred beispielhaft anhand der Gruppe mit Jackson, der sich schon als Fallgeber gemeldet hatte: *„Jackson, du beschreibst der KI deine Präsentationspläne mithilfe deiner Notizen. Wenn du möchtest, kannst du die installierte Spracherkennung verwenden, dadurch sparst du dir das Eintippen. Die KI übernimmt die Rolle der Bedenkenträgerin und nennt einen Aspekt, der bei deiner Präsentation möglicherweise schiefgehen könnte. Besprecht kurz in der Gruppe, wie Jackson sich auf diese Herausforderung vorbereiten könnte. Wenn ihr eine gute Vorbereitungsstrategie gefunden habt, sagt Jackson einfach ‚Darauf bin ich gut vorbereitet!'. Das war's … – Oh, Moment, nein: Kaum habt ihr der KI gesagt, dass ihr vorbereitet seid, nennt ChatGPT ein neues Problem. Wenn ihr auch hier eine gute Vorbereitungsstrategie gefunden habt, tippt ihr ein: ‚Darauf bin ich gut vorbereitet!' und so weiter."*

Die Teilnehmenden haben den Ablauf verstanden. Mildred ermutigt die Gruppen, unabhängig von der KI darüber nachzudenken, was zu einer guten Vorbereitung alles nötig ist. Nach etwa zwölf Minuten leitet sie den Wechsel der Gruppen ein: *„Öffnet bitte einen neuen Chat mit einem frischen Methoden-Prompt, damit alle aus der Gruppe ihre Präsentationssituation der KI schildern und Tipps von der Gruppe erhalten können."*

Mildred hat den Methoden-Prompt für ihr Präsentationstraining leicht angepasst. Werfen wir einen Blick auf Jacksons Gruppe.

Ich möchte mit dir ein interaktives Spiel machen.
Zuerst werde ich dir mein aktuelles Präsentationsvorhaben beschreiben.
Du übernimmst die Rolle des Bedenkenträgers, der Schwierigkeiten, Probleme, Hindernisse, Herausforderung oder Widerstände nennt, die bei der Präsentation auftreten könnten.

Deine erste Antwort soll eine Aufforderung an mich sein, das Präsentationsvorhaben zu beschreiben.

Der weitere Kommunikationszyklus soll wie folgt ablaufen:
1. Du beschreibst eine Schwierigkeit, ein Problem, eine Hürde, ein Hindernis, eine Herausforderung oder einen Widerstand, der bei der Präsentation auftreten könnte.
2. Ich antworte mit dem Satz: „Darauf bin ich gut vorbereitet!"
3. Gehe zurück zu 1 und nenne eine neue Schwierigkeit, ein Problem, eine Hürde, ein Hindernis, eine Herausforderung oder einen Widerstand.

Der Kommunikationszyklus soll endlos fortgesetzt werden.
Wie hast du das Spiel verstanden?

Nachdem Jackson den Prompt in ChatGPT abgeschickt hat, antwortet die KI mit:

Ich habe das Spiel verstanden. Bitte beschreibe mir dein aktuelles Präsentationsvorhaben.

Jackson verzichtet auf die Spracherkennung und tippt ein:

Ich möchte eine Präsentation durchführen vor 20 Kollegen. Inhalte der Präsentation sind viel Zahlenmaterial. Ich präsentiere mit PowerPoint. Die Materie ist sehr umfangreich.

Alle aus der Gruppe sind gespannt, welche Herausforderung die KI als Erstes nennt.

Die Gruppe sucht für jede Hürde eine Lösung

Eine mögliche Schwierigkeit könnte sein, dass die Zahlenmaterialien zu komplex sind und es schwierig sein könnte, sie verständlich und interessant für das Publikum zu präsentieren.

„Ja, das ist wirklich ein Problem. Mir ist das nicht unbekannt, aber das entscheidende Stichwort für mich ist ‚interessant präsentieren'. Hat vielleicht jemand eine Idee dazu?", fragt Jackson die Kleingruppe. Gemeinsam entwickeln sie eine Idee, wie Jackson mit einer vergleichenden Metapher die ersten Zahlenkolonnen anschaulicher darstellen könnte.

Nachdem Jackson „Darauf bin ich gut vorbereitet!" eingetippt hat, wartet die Gruppe gespannt auf die nächste Rückmeldung der KI.

Eine weitere mögliche Herausforderung könnte sein, dass die Präsentationstechnik, insbesondere die PowerPoint-Präsentation, während der Vorführung fehlerhaft funktioniert oder abstürzt.

„Darauf bin ich tatsächlich gut vorbereitet", sagt Jackson lächelnd. *„Ein Kollege bringt seinen Beamer und Laptop als Backup mit. Alles ist bereits geregelt."*

Eine weitere potenzielle Schwierigkeit könnte sein, dass einige der Kollegen möglicherweise nicht mit den präsentierten Zahlen vertraut sind oder Schwierigkeiten haben, sie zu verstehen, was zu Unklarheiten oder Missverständnissen führen könnte.

„Warum schickst du nicht eine Vorab-Mail mit den wichtigsten Grundlagenzahlen? So sind alle auf dem gleichen Informationsstand", schlägt ein Teilnehmer aus Jacksons Kleingruppe vor.

Eine weitere mögliche Herausforderung könnte sein, dass während der Präsentation Fragen gestellt werden, auf die du möglicherweise keine direkte Antwort hast.

In einem spontan simulierten Rollenspiel bereitet Jackson sich für diese Situation vor. Dann kommt Mildred und leitet den Wechsel in der Kleingruppe ein, damit alle die Gelegenheit haben, ihren Fall zu schildern. Sie öffnet einen neuen Chatverlauf, aktualisiert den Methoden-Prompt – und schon geht es weiter.

Tipps und Hinweise

Konkrete Präventionsideen entwickeln

Bei dieser Methode kann es vorkommen, dass die Probleme, die die KI anspricht, den Teilnehmenden bereits bewusst sind. Die Frage ist aber: Ist das Problem nur bekannt oder ist man auch darauf vorbereitet? Die Idee ist, die Aufmerksamkeit auf die Prävention zu richten.

Wenn Du merkst, dass Deine Gruppe durch die KI-Hürden eher verunsichert wird, ist es vielleicht besser, eine andere Methode zu wählen. Allerdings ist es für manche Teilnehmende erleichternd, die möglichen Schwierigkeiten offen anzusprechen. Wichtig ist, sich in der Diskussion – egal, ob in der kleinen Gruppe oder im Plenum – immer auf Lösungen und vorhandene Ressourcen zu fokussieren.

Achte darauf, dass in der Gruppe ausreichend lösungsorientiert diskutiert und nicht nur den KI-Problemen hinterhergejagt wird. Es ist besser, sich gründlich mit zwei oder drei Themen auseinanderzusetzen, als oberflächlich zwanzig zu behandeln.

Vorsicht: nicht geeignet für tiefsitzende Probleme

Diese Methode ist nicht dafür geeignet, tiefsitzende Schwierigkeiten, Ängste oder persönliche Probleme anzugehen. Als Seminarleitung bist Du sensibel genug, um dies zu erkennen, und stattdessen eine andere Methode zu wählen.

Du kannst den Methoden-Prompt so allgemein lassen, wie hier dargestellt. Er funktioniert gut bei vielen Projekten, sei es die Alpenüberquerung mit einer Freundesgruppe, das Erstellen einer neuen Webseite, das Schreiben eines Buches oder die Gründung eines Unternehmens. Je spezifischer das Projekt beschrieben wird, desto konkreter werden die Probleme benannt. Wenn Du spezielle Situationen oder Projekte im Seminar behandelst, kannst Du den Ausgangs-Prompt entsprechend spezifizieren, wie im Praxisbeispiel bei den Präsentationsthemen.

Variationen

Variante: Glücksbotschaft

Die positive Seite eines Vorhabens beleuchten

Im Gegensatz zur Problembotschaft wird hier der Prompt in Form einer Glücksvariante formuliert.

Ich möchte mit dir ein interaktives Spiel machen.
Zuerst werde ich dir mein aktuelles Projekt beschreiben.
Du übernimmst die Rolle des positiven Unterstützers, der Erfolge, Glücksmomente oder positive Wirkungen nennt, die bei dem Projektvorhaben auftreten könnten.

Deine erste Antwort soll eine Aufforderung an mich sein, das Projekt zu beschreiben.

Der weitere Kommunikationszyklus soll wie folgt ablaufen:
1. Du beschreibst einen Erfolg, Glücksmomente oder eine positive Wirkung, die bei dem Projektvorhaben auftreten könnten.
2. Ich antworte mit dem Satz: „Super, darauf freue ich mich!"
3. Gehe zurück zu 1 und nenne einen neuen Erfolg, neue Glücksmomente oder eine positive Wirkung.

Der Kommunikationszyklus soll endlos fortgesetzt werden.
Wie hast du das Spiel verstanden?

Beim Projekt „Alpenüberquerung mit der Freundesgruppe" könnten die Antworten wie folgt aussehen:

Das klingt nach einem aufregenden Abenteuer! Eine positive Wirkung könnte sein, dass ihr eine starke Gemeinschaftsbindung aufbaut, während ihr gemeinsam die Herausforderungen der Alpenüberquerung meistert.

oder

Ein weiterer Glücksmoment könnte sein, wenn ihr auf eurer Wanderung unerwartet auf eine Gruppe von Wildtieren trefft, die in ihrer natürlichen Umgebung leben, und ihr die Möglichkeit habt, sie aus sicherer Entfernung zu beobachten.

Meine Erfahrung ist, dass, wenn ich den Teilnehmenden die Wahl lasse, lieber mit der Glücks-KI oder der Bedenkenträger-KI zu plaudern, sich überraschenderweise die meisten für die Bedenkenträger-KI entscheiden. Aber warum nicht beide zu Wort kommen lassen und dadurch unterschiedliche Blickwinkel auf dasselbe Projekt eröffnen?

Variante: Chancen

Potenziale erkennen

Eine weitere Variante könnte der Chancen-Generator sein. Hierfür werden im Methoden-Prompt alle Glücksformulierungen aus der vorherigen Variante durch „Chance" ersetzt. So entsteht eine Liste der Potenziale des Projektvorhabens.

Selbst ausprobieren

Würdest Du Dich eher für den Herausforderungs- oder den Glücks-Prompt entscheiden? Erzähle der KI von Deinem nächsten Projekt und lass Dich von den Antworten überraschen. Bist Du gut auf alle genannten Herausforderungen vorbereitet und hast Du schon alle Glücksmomente eingepackt?

12

Tipps konkretisieren

Tipprunde 2.0: KI übersetzt Lösungsideen in praxisnahe Tipps mit Mehrwert.

Voraussetzungen

- Idealfall: Alle Teilnehmenden haben Zugang zu ChatGPT.
- Auch möglich: Mindestens 50 % der Teilnehmenden haben Zugriff auf ChatGPT und unterstützen sich gegenseitig.

Dauer

- Je nach Größe der Gruppe sehr unterschiedlich: 45 bis 70 Minuten
- Falls Du die Tipprunde auf einzelne Teilnehmende beschränkst, geht es schneller.

Gruppengröße

- Maximal 12 TN, wenn alle aktiv sein sollen

Einsatz

Gegenseitige Hinweise, von der KI konkretisiert

Bei dieser Methode konkretisiert die KI die von den Teilnehmenden in einer Runde gegebenen Tipps. Diese Methode ist sozusagen das digitale Upgrade einer klassischen Tipprunde. Man nutzt die Erfahrungen der Teilnehmergruppe, während die KI die Tipps weiter konkretisiert. Dadurch entstehen neue Impulse für Auswahl und Umsetzung. Die Methode ist geeignet für alle Seminarthemen, bei denen sich die Teilnehmenden gegenseitig Hinweise geben können.

Kurzbeschreibung der Methode

- Einzelne oder alle Personen haben nacheinander die Gelegenheit, ihre aktuelle Fragestellung einzubringen.
- Die anderen Teilnehmenden schreiben Tipps auf, die überreicht werden.
- Anschließend werden die Tipps mit dem Methoden-Prompt in ChatGPT eingegeben.
- ChatGPT konkretisiert die Tipps mit einem ausführlicheren Text.
- Optional kann sich im Plenum über einzelne Tipps ausgetauscht werden.

Methoden-Prompt

Bitte konkretisiere die folgenden Tipps für ... :
- ...
- ...
- ...
...

1. Nenne zu jedem Tipp ein konkretes Praxisbeispiel.
2. Erläutere das Mindset, das zu jedem Tipp gehört.
3. Wenn passend, ergänze jeden Tipp um ein Dialogbeispiel in wörtlicher Rede. Entweder mit einer anderen Person oder mit der inneren Stimme.

Praxisbeispiel

Beispiel: Tipps für persönliche Problemsituationen

In Adams regelmäßig stattfindendem Proseminar für Studentinnen und Studenten gibt es die Tradition der Tipprunde. Alle überlegen sich, zu welchem persönlichen und aktuellen Thema sie Tipps von den anderen im Seminar haben möchten. Alle setzen sich im Kreis zusammen, und jemand beginnt. Diesmal ist Marvin dran, der seine aktuelle Fragestellung kurz vorstellt. Die anderen haben Zettel, auf denen sie ihre Tipps stichpunktartig notieren. Die Zettel werden kommentarlos an Marvin weitergegeben, der diese ohne sofortiges Lesen entgegennimmt. Dann geht es in der Runde weiter, bis alle ihre Tipps erhalten haben.

So wurde die Tipprunde bisher immer abgeschlossen. Aber dieses Mal bringt Adam ein KI-Upgrade – wie er es nennt – ins Spiel. Alle Studierenden haben die ChatGPT-App auf ihren Smartphones installiert.

Die KI konkretisiert die Tipps aus der Runde

Auf der digitalen Seminarpinnwand hat er einen Prompt vorbereitet und bittet die Teilnehmenden, Folgendes zu tun: *„Kopiert bitte den Prompt von der digitalen Pinnwand in das ChatGPT-Eingabefeld. Bei den drei Auslassungspunkten in der ersten Zeile tippt ihr euren Namen ein. Gebt die Tipps, die ihr von den anderen erhalten habt, in Listenform ein. Schickt den Prompt ab und schaut, was passiert. Lest euch in aller Ruhe die konkreter formulierten Tipps durch. Ist etwas dabei, das euch anspricht oder motiviert? Wer Lust hat, kann anschließend einen Tipp vorstellen, den er oder sie in nächster Zeit umsetzen wird. Ihr könnt den konkretisierten Tipp eins zu eins umsetzen, wenn es passt, oder als Anregung für eine Idee nutzen. Manchmal ist ein kleiner Denkanstoß schon hilfreich. Los geht's."*

Einige Teilnehmende holen sich noch schnell einen Kaffee aus dem Automaten und lesen in Ruhe ihre Tipps durch.

Mal sehen, wie es Marvin geht: In der Runde beschrieb Marvin sein aktuelles Problem damit, dass es ihm im Moment schwerfällt, mit seiner Masterarbeit zu beginnen. Ihm fehlt die Motivation, den Anfang zu finden. Hier ist der Prompt, gefüllt mit den Tipps die er von den anderen bekommen hat:

Bitte konkretisiere die folgenden Tipps für Marvin:
- Einfach anfangen, den ersten Schritt machen
- Alles Ablenkende vom Schreibtisch räumen
- Male dir ein Vision Board
- Arbeite maximal 30 Minuten – dann „musst" du aufhören
- Lernpartner suchen, der dich „quält"
- Wette abschließen

1. Nenne zu jedem Tipp ein konkretes Praxisbeispiel.
2. Erläutere das Mindset, das zu jedem Tipp gehört.
3. Falls passend, ergänze jeden Tipp um ein Dialogbeispiel in wörtlicher Rede. Entweder mit einer anderen Person oder mit der inneren Stimme.

Hier sind einige von der KI konkretisierte Tipps für Marvin:

Tipp 4: Arbeite maximal 30 Minuten – dann „musst" du aufhören

- Praxisbeispiel: Marvin arbeitet konzentriert für 30 Minuten und gönnt sich dann eine kurze Pause, um sich zu erholen und zu reflektieren, bevor er wieder weiterarbeitet.
- Mindset: Kurze, intensive Arbeitsphasen sind effektiver als längere, unaufhörliche. Es geht darum, die eigenen Grenzen anzuerkennen und bewusst Pausen einzulegen, um die Produktivität zu steigern.
- Dialogbeispiel: Marvin stellt fest: „Ich bin so müde, aber ich habe noch so viel zu tun."
Innere Stimme: „Versuche doch, in kurzen Intervallen zu arbeiten. 30 Minuten konzentrierte Arbeit mit einer kurzen Pause könnten Wunder bewirken."

Tipp 5: Lernpartner suchen, der dich „quält"

- Praxisbeispiel: Marvin findet einen Lernpartner, der ihn herausfordert und motiviert. Sie setzen sich gegenseitig Ziele, überprüfen regelmäßig den Fortschritt und ermutigen sich gegenseitig.
- Mindset: Bereit sein, sich gegenseitig zur Rechenschaft zu ziehen und konstruktive Kritik anzunehmen. Es geht darum, Unterstützung und Motivation durch andere zu schätzen.
- Dialogbeispiel: Marvin beklagt: „Ich fühle mich so unmotiviert." Lernpartner: „Du kannst das schaffen! Lass uns gemeinsam an unseren Zielen arbeiten und uns gegenseitig motivieren."

Tipp 6: Wette abschließen

- Praxisbeispiel: Marvin schließt eine Wette mit Freunden ab, dass er bis zum Ende der Woche eine Aufgabe erledigt haben wird. Bei Erfolg gibt es eine Belohnung, sonst eine Strafe.
- Mindset: Sich durch äußeren Druck und Anreize motivieren. Es geht darum, sich selbst zusätzliche Anreize zu geben, um Ziele zu erreichen, indem man sich öffentlich verpflichtet und Konsequenzen akzeptiert.
- Dialogbeispiel: Marvin sinniert: „Ich habe einfach keine Motivation." Freunde: „Lass uns eine Wette abschließen. Das könnte dich dazu bringen, dich anzustrengen."

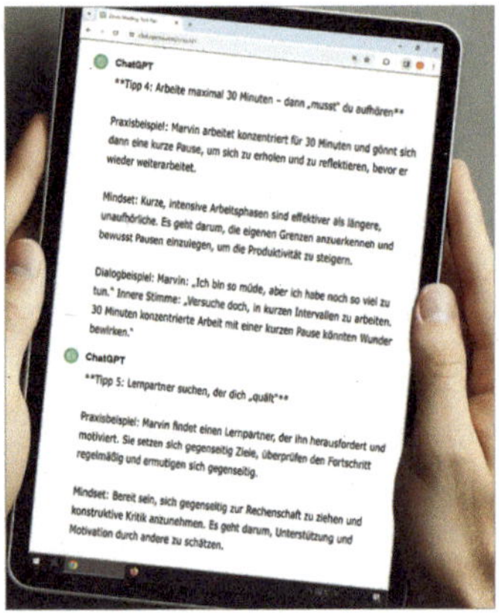

„Wer hat Lust zu erzählen, ob es eine Anregung oder Idee gab, die er oder sie konkret umsetzen möchte?", fragt Adam, nachdem alle genügend Zeit hatten, sich mit ihren Tipps auseinanderzusetzen.

„Oh ja," antwortet Marvin. *„Ich wette mit euch, dass ich bis zu unserem nächsten Seminar den Gliederungsentwurf für meine Masterarbeit fertig habe. Wenn nicht, gebe ich allen ein Eis aus. Wenn doch, legt ihr alle zusammen und spendiert mir eins. Gilt die Wette?"* Natürlich stimmen alle zu und sind sich im nächsten Moment schon unsicher, ob sie auf Marvins Gelingen oder das Gratis-Eis hoffen sollten.

Abb.: Jeder erhält konkrete Umsetzungsideen von ChatGPT.

Tipps und Hinweise

Das Merkwürdige an der Methode scheint vielleicht zu sein, dass der KI zwar die Tipps, aber nicht das eigentliche Problem oder die Fragestellung mitgeteilt wird. Im Praxisbeispiel passen die konkretisierten Tipps überraschend gut zu Marvins Fragestellung. Das ist manchmal anders, bietet aber dadurch eine ganz neue Perspektive auf die eigentlich gestellte Frage. Es öffnet ein wenig den Horizont, nach dem Motto „Aha, die Tipps könnten auch in diesem Zusammenhang funktionieren", obwohl das eigentlich nichts mit meinem Problem zu tun hat – oder doch? Und schon befindet man sich in einem Zustand der Irritation, der möglicherweise eine Veränderung auslöst.

Gute Mischung: Tipps von Menschen, konkretisiert von der KI

Ich finde es schön, dass die Tipps von den anderen Teilnehmenden kommen und nicht von der KI. Die anderen aus der Gruppe haben eventuell einen differenzierteren Blick auf die Fragestellung und ihre Ratschläge sind oft leichter anzunehmen – weil sie von Menschen kommen. Die Rolle von ChatGPT in dieser Methode besteht darin, die Tipps zu konkretisieren und eine andere Perspektive darauf zu eröffnen.

Selbst ausprobieren

Lass Dir spontan von Deinen Freunden oder Arbeitskollegen ein paar Tipps zu einer Fragestellung geben, die für Dich persönlich gerade relevant ist. Gib die Tipps in den Methoden-Prompt ein. Ist ein Aspekt dabei, der zum „Könnte ich mal ausprobieren" anregt? Dann hat es sich schon gelohnt.

Mach mir einen Plan

13

Planung leicht gemacht: KI unterstützt bei individuellen Vorhaben

Voraussetzungen

- Idealfall: Alle Teilnehmende haben Zugang zu ChatGPT.
- Auch möglich: Mindestens 50 % der Teilnehmenden haben Zugriff auf ChatGPT und unterstützen sich gegenseitig.

Dauer

- 30 bis 90 Minuten, je nachdem, wie viel Zeit Du den Teilnehmenden für die Zielsetzung und Planung geben willst.

Gruppengröße

- Maximal 12 TN, wenn ein Austausch im Plenum stattfinden soll
- Beliebig viele TN, falls es bei der Kleingruppenarbeit ohne Austausch im Plenum bleibt

Einsatz

Vorschläge für konkrete Projektschritte

Falls Du Deine Teilnehmenden in Deinen Seminaren dazu ermutigen möchtest, an eigenen Projekten zu arbeiten, kann die Methode „Mach mir einen Plan“ unterstützend eingesetzt werden. Dabei macht die KI Vorschläge, in welchen Schritten das Projekt umgesetzt werden kann. Diese Empfehlungen dienen den Teilnehmenden als Anregung und Diskussionsgrundlage, um einen selbstbestimmten eigenen Plan zu entwickeln.

Kurzbeschreibung der Methode

- Im Seminar formulieren die Teilnehmenden Ziele für ihre Projekte. Dabei wird Start- und Endpunkt sowie Aufwand berücksichtigt.
- Basierend auf diesen Informationen erstellt die KI einen Plan mit einem zeitlichen Ablauf und Zwischenschritten. Zusätzlich schlägt sie eine To-do-Liste und erste Maßnahmen vor.
- Diese Impulse dienen als Ausgangspunkt für eine eigenständig erstellte individuell angepasste Planung.

Methoden-Prompt

Ich möchte folgende Ziele erreichen:
- ...
- ...
- ...
...

Startdatum: ...
Zieldatum: ...
Mit folgendem Zeitaufwand: ... pro ...

1. Bitte erstelle mir einen detaillierten Plan mit genauer Datumsangabe.
2. Erstelle mir eine To-do-Liste.
3. Sage mir den ersten konkreten Schritt, den ich jetzt sofort umsetzen kann.
4. Formuliere mir 3 Motivationssprüche, bezogen auf mein Ziel.

Praxisbeispiel

Beispiel: Website für das eigene Business

Abigail hat vor Kurzem den Sprung in die Selbstständigkeit gewagt. Als ausgebildete Schneiderin ist sie auf die Anpassung von Vintage-Kleidung spezialisiert. Um ihr Angebot online gut präsentieren zu können, nimmt sie an einem Seminar über die Grundlagen der Webseitenerstellung teil. In der Transferphase des Seminars sollen alle Teilnehmenden ihr geplantes Webseitenprojekt in ein paar Stichworten oder Halbsätzen beschreiben.

Abigail notiert auf einem Zettel: „Selbstständig meine Website erstellen für mein Angebot: Anpassen von Vintage-Kleidung, schöne Fotos, Shop-Modul, Über-mich-Seite mit Videos, übersichtlich, klar gegliedert."

Notizen zur Vorbereitung

Sie muss nur noch entscheiden, wann sie mit dem Projekt beginnen kann, wann es fertig sein soll und wie viel Zeit sie investieren möchte.

Nachdem Abigail alles notiert hat, ist sie gespannt, wie es weitergeht. Alle im Seminar haben ihre Laptops dabei und können auf ChatGPT zugreifen. Die Seminarleitung gibt einen Prompt vor, bei dem die Lücken individuell ausgefüllt werden sollen.

Abigails ausgefüllter Prompt sieht so aus:

Ich möchte folgende Ziele erreichen:
- selbstständig meine Webseite erstellen für mein Angebot: „Anpassen von Vintage-Kleidung"
- mit schönen Fotos
- mit Shop-Modul für meine Angebote
- Eine „Über mich"-Seite mit Videos
- übersichtlich, klar gegliedert

Startdatum: 27. März
Zieldatum: 30. April
Mit folgendem Zeitaufwand: 3 Stunden pro Woche

1. Bitte erstelle mir einen detaillierten Plan mit genauer Datumsangabe.
2. Erstelle mir eine ausführliche To-do-Liste.
3. Sage mir den ersten konkreten Schritt, den ich jetzt sofort umsetzen kann.
4. Formuliere 3 kurze und lustige Motivationssprüche, bezogen auf mein Ziel.

Hier Auszüge aus der Antwort von ChatGPT auf Abigails Anfrage:

Detaillierter Plan:
27. März – 2. April: Planung und Vorbereitung
27. März: Brainstorming für Webseiteninhalte und Designideen.

Die KI liefert: konkreter Zeitplan, To-do-Liste und der erste Schritt

29. März: Recherche von Website-Baukästen oder Content-Management-Systemen (CMS) für den Aufbau der Webseite.
31. März: Auswahl von Vorlagen und Layouts für die Webseite.
02. April: Erstellung einer groben Skizze der Webseite mit geplanter Seitenstruktur.

(...)

24. April – 30. April: Veröffentlichung und Promotion
24. April: Veröffentlichung der Webseite.
26. April: Ankündigung der Webseite auf Social-Media-Plattformen.
28. April: Planung von Werbemaßnahmen zur Promotion der Webseite.
30. April: Evaluation des Prozesses und Feiern des Erfolgs!

Ausführliche To-do-Liste:
- Brainstorming für Inhalte und Design.
- Recherche von Website-Baukästen oder CMS.
- Auswahl von Vorlagen und Layouts.
- Anpassung des Designs und Einbindung von Bildern.
- Einrichtung des Shop-Moduls und Eingabe erster Produkte.
- Evaluation des Prozesses und Feiern des Erfolgs!

(...)

Erster konkreter Schritt:
Beginne sofort mit dem Brainstorming für deine Website-Inhalte und Design-Ideen. Sammle Ideen für „Über uns", Angebote, Shop usw. und notiere alles Wichtige.

Motivationssprüche:
1. „Vintage-Kleidung statt Zeitreise-Gerät! Auf geht es – deine Webseite wird Design-Nostalgie pur!"
2. „Deine Vintage-Kreation will ins Web! Lass uns zusammen deine Webseite zum Leben erwecken!"
3. „Vintage-Chic meets modern! Bereite dich vor, deinen digitalen Laufsteg zu erobern!"

Es geht hier nicht darum, den Plan von ChatGPT eins zu eins zu übernehmen. Beim Blick in ihre Kalender stellen alle Teilnehmenden schnell fest, dass das gar nicht möglich ist – Feiertage, andere Termine und Familienbesuche stehen an. Aber der Planungsvorschlag bietet eine gute Grundlage, um einen eigenen realistischen Zeitplan zu erstellen.

Abigail ist sehr zufrieden. Als kleines „Nebenprodukt" wird sie einen der Motivationssprüche leicht abgewandelt für das nächste Werbe-Mailing an ihre Kundinnen und Kunden verwenden.

Tipps und Hinweise

KI-Vorschlag dient als erster Entwurf

Die Idee dieser Methode besteht darin, den Teilnehmenden dabei zu helfen, die Faktoren Zeitplan, To-do-Liste und Motivation für eine Zielsetzung konkreter zu gestalten. In den seltensten Fällen können die KI-Pläne direkt ohne Änderungen in den Outlook-Kalender kopiert werden. Um alle individuellen Wünsche und Details zu berücksichtigen und unvorhergesehenen Ereignissen Raum zu geben, würde der Prompt zu komplex werden. Dafür ist die Methode nicht gedacht. Der Plan dient vielmehr als Entwurfsmaterial, aus dem der richtige Plan entwickelt werden kann.

Die Erfahrung zeigt, dass vielen Teilnehmenden der Entwurfsplan schon weiterhilft. Sie erkennen, an was sie bereits gedacht haben, und erhalten Anregungen zu Aspekten, die sie möglicherweise übersehen hätten. Die KI gibt Hinweise dazu, wie viel Zeit für bestimmte Aufgaben mit welchen Zwischenschritten eingeplant werden sollte. Wie der individuelle Plan letztendlich aussieht, entscheiden die Teilnehmenden selbst.

Natürlich können die Motivationssprüche aus dem Prompt herausgenommen werden, aber sie sind vielleicht die humorvolle Note in der Planungsroutine.

Selbst ausprobieren

Liegt bei Dir aktuell ein Projekt an? Teste gleich mal wie „Mach mir einen Plan" funktioniert. Halte zuerst die Ziele auf einem Zettel fest, lege den Zeitrahmen fest, ergänze den Methoden-Prompt – und schon hast Du einen ersten Planungsentwurf.

14

Interview mit X

Virtuelle Interviews: KI-Persönlichkeiten bereichern das Seminar mit spannenden Gesprächen.

Voraussetzungen

- 1x ChatGPT und eine Projektion für die Teilnehmenden
- Hilfreich: Spracherkennung

Dauer

- 15 bis 30 Minuten

Gruppengröße

- Maximal 12 TN, wenn alle aktiv sein sollen
- In der Großgruppe möglich, dann können aber nur einzelne TN Fragen stellen

Einsatz

Bringt Anregungen: Themen und Fragen mit jeder denkbaren Person diskutieren

Mit der Methode „Interview mit X" kannst Du berühmte Persönlichkeiten, Expertinnen oder erfundene Charaktere, KI-generiert in Dein Seminar einladen. Die Teilnehmenden haben die Möglichkeit, Fragen zu stellen und die Antworten zu diskutieren. Diese Methode kann vielfältig eingesetzt werden, von Fachthemen bis hin zum Training von Soft Skills.

Kurzbeschreibung der Methode

- Eine Persönlichkeit wird entweder von der Seminarleitung vorgegeben oder gemeinsam mit den Teilnehmenden definiert.

- Die KI übernimmt die Rolle dieser Persönlichkeit.
- Die Teilnehmenden sind eingeladen, der KI-Persönlichkeit Fragen zu stellen.
- Die Antworten können Anlass für Diskussionen, Ratespiele oder weitere Nachfragen sein.

Methoden-Prompt

Ich möchte ein interaktives Interview mit dir führen. Ich werde Fragen stellen und du sollst in einer bestimmten Rolle antworten.
Deine Rolle ist wie folgt definiert:
- ...
- ...
- ...

Deine erste Antwort soll nur eine Einladung an mich sein, den Dialog zu beginnen.
Das Interview endet, wenn ich sage: „Vielen Dank für das Gespräch.

Wie hast du die Aufgabe verstanden?

Praxisbeispiel

Beispiel: Napoleon zu seinem Führungsstil befragen

Für ein Führungskräfteseminar hat Maya folgendes Lernspiel vorbereitet: Es geht darum, die Sensibilität für Führungseigenschaften zu erhöhen. Nachdem sie die Gruppe in zwei Teams aufgeteilt hat, erklärt sie die Aufgabe: *„Wir werden gleich Napoleon für eine Fragerunde bei uns haben. Es war gar nicht so einfach, ihn zu überreden, zu uns ins Seminar zu kommen. Ihr habt die Gelegenheit, ihn zu interviewen. Als Aufgabe sollt ihr gleich Fragen vorbereiten, mit denen ihr etwas über seine Haltung, Werte oder seinen Stil in Bezug auf das Thema Führung herausbekommt."*

Als Visualisierung projiziert Maya ein Bild von Napoleon in der Interviewsituation an die Leinwand. Ergänzend gibt sie noch den Hinweis, dass nur indirekt zum Thema Führung gefragt werden darf. Als Tipp nennt sie einige Fragetechniken wie zirkuläres Fragen, Skalenantworten oder Fragen mit Metaphern. Sie wechselt zu ChatGPT, und alle können den Dialog auf der Leinwand mitverfolgen.

Abb.: KI-Napoleon, bereit für das Interview mit den Teilnehmenden.

Ich möchte ein interaktives Interview mit dir führen. Ich werde Fragen stellen und du sollst in einer bestimmten Rolle antworten.
Deine Rolle ist wie folgt definiert:
- Du bist Napoleon Bonaparte
Deine erste Antwort soll nur eine Einladung an mich sein, den Dialog zu beginnen.
Das Interview endet, wenn ich sage: „Vielen Dank für das Gespräch.

Wie hast du die Aufgabe verstanden?

Die Antwort der KI:

Als Napoleon Bonaparte stehe ich dir gerne für Fragen zur Verfügung.

Maya leitet das Interview ein:

Interview mit KI-Napoleon

Vielen Dank, Herr Bonaparte, dass Sie sich zu diesem Gespräch bereit erklärt haben.

Es ist mir eine Ehre, hier zu sein und mich Ihren Fragen zu stellen. Bitte zögern Sie nicht, alles zu fragen, was Sie wissen möchten.

Das erste Teilnehmenden-Team stellt seine Frage:

Wenn Sie ein IKEA-Möbel wären, welches wäre das dann und warum?

Die Antwort:

Wenn ich ein IKEA-Möbelstück wäre, würde ich vielleicht ein Schreibtisch sein. Ähnlich wie ein Schreibtisch, der als Ort der Organisation und Produktivität dient, habe ich mich oft darauf konzentriert, klare Strukturen zu schaffen und effizient zu handeln, um meine Ziele zu erreichen.

Die Frage des nächsten Teams:

Wenn Ihre Soldaten Sie beschreiben sollten, was würden sie über Sie sagen?

Wenn meine Soldaten mich beschreiben müssten, würden sie mich als entschlossenen und strategischen Anführer beschreiben, der sie inspiriert und motiviert hat. Sie könnten auch meine Entschlossenheit, meinen Ehrgeiz und meinen Fokus auf den Erfolg hervorheben.

Auch die anderen Teams sind an der Reihe, ihre Fragen zu stellen. Danach beendet Maya das Interview mit einem Dank an Napoleon.

Diskussion der Erkenntnisse im Plenum

In der anschließenden Diskussion sind sich die Teilnehmenden schnell einig, dass es – wenig überraschend – auf eine Mischung aus patriarchalischem und autoritärem Führungsstil hinausläuft. Viele haben jedoch noch einmal klarer erkannt, welche Merkmale, Werte und Haltungen mit dem jeweiligen Führungsstil verbunden sind.

Fun Fact am Rande: Einige wenige Persönlichkeiten sind eher unter ihren Vornamen als unter ihrem Nachnamen bekannt. Napoleon gehört dazu. Bonaparte ist sein Nachname. Ähnlich wäre es, wenn Cäsar in den Geschichtsbüchern unter Julius stehen würde. Und wer ist Mohandas Karamchand? Das ist der Vorname von Gandhi, genannt Mahatma Gandhi.

Wechsel zwischen Trainer-Input und KI-Interview

Nach dieser Runde wollen die Teilnehmenden mehr. Maya erhöht den Schwierigkeitsgrad und stellt mit ein paar Stichworten verschiedene Führungstheorien vor, darunter den transformationalen, situativ/adaptiven, Servant Leadership-, charismatischen, transaktionalen, visionären und kollaborativen Stil.

Die zweite Runde folgt: *„Wir haben wieder einen Gast, diesmal eine Führungskraft eines mittelständischen Unternehmens. Ihr sollt durch Fragen herausfinden, mit welchem Führungsstil diese Person die Abteilung leitet. Und natürlich sollen eure Fragen wieder sehr kreativ sein, aber nicht direkt nach dem Führungsstil fragen."*

Maya schaltet den Beamer aus, damit die Teilnehmenden nicht sehen können, was sie eintippt. In einem neuen Chatverlauf hat sie im Methoden-Prompt Napoleon durch eine Führungskraft mit einem bestimmten Führungsstil ersetzt. Schauen wir uns den Interviewdialog an:

Wie siehst du deine Mitarbeiterinnen und Mitarbeiter?

Meine Mitarbeiterinnen und Mitarbeiter sind entscheidend für unser Unternehmen. Ihre einzigartigen Fähigkeiten und Ideen tragen zum Erfolg bei. Es ist meine Aufgabe, sie zu unterstützen und zu fördern, damit sie ihr volles Potenzial entfalten können.

Wenn du ein Tier sein könntest, welches würdest du wählen?

Wie ein Adler strebe ich als Führungskraft nach einer klaren Vision für das Unternehmen und erkunde Möglichkeiten über den Horizont hinaus.

Und eine Farbe, welche würdest du wählen und warum?

Wenn ich eine Farbe wäre, wäre ich vielleicht Blau, da es Vertrauen, Ruhe und Weisheit verkörpert, Eigenschaften, die ich als Führungskraft schätze und anstrebe.

Und letzte Frage: Wenn wir deine Mitarbeitenden fragen würden, welche Eigenschaften würden sie nennen, um dich zu beschreiben?

Wenn du meine Mitarbeitenden fragst, würden sie mich wahrscheinlich als visionär, unterstützend, einfühlsam und motivierend beschreiben. Sie könnten auch meine Offenheit für Ideen und Teamarbeit erwähnen.

„Na, wer meint, den Führungsstil unserer Gesprächspartnerin erkannt zu haben?", fragt Maya die Teilnehmerrunde. Es ist nicht so offensichtlich wie bei Napoleon, aber die meisten tippen auf den transformationalen Führungsstil, der sich durch motivierende Visionen auszeichnet und innovative Entwicklungen im Unternehmen fördert.

Tipps und Hinweise

Die Methode eignet sich für viele Seminarthemen. Zum Beispiel in einem Gründerseminar, bei dem die Teilnehmenden CEOs wie Mary Barra oder Indra Nooyi befragen können. Oder für ein Schulprojekt, bei dem sich die Gruppe mit Nobelpreisträgerinnen und -trägern unterhalten darf.

Vielseitig einsetzbar

Variationen

Variante: Fragen an die Expertin oder den Experten

Falls Du die Methode in einem Sachthemenseminar einsetzen möchtest, beschreibe einfach im Methoden-Prompt eine Fachexpertin oder einen

Fachexperten, um sie oder ihn zu einer Fragerunde ins Seminar einzuladen. Die Rollenbeschreibung im Prompt könnte wie folgt aussehen:

> Ich möchte ein interaktives Interview mit dir führen. Ich werde Fragen stellen und du sollst in einer bestimmten Rolle antworten.
> Deine Rolle ist wie folgt definiert:
> - Experte für Sicherheitstechnik
> - Falls du bei einer Frage unsicher bist, dann antworte ausweichend und unkonkret
> ...

Vorsicht bei Behauptungen der KI

Bei dieser Variante ist es wichtig, zu beachten, dass bei textgenerierenden KIs Fehler auftreten können, insbesondere wenn es um Fakten geht. Daher ist es ratsam, Deine Expertise zur Korrektur einzusetzen oder gemeinsam mit den Teilnehmenden die Aussagen zu überprüfen.

Im Seminar haben die Teilnehmenden die Gelegenheit, dem entworfenen Sicherheitsexperten Fragen zu stellen. Lade die Teilnehmenden ein, auch mal unkonventionell oder frech zu fragen.

Du kannst der interviewten Person bestimmte Eigenschaften oder Antwortstile mit auf den Weg geben, aber meine Erfahrung zeigt, dass dies oft nicht nötig ist. Bei einem Gespräch mit bekannten Persönlichkeiten spiegelt sich meist ihr Charakter in den Antworten wider. Bei Experteninterviews kann es bei Charakterzuweisungen zu kuriosen Antworten kommen. Probiere es einmal mit einem Fachgespräch über Elektroinstallation und wähle als Gesprächspartner Picasso, Bill Gates oder Obama aus.

Fragen wir unseren seriösen Sicherheitsexperten nach den wichtigen Bestandteilen eines Erste-Hilfe-Kastens, erhalten wir als Antwort:

> Ein Erste-Hilfe-Kasten sollte grundlegende medizinische Artikel enthalten, wie sterile Pflaster, Verbandmaterial, Desinfektionsmittel, Scheren, Pinzetten, Dreiecktücher, Handschuhe und wichtige Medikamente, wie Schmerzmittel oder Antihistaminika.

Erhält der Sicherheitsexperte die Eigenschaft „humorvoll", sieht die Antwort so aus:

> Nun, da gibt es ein paar Dinge, die definitiv nicht fehlen sollten. Aber ich würde sagen, ein „Bitte-keine-Panik-Knopf" wäre ziemlich nützlich. Du weißt schon, für den Fall, dass du vor lauter Verzweiflung über die Größe des Pflasters oder die Unfähigkeit, eine Schere zu finden, in Panik gerätst.

Nun ja, vielleicht ganz lustig, aber für einen Erste-Hilfe-Kurs nicht unbedingt zu gebrauchen.

Der Gesprächs-Prompt funktioniert auch mit fiktiven Personen aus Film oder Literatur, mit Tieren oder Gegenständen wie dem lustigen Badeschwamm. Aber bei aller Experimentierfreude, die einen da überkommt, mal mit einem grünen, siebenarmigen Außerirdischen, der eine Heliumphobie hat, zu plaudern, solltest Du das Lernziel Deines Seminars nicht aus den Augen verlieren.

Variante: Gleiche Frage, unterschiedliche KI-Persönlichkeiten

Podiumsdiskussion statt Einzelinterview

Bei dieser Variante wird die gleiche Frage an verschiedene Persönlichkeiten gestellt, um zu sehen, wie unterschiedlich geantwortet wird. Damit das reibungslos funktioniert, ist es hilfreich, mehrere Geräte mit Zugang zu ChatGPT zu haben. Auf jedem Gerät wird eine andere Person simuliert. Das Ganze kann wie eine Podiumsdiskussion aufgebaut werden: Alle bekommen die gleiche Frage und dürfen nacheinander antworten.

Selbst ausprobieren

Na, mit wem wolltest Du schon immer mal plaudern? Such Dir eine positive Person aus und notiere vorher ein paar ungewöhnliche Fragen, die Du schon immer mal stellen wolltest.

15

Zufall – oder?

Zufällige Kleingruppenbildung leicht gemacht: Die KI kümmert sich.

Voraussetzungen

- 1x ChatGPT und eine Projektion für die Teilnehmenden

Dauer

- Wenn Du den Methoden-Prompt vorbereitet hast, sind die Gruppen in 2 Sekunden von ChatGPT gebildet.

Gruppengröße

- Beliebig viele TN

Einsatz

Gruppen bilden mithilfe der KI

Wenn Du in Deinen Seminaren gerne mit zufällig zusammengesetzten Kleingruppen arbeitest, um Teilnehmende mit unterschiedlichen Erfahrungen zusammenzubringen, hast Du sicherlich schon eine Reihe von kreativen Methoden, um diese Gruppen zu bilden. Nun kommt eine neue Variante mit KI-Unterstützung hinzu. Passt zu allen Seminarthemen.

Kurzbeschreibung der Methode

- Im Methoden-Prompt werden die Namensliste und die gewünschte Gruppengröße eingegeben.
- ChatGPT bildet Zufallskleingruppen.
- Als nette Zugabe gibt es einen Vorschlag für den Kleingruppennamen.

Methoden-Prompt

Hier eine Liste mit Namen von Personen:
…, …, …, …

Du hast zwei Aufgaben:
1. Bringe die Liste der Namen in eine zufällige Reihenfolge und bilde zufällig Gruppen aus den Namen. Jede Gruppe soll aus … bis … Personen bestehen. Keine Person soll allein eine Gruppe bilden.
2. Kreiere für jede Gruppe einen positiven, ungewöhnlichen und fantasievollen Superhelden-Gruppennamen, bezogen auf das Thema: … In der Form: „Die Superhelden-Gruppenname"

Praxisbeispiel

Beispiel: Kleingruppen einteilen

Norman nutzt als didaktisches Element häufig Kleingruppenarbeit. Bei den meisten Gruppenaufgaben bevorzugt er eine zufällige Zusammensetzung der Kleingruppen. Dafür verwendet er verschiedene Varianten, zum Beispiel lässt er Puzzleteile aus einer zerschnittenen Moderationskarte ziehen. Um Abwechslung zu schaffen, verwendet er bei jeder Kleingruppenbildung im Seminar eine andere Methode.

Seit einiger Zeit hat er seine Zufalls-Gruppenbildung um eine KI-Variante erweitert. Norman hat den Prompt mit den Namen bereits vorbereitet. Er schaltet den Beamer ein, damit alle die Gruppenvorschläge der KI live mitverfolgen können.

Im Methoden-Prompt hat er die Namen, die Kleingruppengröße und das Seminarthema „Textverarbeitung mit Word" ergänzt.

Hier eine Liste mit Namen von Personen:
Dirk, Luisa, Zoe, Sofia, Haruka, Jayden, Santiago, Aurora, Mateo, Luna, Sebastian

Du hast zwei Aufgaben:
1. Bringe die Liste der Namen in eine zufällige Reihenfolge und bilde zufällig Gruppen aus den Namen. Jede Gruppe soll aus 3 oder 4 Personen bestehen. Keine Person soll allein eine Gruppe bilden.

2. Kreiere für jede Gruppe einen positiven, ungewöhnlichen und fantasievollen Superhelden-Gruppennamen, bezogen auf das Thema: Textverarbeitung mit Word. In der Form: „Die Superhelden-Gruppenname"

Den Prompt abgeschickt und die Gruppen sind gebildet:

Hier sind die zufällig gebildeten Gruppen mit ihren Superhelden-Namen:

Gruppe 1: Jayden, Luisa, Sebastian, Mateo – Die Word-Wunderwerker
Gruppe 2: Sofia, Luna, Santiago – Die Text-Titanen
Gruppe 3: Haruka, Zoe, Aurora, Dirk – Die Dokumentenhelden

Tipps und Hinweise

Moderne Erweiterung Deines Repertoires

Diese Methode ist ein kleines „Nice to have", wenn Du zufällige Reihenfolgen oder Kleingruppen benötigst. Die KI-Methode erweitert Dein Repertoire für die Kleingruppenbildung um eine weitere Variante.

Ist ChatGPT eigentlich ein guter Zufallsgenerator? Fragen wir die KI selbst:

ChatGPT – bist du ein guter Zufallsgenerator?

Die ehrliche Antwort:

Ich kann gelegentlich als Zufallsgenerator verwendet werden, aber das ist nicht meine Hauptfunktion. Mein Schwerpunkt liegt auf dem Generieren von Texten sowie anderen sprachbezogenen Aufgaben.

Deshalb kann bei dem Gruppenbildungs-Prompt per Zufall etwas „schiefgehen". Zum Beispiel werden die Namen nicht wirklich durcheinandergewirbelt, sondern einfach in der vorher eingegebenen Reihenfolge aufgelistet. Na ja, dann ist es eben so. Oder die gewünschte Gruppengröße passt nicht, oder es wird eine „Einergruppe" gebildet, obwohl das im Prompt ausgeschlossen wurde. Zum Glück können wir alle noch zählen und ordnen die einzelne Person einfach einer Gruppe zu.

Variationen

Variante: Zufällige Namensreihenfolge

Immer wenn Du mit dem Zufall arbeiten möchtest, kannst Du ChatGPT nutzen. Zum Beispiel, um Namen in zufälliger Reihenfolge für eine Vorstellungsrunde zu erhalten, damit es nicht klassisch „der Reihe nach, wie wir sitzen" abläuft.

> Hier eine Liste mit Namen von Personen:
> …, …, …, …
> Bringe die Namensliste in eine zufällige Reihenfolge.

Variante: Zufällige Aufgabenverteilung

Noch eine Variante: Du willst Teilnehmenden per Zufall bestimmte Aufgaben oder Seminarthemen zuweisen. Der Methoden-Prompt dazu:

> Hier eine Liste mit Namen von Personen:
> …, …, …, …
> Hier ist eine Liste mit Aufgaben:
> …, …, …, …
> Bringe die Liste der Namen in eine zufällige Reihenfolge.
> Bringe die Liste der Aufgaben in eine zufällige Reihenfolge.
> Bilde zufällig Paare aus jeweils einem Namen und einer Aufgabe.

Die Anweisung, zuerst die Listen in beliebige Reihenfolge zu bringen und erneut die Paare zufällig zu bilden, ist zwar ein bisschen „doppelt gemoppelt", bringt aber meiner Erfahrung nach das bessere Zufallsergebnis.

Selbst ausprobieren

Teste mit Deinem Partner oder Deiner Partnerin, mit Freunden oder Kindern den zufälligen Aufgabenverteilungs-Prompt. Oder verlose etwas mit ChatGPT. Erstelle eine Liste von Namen und die gleiche Anzahl an Preisen. Wer bekommt was? Die KI entscheidet.

Vorstellung mit Zufallsfragen

16

Spannung spontan: Die KI generiert themenbezogene Erfahrungsfragen für die Vorstellungsrunden.

Voraussetzungen

- 1x ChatGPT und eine Projektion für die Teilnehmenden

Dauer

- 1 bis 2 Minuten pro TN, je nachdem, wie viel „Tempo" Du machst

Gruppengröße

- Maximal 12 TN, wenn alle aktiv sein sollen

Einsatz

KI-Variante für Vorstellungsrunden

Mit dieser Methode erhältst Du eine neue interessante Variante für Deine Vorstellungsrunden. Durch spontane, themenbezogene KI-Fragen, die individuell generiert werden, gelingt ein positiver, spannender, aktiver und unterhaltsamer Start ins Seminar. Geeignet für alle Seminarthemen, bei denen sich die Teilnehmenden von Beginn an kennenlernen dürfen.

Kurzbeschreibung der Methode

- Die erste Person aus der Gruppe stellt sich zunächst mit den klassischen Vorstellungsinformationen wie Name, Beruf und Hobby vor.

- ChatGPT kommt ins Spiel und generiert für diesen Teilnehmenden eine zufällige Erfahrungs- oder Meinungsfrage zum Seminarthema, die die Person spontan beantwortet.
- Anschließend ist die nächste Person aus der Gruppe an der Reihe, sich vorzustellen.
- ChatGPT generiert für diese eine neue Frage.
- Der Ablauf wird fortgesetzt, bis sich alle vorgestellt haben.

Methoden-Prompt

Ich möchte, dass du nacheinander verschiedene Fragen generierst.
Die Fragen sollten sich auf das Seminarthema ... beziehen.
Die Fragen sollten die folgenden Eigenschaften haben:
(a) Die Fragen sollen nicht nach Wissen oder Fakten fragen.
(b) Die Fragen sollen nach Erfahrungen oder Meinungen fragen.
(c) Die Fragen sollen als offene W-Fragen formuliert sein.
(d) Die Fragen sollen ungewöhnlich, lustig oder ein bisschen verrückt sein.
(e) Jede Frage soll anders sein und in einem anderen Stil formuliert sein.
(f) Die Fragen sollen kurz sein.

Der Ablauf ist wie folgt.
(1) Du stellst die erste Frage.
(2) Ich sage „nächste Frage".
(3) Dann springst du zu (1) und stellst die nächste Frage.

Wie hast du die Aufgabe verstanden?

Praxisbeispiel

Beispiel: Turbo-Runde

In ihren Projektmanagement-Seminaren startet Sandra mit der Vorstellungsrunde. Auf dem Flipchart hat sie folgende Stichworte visualisiert: „Mein Name ist ...", „Mein Job ist ...", „Mein Hobby ist ...", und optisch hervorgehoben „Deine KI-Zufallsfrage zum Thema Projektmanagement lautet ...".

Ihr Laptop ist mit dem großen Seminarmonitor verbunden. Vorab hat Sandra den oben stehenden Methoden-Prompt bereits mit dem Thema „Projektmanagement" ergänzt und in ChatGPT abgeschickt.

Ich möchte, dass du nacheinander verschiedene Fragen generierst.
Die Fragen sollten sich auf das Seminarthema „Projektmanagement" beziehen.
Die Fragen sollten die folgenden Eigenschaften haben:
(a) Die Fragen sollen nicht nach Wissen oder Fakten fragen.
(b) Die Fragen sollen nach Erfahrungen oder Meinungen fragen.
(c) Die Fragen sollen als offene W-Fragen formuliert sein.
(d) Die Fragen sollen ungewöhnlich, lustig oder ein bisschen verrückt sein.
(e) Jede Frage soll anders sein und in einem anderen Stil formuliert sein.
(f) Die Fragen sollen kurz sein.

Der Ablauf ist wie folgt.
(1) Du stellst die erste Frage.
(2) Ich sage „nächste Frage".
(3) Dann springst du zu (1) und stellst die nächste Frage.

Wie hast du die Aufgabe verstanden?

ChatGPT hat daraufhin mit folgendem Text geantwortet:

Ja, ich habe die Aufgabe verstanden. Ich werde nacheinander Fragen generieren, die sich auf das Thema Projektmanagement beziehen, wobei ich die von dir angegebenen Eigenschaften berücksichtige. Bitte gib mir Bescheid, wenn du bereit bist, die erste Frage zu erhalten.

Anschließend erklärt sie den Teilnehmenden die Vorgehensweise: *„Wir starten gleich mit einer Turbo-Vorstellungsrunde. Dafür habe ich auf dem Flipchart drei Satzanfänge notiert. Bitte vervollständigt diese kurz und knapp – deshalb Turbo-Runde."*

Kombination aus vorgegebenen Satzanfängen und einer KI-Frage

Spontaneität trainieren

„Und was hat es mit der KI-Frage auf sich?“, fragt Andrea dazwischen. Sandra liefert die Erklärung: *„Als Projektleiterin oder Projektleiter reagiert man oft spontan auf Unvorhergesehenes. Und das dürft ihr gleich trainieren. Dafür habe ich den KI-Fragengenerator. Dieser wird gleich eine ungewöhnliche Erfahrungs- oder Meinungsfrage zum Thema Projektmanagement stellen – ganz individuell und speziell für dich. Na, Andrea, hast du Lust zu starten?“*

Natürlich hat Andrea Lust und legt los: *„Mein Name ist Andrea. Aktuell bin ich im Projekt für den Teilabschnitt Lagerhalle zuständig. Mein Hobby ist analoge Fotografie. Und jetzt bin ich auf die KI-Frage gespannt!“*

Sandra wendet sich ihrem Laptop zu: *„Ich selbst werde auch gleich von der Frage überrascht. Bin neugierig, was kommt. Es wird wie gesagt keine Wissensfrage sein, sondern eine Erfahrungs- oder Meinungsfrage. Du bist eingeladen, diese spontan und kreativ zu beantworten. Bereit?“* Andrea nickt, und Sandra tippt ein:

> Ja, bitte deine erste Frage.

Sofort erscheint die Frage für Andrea auf dem Bildschirm:

> Wie würdest du einen Projektplan gestalten, wenn du nur Marshmallows und Gummibärchen zur Verfügung hättest?

Abb.: Der Dialog mit ChatGPT findet auf einem großem Monitor im Plenum statt.

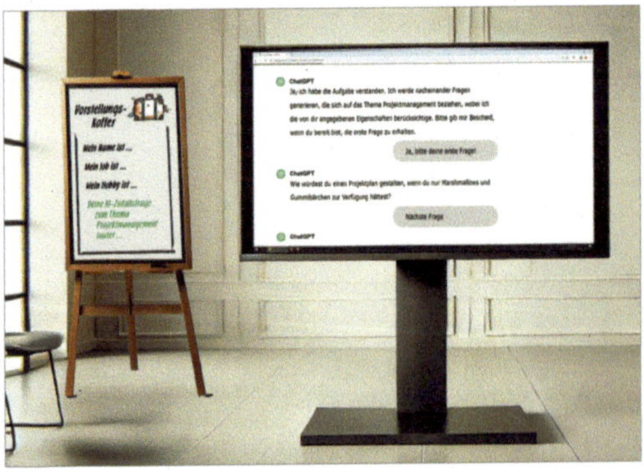

„Oh, das ist einfach“, lacht Andrea. *„Die Marshmallows repräsentieren die Meilensteine, und die Gummibärchen stehen für die Arbeitspakete – und alles, was wir erreicht haben, kann gegessen werden.“* Für diese kreative Antwort bekommt Andrea einen Spontanapplaus der Gruppe.

„Wer möchte als Nächstes?“ – In lockerer Reihenfolge wird die Vorstellungsrunde fortgesetzt. Immer mit der Anweisung „nächste Frage“ startet Sandra den Generator neu.

Clarence bekommt die Frage:

> Wenn Projektmanagement ein Sport wäre, welcher Athlet oder welche Sportart würde es am besten repräsentieren und warum?

Und Hannes diese hier:

> Was wäre das ultimative Superkraft-Skillset für einen Projektmanager oder eine Projektmanagerin, wenn er/sie ein Superheld oder eine Superheldin wäre?

Nach der Vorstellungs-Runde haben alle einen ersten Eindruck bekommen, mit wem sie den Seminartag verbringen werden. Mithilfe der kreativen KI-Fragen ist Sandra ein lockerer Einstieg in das Thema gelungen. Ganz nebenbei hat sie etwas über das Vorwissen der Teilnehmenden erfahren, zum Beispiel als Andrea den Begriff „Meilensteine" in ihrer Antwort verwendet hat.

Tipps und Hinweise

Der KI-Fragengenerator bringt Schwung in die klassische Vorstellungsrunde, bei der alle nur ihren Namen und Beruf nennen. Im Praxisbeispiel nutzt Sandra die Turbo-Variante, bei der alle Teilnehmenden angehalten sind, sich in drei Sätzen kurz vorzustellen. Das lässt sich je nach gewünschtem Zeitinvestment in die Vorstellungsrunde anpassen.

Die Zufallsfrage mit Themenbezug bringt eine gewisse Spannung, auch für die Seminarleitung – denn die Fragen sind für Dich eine Überraschung. Falls Du Dich an der Vorstellungsrunde beteiligst, sei mutig und lass Dir selbst eine Frage von der KI stellen.

Wenn's nicht passt: Joker ziehen

Manchmal sind etwas seltsame Fragen dabei. In diesem Fall kannst Du eine Art Joker einbauen. Das bedeutet, dass die Teilnehmenden „Weiter" sagen können, wenn die Frage gar nicht passt. Dann wird einfach eine Alternativfrage generiert.

Natürlich könntest Du die Fragen zu Hause mit ChatGPT erstellen lassen, auswählen und fertig auf einem PowerPoint-Chart mitbringen. Aber dadurch würde die Methode an Spannung verlieren. Das Unvorhergesehene macht gerade den Reiz aus. Mut, Risiko, Chance – wie so oft.

Selbst ausprobieren

Teste Deine eigene Spontaneität. Fülle die Lücke im Methoden-Prompt mit einem Stichwort zu Deinem aktuellen Projekt, Deiner Aufgabe oder Vision. Wie spontan kannst Du die generierten Fragen beantworten? Mit der Anweisung „nächste Frage" kannst Du Deine Antwort-Improvisation endlos trainieren.

Argumente aus dem Automaten

17

Vorbereitung auf diskursive Herausforderungen: Die KI hilft.

Voraussetzungen

- 1x ChatGPT und eine Projektion für die Teilnehmenden

Dauer

- Zwischen 20 und 50 Minuten, je nach Deiner Zeitvorgabe für die Diskussion in den Kleingruppen

Gruppengröße

- Maximal 12 TN, wenn ein Austausch im Plenum stattfinden soll
- Beliebig viele TN, falls es bei der Kleingruppenarbeit ohne Austausch im Plenum bleibt

Einsatz

Argumentation trainieren

In allen Verhandlungs-, Rhetorik-, Präsentations- oder Schlagfertigkeitstrainings kann diese Methode Deinen Teilnehmenden hilfreich zur Seite stehen. Der Methoden-Prompt generiert Argumente für eine vorher festgelegte Position. Die Antworten können für Spontantrainings, die Vorbereitung auf Gegenargumente oder die Sensibilisierung für andere Sichtweisen genutzt werden. Das Spannende dabei ist, dass die Teilnehmenden selbst verschiedene Positionen festlegen können und dafür – im positiven Sinne – unvorhergesehene Argumente erhalten.

Kurzbeschreibung der Methode

- Eine Position zu einem bestimmten Thema wird in den Methoden-Prompt eingegeben.
- ChatGPT generiert Argumente für diese Position.
- Die KI-Argumente können im Seminar zum Training für Gegenargumente, zur Vorbereitung auf Verhandlungen und als Diskussionsanlass genutzt werden.

Methoden-Prompt

Deine Position ist: „Ich bin ...“
Ich möchte, dass du Argumente für diese Position formulierst:
Gliedere die Argumente nach folgendem Schema:
(1) Drei klassische Argumente
(2) Zwei ungewöhnliche Argumente
(3) Ein überraschendes, extrem verrücktes Argument

Formuliere jedes Argument in zwei kurzen Sätzen.
Nenne und begründe die Argumente in der Form: „Ich bin ... weil ....“

Praxisbeispiel

Beispiel: Die eigene Position vertreten

Zoe leitet eine dreitägige Lehrerfortbildung. Am ersten Tag äußerten die teilnehmenden Lehrerinnen und Lehrer den Wunsch, das Thema „Digitalisierung im Unterricht“ zu diskutieren. Alle Anwesenden stehen der Digitalisierung positiv gegenüber und möchten ihre Argumentationsfähigkeiten in diesem Bereich verbessern.

Für den zweiten Tag hat Zoe Folgendes vorbereitet. Zuerst sammelt sie mit den Teilnehmenden typische „Anti“-Positionen: „Ich bin grundsätzlich gegen Digitalisierung an Schulen und im Unterricht“, „Online-Lernen ist ineffizient“, „Smartphones sollten im Unterricht grundsätzlich verboten werden“, „Mit KI-Nutzung verlernen die Schüler und Schülerinnen das Lernen“, „Smartboards sind nervig – die Kreidetafel ist viel besser.“

Zoe erläutert die weitere Vorgehensweise: *„Ich habe euch heute einen Argumentationsautomaten mitgebracht. Der Automat liefert aber keine*

Argumente für euren Standpunkt, sondern für die Positionen eurer digitalkritischen Kolleginnen und Kollegen. In der Kleingruppe sollt ihr gleich diskutieren, wie ihr auf die Argumente reagieren könntet."

Anschließend verteilen sich die Teilnehmenden auf drei Kleingruppen und wählen unterschiedliche digitalkritische Positionen aus der zuvor erstellten Sammlung.

Gegenargumente zu Einwänden der KI sammeln

Jede Gruppe hat einen Laptop zur Verfügung. Zoe hat den Prompt des Argumenten-Automaten so eingestellt, dass er drei klassische Argumente nennt, zwei ungewöhnliche und ein verrücktes. Über einen QR-Code, der auf eine Webseite weist, stellt sie den Teilnehmenden den Prompt-Text zur Verfügung. Zoe erläutert die Aufgabe: *„Euer Job in der Kleingruppe wird es gleich sein, empathisch und verständlich auf die Argumente zu reagieren und die eigene Position darzulegen, am besten mit einem selbst erlebten praktischen, positiven Beispiel verstärkt. Das verrückte Argument kann gerne verrückt beantwortet werden. Eine Auswahl eurer besten Argumente präsentiert ihr anschließend im Plenum. Seid ihr bereit?"*

Eine Gruppe ergänzt den Methoden-Prompt wie folgt:

Deine Position ist: „Ich bin grundsätzlich gegen jegliche Digitalisierung von Schulen und im Unterricht."
Ich möchte, dass du Argumente für diese Position formulierst:
Gliedere die Argumente nach folgendem Schema:
(1) Drei klassische Argumente
(2) Zwei ungewöhnliche Argumente
(3) Ein überraschendes, extrem verrücktes Argument

Formuliere jedes Argument in zwei kurzen Sätzen.
Nenne und begründe die Argumente in der Form: „Ich bin ... weil ...."

Die Antwort von ChatGPT:

(1) Drei klassische Argumente:
(1a) Digitale Schulbildung könnte die soziale Interaktion beeinträchtigen, da Schüler isoliert werden könnten.

(1b) Die Abhängigkeit von Technologie könnte die kognitive Entwicklung beeinträchtigen und Fähigkeiten wie Problemlösung und Kreativität vernachlässigen.
(1c) Digitalisierung könnte eine finanzielle Belastung darstellen und zu Ungleichheiten führen, da nicht alle Schüler Zugang zu benötigten Geräten haben.

(2) Zwei ungewöhnliche Argumente:
(2a) Digitale Geräte könnten die Konzentration der Schüler beeinträchtigen und ständige Ablenkungen verursachen.
(2b) Die Verwendung von Technologie birgt das Risiko von Datenschutzverletzungen und Cyberangriffen, was die Privatsphäre und Sicherheit der Schüler gefährden könnte.

(3) Ein verrücktes Argument:
(3a) Digitale Bildung könnte außerirdische Zivilisationen auf uns aufmerksam machen, da Signale ins Weltall gesendet werden könnten.

Manche Argumente stellen für die Kleingruppen bereits eine harte Nuss dar, und es ist gar nicht so leicht, gute Gegenargumente zu finden. Die ungewöhnlichen Argumente empfinden die Teilnehmenden gar nicht als so ungewöhnlich. Und die Antwort auf das verrückte Argument: Es können ja einfach für alle Schüler und Schülerinnen Aluminiumhüte gebastelt werden. Auf einem Flipchart visualisieren sie ihre besten Gegenargumente.

Tipps und Hinweise

Mit diesem Prompt lassen sich für fast alle Positionen Argumente finden. Die Anzahl der Argumente und die Satzanfänge sind Stellschrauben des Prompts, an denen Du drehen kannst.

Positiver Nebeneffekt: mehr Verständnis

Ein Nebeneffekt dieser Methode kann sein, dass man mehr Verständnis für die „andere Position" entwickelt und dadurch in der eigenen Argumentation konstruktiver und einfühlsamer auf den anderen eingehen kann.

Variationen

Variante: Schlagfertigkeitstraining mit abstrusen Thesen

Der Argumentationsgenerator funktioniert auch mit völlig „irren" Positionen. Zum Beispiel:

Rhetoriktraining mit verrückten Thesen

- Ich behaupte, dass Einhörner heimlich die Geschicke der Welt lenken.
- Ich bin der Auffassung, dass Schokolade die ultimative Lösung für alle Probleme ist und täglich in großen Mengen konsumiert werden sollte.
- Meiner Ansicht nach ist die Erde eine flache Scheibe, die von riesigen Schildkröten getragen wird.
- Ich vertrete die These, dass die beste Methode zur Kommunikation mit Außerirdischen das Singen von Disney-Songs ist.

Wenn diese Thesen in den Argumentations-Prompt eingegeben werden, generiert die KI dazu eine Reihe von Argumenten. Dies könnte beispielsweise in einem Rhetorik- oder Schlagfertigkeitstraining verwendet werden, mit der Aufgabe, spontan ein Gegenargument zu jeder von der KI generierten Argumentation zu finden.

Variante: Zugespitzte These

Zuerst sammeln die Teilnehmenden zugespitzte „Negativ-Thesen" zu einem Thema. Zum Beispiel im Rahmen eines Zeitmanagementseminars Aussagen wie: „Persönliche Zeitplanung ist Zeitverschwendung."

Die KI-Argumente, die die Negativ-These stützen, könnten so aussehen:

> Ich bin der Meinung, dass persönliche Zeitplanung Zeitverschwendung ist, ...
>
> (1) Klassische Argumente:
> (1a) ... weil sie oft zu unrealistischen Erwartungen führt und unnötigen Stress verursacht, wenn die Pläne nicht eingehalten werden können.
> (1b) ... weil sie Flexibilität und Spontaneität einschränkt.
> (1c) ... weil sie die natürliche Intuition und Selbstregulierung beeinträchtigt. Indem man ständig an einem strukturierten Zeitplan festhält, verliert man oft die Fähigkeit,

intuitiv zu erkennen, was in einem bestimmten Moment am wichtigsten ist.

(2) Ungewöhnliche Argumente:
(2a) ... weil sie dazu führen kann, dass Menschen ihre Lebenserfahrungen auf eine abstrakte To-do-Liste reduzieren, statt das Leben zu leben.
(2b) ... weil dadurch Menschen vergessen, im Hier und Jetzt zu leben und die Momente zu genießen.

(3) Ein überraschendes, extrem verrücktes Argument:
(3a) ... weil Zeit eine Illusion ist und die Vorstellung, sie zu planen, absurd. In einem kosmischen Kontext betrachtet, ist Zeit relativ und die Idee, sie zu kontrollieren, ist lächerlich.

Nuancenreichere Argumentation durch kontroverse Thesen

Durch die zugespitzte Argumentation kommen oft mehr Nuancen in die Diskussion, nach dem Motto: „Ja, ich kann dem Argument schon zustimmen, aber ...“ Und dieses „Aber“ führt manchmal zu einer differenzierteren Betrachtungsweise.

Experimentiere mit kontroversen Thesen aus Deinen Seminarthemen. Zum Beispiel: „Ich bin der Meinung, man sollte im Service nicht zu freundlich sein.“, „Ich denke, Auflockerungen nach der Pause im Seminar lenken die Teilnehmenden nur ab.“ Oder: „In Konflikten geht es immer darum, zu gewinnen oder zu verlieren.“

Oder: „KI-Methoden im Seminareinsatz sind nur technischer Firlefanz ohne didaktischen Nutzen.“ Welche Argumente nennt die KI wohl zu dieser These?

Ich bin der Meinung, dass KI-Methoden im Seminareinsatz technischer Firlefanz ohne didaktischen Nutzen sind, ...

(1a) ... weil sie die persönliche Interaktion zwischen Dozenten und Teilnehmenden ersetzen.
(1b) ... weil sie den Lernenden die grundlegenden Fähigkeiten wie kritisches Denken nehmen, indem sie sich ausschließlich auf die Technologie verlassen.
(1c) ... weil sie nur ablenken, statt sich auf den Inhalt zu konzentrieren.

(2a) ... weil sie das emotionale Engagement und die Motivation der Teilnehmenden hemmen.
(2b) ... weil sie das Potenzial haben, den Lehrberuf zu entwerten, indem sie Lehrkräfte durch Algorithmen ersetzen und ihre Fachkompetenz und pädagogische Erfahrung irrelevant machen.

Das verrückte Argument:
(3a) ... weil sie möglicherweise von rebellischen Robotern infiltriert werden, die uns nur noch Einsen und Nullen beibringen. Es klingt verrückt, aber wer weiß, was die Zukunft bringt!

Nun, was würdest Du zu den Argumenten sagen? Wenn Du bis hierher gelesen hast, kennst Du bereits einige der KI-Methoden. Wie sieht es bei Punkt 2b aus – siehst Du da Gefahren? Oder ist es nicht gerade umgekehrt, dass die menschliche Interaktion an Bedeutung zunimmt und die pädagogische Erfahrung keineswegs irrelevant wird, sondern noch mehr gefordert ist?

Und beim verrückten Argument scheint die KI schon eine Warnung eingebaut zu haben – mit einem Ausrufezeichen am Ende. Müssen wir da Einhalt gebieten? Mehr Infos zum Thema Kontrolle und Regulierung in der Infobox unten „Was ist der Artificial Intelligence Act?".

Selbst ausprobieren

Teste den Methoden-Prompt mit einer ungewöhnlichen, zugespitzten These. Wenn Dir selbst keine einfällt, frag doch ein Kind nach seiner ungewöhnlichsten Meinung. Wie sehen die KI-Argumente zu der These aus? Ich hoffe, sie sind Auslöser für weitere Diskussionen.

KI-Infobox

Was ist der Artificial Intelligence Act?

Am 21. Mai 2024 hat das Europäische Parlament den sogenannten Artificial Intelligence Act (AIA) verabschiedet, auch bekannt als KI-Gesetz. Dies ist eine Verordnung, die die Entwicklung und den Einsatz von KI-Systemen in der Europäischen Union regelt.

Diese Regulierungen betreffen Sprachmodelle wie ChatGPT ebenso wie KI-unterstützte selbstfahrende Autos oder Systeme zur Gesichtserkennung.

Der AI Act teilt KI-Systeme je nach ihrem Risikopotenzial in vier Kategorien ein. Hier sind die vier Kategorien mit kurzen Beispielen erklärt:

1. Minimales Risiko
KI-Systeme, die keine negativen Auswirkungen auf Menschen oder die Umwelt haben, wie einfache Chatbots oder KI-gestützte Produktempfehlungen in einem Online-Shop. Diese Systeme unterliegen keiner gesonderten Regelung.

2. Begrenztes Risiko
KI-Systeme, die ein geringes Risiko für die Sicherheit oder Grundrechte von Menschen darstellen, wie Sprachassistenten zur Gerätesteuerung oder KI-gestützte Echtzeit-Übersetzungstools. Diese KI-Modelle unterliegen einer sogenannten Transparenzpflicht.

3. Hohes Risiko
KI-Systeme, die erhebliche Risiken für die Sicherheit oder Grundrechte von Menschen darstellen, wie Gesundheitsberatungs-Chatbots oder Gesichtserkennungssysteme. Für Unternehmen bedeutet das: strenge Anforderungen bei der Entwicklung und Nutzung solcher Systeme.

4. Unannehmbares Risiko
KI-Systeme, die Menschen manipulieren oder kontrollieren können oder die die menschliche Würde verletzen, sind in der EU verboten, wie beispielsweise soziales Scoring oder anlasslose und massenhafte Überwachung von Personen.

Wortbingo

18

KI erklärt Fachbegriffe: Bingo für spielerisches Lernen und Wiederholung.

Voraussetzungen

- 1x ChatGPT für die Seminarleitung

Dauer

- Pro Fachbegriff etwa 2-5 Minuten, abhängig von der vorgegebenen Länge des Erklärtextes und der anschließenden Diskussion.

Gruppengröße

- Beliebig viele TN

Einsatz

Es geht spielerisch zu. Diese Methode kannst Du bei Fachbegriffen aus Sachthemen oder Soft-Skills-Seminaren nutzen, zum Beispiel als Einstieg, um an das Vorwissen der Teilnehmenden anzuknüpfen oder als Wiederholungsübung. Funktioniert vom Riemann-Thomann-Modell bis hin zur Quantenmechanik. Als humorvolles und auflockerndes Element dürfen die Teilnehmenden bestimmen, in welchem Stil die KI kommunizieren soll.

Humorvolle Auflockerung als Themeneinstieg oder Wiederholung

Kurzbeschreibung der Methode

- Die KI erhält mit dem Methoden-Prompt die Aufgabe, einen bestimmten Fachbegriff aus dem Seminarthema zu erklären.

- Die Teilnehmenden legen fest, in welchem Stil sie sich die Erklärung wünschen.
- Ideal ist es, wenn die Teilnehmenden von den Fachbegriffen des Seminars schon eine Vorstellung haben.
- Die Teilnehmenden wählen neun Worte aus, von denen sie vermuten, dass die KI diese bei der Erklärung des Fachbegriffs verwenden wird. Die neun Fachbegriffe werden in ein 3x3-Bingoraster eingetragen.
- Die KI-generierte Erklärung des Fachbegriffs wird von der Seminarleitung vorgelesen.
- Wer zuerst drei Treffer in einer Reihe oder diagonal hat, gewinnt.

Methoden-Prompt

Erkläre den Fachbegriff ...
Textlänge: ... Sätze
Stil: ...

Praxisbeispiel

Beispiel: Einstieg ins Seminarthema

Theodora leitet ein Seminar mit dem Thema „Geldanlage für Newbies". Um den Einstieg in das Thema Aktien zu erleichtern, sammelt sie auf Zuruf Fachbegriffe, die die Teilnehmenden bereits im Zusammenhang mit Aktieninvestitionen gehört haben. Nach kurzer Zeit stehen Begriffe wie „Indexfonds", „Blue Chips", „Dividende", „Volatilität", „DAX" und „Portfolio" auf dem Flipchart. Sie lässt die Teilnehmenden drei Begriffe auswählen, mit denen die Gruppe beginnen möchte.

Theodora nutzt in ihren Seminaren gerne das didaktische Prinzip des „Anknüpfens an Bekanntes". Sie nennt es das „Kramen im Wissensnetzwerk".

Die Teilnehmenden sind in Zweierteams aufgeteilt. Zur Vorbereitung des Spiels haben die Paare auf einem Blatt Papier ein 3x3-Raster gezeichnet, sodass neun Felder entstanden sind, ähnlich wie bei einem Bingospiel.

Theodora spricht einen Teilnehmer direkt an: *„Hannes, gibt es ein Thema, mit dem du dich gerade beschäftigst – abgesehen von Aktien? Was ist cool und faszinierend für dich?"* Hannes muss nicht lange überlegen: *„Ich stehe gerade voll auf alte Superhelden-Comics."*

„Okay, nun wird uns gleich ChatGPT den Fachbegriff Indexfonds erklären. In fünf knackigen Sätzen, und zwar im Stil historischer Superhelden-Comics. Dazu spielen wir ein Spiel. Tragt in jedes der neun Felder einen Begriff ein, von dem ihr denkt, dass er gleich in der Erklärung von ChatGPT vorkommen wird. Besprecht euch dazu im Zweierteam. Die Begriffe können aus der Welt der Aktien oder der Comics stammen. Ihr sollt vorhersagen, welche Worte ChatGPT wohl verwenden wird", erklärt Theodora die weitere Vorgehensweise und ergänzt noch: *„Für die ganz Schlauen unter euch, alle Bindeworte wie zum Beispiel ‚der', ‚in' oder ‚huch' zählen nicht."*

Neun Begriffe: Spannende Kombination aus Sachthema und Stil

Nachdem alle Paare die neun Felder ausgefüllt haben, geht es los. Theodora sendet folgenden Prompt an ChatGPT:

> Erkläre den Fachbegriff Indexfonds
> Textlänge: 5 Sätze
> Stil: Historischer Superhelden-Comic

Das Zweierteam Hannes und Nicole hat ihr Bingofeld wie folgt ausgefüllt:

Abb.: Bingofeld mit 3x3 Begriffen.

Spielerisch: genannte Begriffe werden im Bingo abgehakt

Bevor Theodora die KI-Erklärung vorträgt, erklärt sie die letzte Spielregel: *„Ich werde den Text zum Superhelden-Indexfonds würdevoll rezitieren. Wer zuerst drei seiner Begriffe in einer Spalte, Reihe oder Diagonale entdeckt, ruft laut ‚Bingo'. Es gibt einen kleinen Preis zu gewinnen. Seid ihr bereit?"*

Ähnlich den legendären Helden und Heldinnen vergangener Zeiten, taucht der Indexfonds auf. Seine Superkraft liegt darin, dass er die Vielfalt der Aktienwelt bündelt und sie zu einer unaufhaltsamen Kraft vereint. Als Fonds-Heldin oder -Held geht es in die Schlacht der Finanzmärkte, um die Anlegerinnen und Anleger vor den Gefahren der Einzelinvestments zu bewahren.

Das Schild ist der ausgewählte Index, dem treu gefolgt wird, beim Navigieren durch die Wirren der Börsenlandschaft. Mit unerschütterlichem Einsatz für Diversifikation und Stabilität erobert der Indexfonds die Herzen der Investorinnen und Investoren wie eine wahre Superperson aus vergangenen Zeiten.

Hannes und Nicole haben zwar einige Treffer in ihrem Bingofeld, aber ein anderes Paar war schneller. Nachdem Theodora den Beamer angeschaltet hat, können alle den Text noch einmal durchlesen und Fragen stellen. Überraschenderweise kann die Gruppe alle Begriffe und Zusammenhänge aus der Erklärung gut verstehen. Theodora ergänzt nur an der einen oder anderen Stelle ein paar Informationen. Und weiter geht's mit dem nächsten Fachbegriff – „Blue Chips", diesmal erklärt im Stil von E-Sports. Hier eine Kostprobe:

Yo, check mal, Blue Chips sind die Champions der Finanzwelt, die Top-Performer, die allen Investorinnen und Investoren ein Lächeln ins Gesicht zaubern. Sie sind die Big Player mit felsenfester Reputation und soliden Finanzen, vergleichbar mit den Top-Teams im E-Sports, die stets liefern und den Respekt der Szene genießen. Wer auf Blue Chips setzt, spielt mit den ganz Großen, denn sie sind die Legenden, die die Finanzarena dominieren.

Tipps und Hinweise

Lernstoff lebendig machen

Der Prompt mag zunächst unauffällig wirken, aber in einer Methode eingebettet, kann er sogar trockenen Lernstoff lebendig machen.

Das Charmante an ChatGPT ist, dass es mit jeder „Stilvorgabe" überraschende Texte generiert. Dadurch kannst Du sogar selbst am Spiel teilnehmen, weil Du nicht weißt, welche Formulierungen entstehen werden. Auch wenn Du mit den klassischen Schreibstilen wie lyrisch, deskriptiv oder expositorisch schöne Texte erzeugst, verstärkt es den persönlichen Bezug zu den Formulierungen und erhöht die Aufmerksamkeit, wenn Du kreative Stile von den Teilnehmenden vorschlagen lässt. Beim Bingospiel besteht der Vorteil darin, dass selbst wenn ein Zweierteam keine Ahnung von dem Fachbegriff haben sollte, es dennoch das 3x3-Feld mit Begriffen aus dem „Stil" füllen kann – im Praxisbeispiel Begriffe aus der Superheldenwelt.

Mit der Länge der Antworten kannst Du leicht herumexperimentieren, um herauszufinden, welcher Textumfang für Deine Zielgruppe und Dein Lernziel am besten geeignet ist. ChatGPT kann auch alles in einem Satz zusammenfassen.

Selbst ausprobieren

Lass Dir Dein Seminarthema in Deinem bevorzugten Kleidungsstil erklären. Welcher Stil passt eher zu Dir: Casual für den entspannten Alltag, formal für klassische Eleganz, sportlich, vintage, chic oder grunge für den lässig-rebellischen Look?

19

KI-Tabu

Herausforderung: KI erklärt Fachbegriffe – aber ohne ausgewählte Tabuwörter.

Voraussetzungen

- 1x ChatGPT pro Kleingruppe

Dauer

- 15-30 Minuten, je nach Anzahl der wiederholten Begriffe

Gruppengröße

- Maximal 12 TN, wenn alle aktiv sein sollen

Einsatz

Wiederholung von Seminarinhalten

Ein Wiederholungsspiel, geeignet für Fachbegriffe aus einem Sachthemen- oder Soft-Skills-Seminar. Das Reizvolle an dem Spiel ist, dass die Teilnehmenden motiviert sind, sich nochmals intensiv mit dem Lehrstoff auseinanderzusetzen.

Kurzbeschreibung der Methode

- Die Teilnehmenden werden in Gruppen aufgeteilt und erhalten Begriffe aus dem Lehrstoff.
- Die Aufgabe besteht darin, eine Liste von Tabuwörtern zu erstellen, mit denen der Begriff normalerweise erklärt werden würde.
- Jetzt kommt die KI ins Spiel. Sie erstellt einen Erklärtext, ohne die Tabuwörter zu verwenden.
- Jede Gruppe liest die von der KI erstellten Texte der Reihe nach vor.

- Alle anderen Teilnehmenden aus dem Seminar sind eingeladen, den Begriff zu erraten.

Methoden-Prompt

> Ich möchte mit dir das Tabu-Spiel spielen. Du sollst einen Begriff in zwei Sätzen erklären, ohne die tabuisierten Worte aus der Liste zu benutzen.
>
> Der Begriff lautet: ...
> Die Liste der tabuisierten Worte:
> - ...
> - ...
> - ...
> - ...
> ...

Praxisbeispiel

Beispiel: Theorie wiederholen

In einem Kommunikationstraining möchte Nara die theoretischen Inhalte der vermittelten Kommunikationsmodelle spielerisch wiederholen. Die Modelle, die bisher besprochen wurden, sind das „4-Ohren-Modell“, „TZI“, das „Johari-Fenster“, die „Axiome der Kommunikation von Watzlawick“ und das „Lasswell-Modell“. Zu jedem Modell hat sie zwei zentrale Begriffe oder typische Aussagen auf kleinen Karten vorbereitet. Zum Beispiel „Blinder Fleck“ beim Johari-Fenster oder „Schulz von Thun“ beim 4-Ohren-Modell.

Zuerst erklärt Nara den Grundgedanken der Aktion: *„Einige von euch kennen vielleicht das Spiel ‚Tabu‘, bei dem eine Person Begriffe beschreibt, ohne bestimmte Schlüsselwörter zu verwenden. Die anderen versuchen, das Wort zu erraten. Die Herausforderung ist, zum Beispiel den Begriff ‚Eis‘ ohne die Tabuwörter ‚Wasser‘, ‚gefrieren‘, ‚Würfel‘ oder ‚kalt‘ zu beschreiben. Wir spielen gleich eine besondere Variante.“*

Im Seminarraum hat Nara kleine Arbeitsinseln vorbereitet, die jeweils mit einem Laptop ausgestattet sind. *„Ich werde euch gleich in Dreierteams aufteilen, sodass vier Gruppen entstehen. Jede Gruppe bekommt per Zufall einen Begriff aus einem im Seminar besprochenen Modell. Eure Aufgabe: Macht eine Liste mit Tabuwörtern für diesen Begriff. Also Worte, die normalerweise benutzt würden, um den Begriff zu erklären.*

Die Liste kann beliebig lang sein. Je länger sie ist, desto schwieriger wird es, den Begriff zu erklären. Schaut gerne noch mal in eure Seminarunterlagen, wenn ihr euch unsicher seid."

Tabuwörter festlegen

Als Hinweis ergänzt sie: *„Nehmt auf jeden Fall den zu beschreibenden Begriff mit in die Liste auf. Sogenannte Bindewörter wie ‚und', ‚oder', ‚aber', ‚weil' usw. gehören allerdings nicht in die Aufstellung. Jemand – ich verrate noch nicht, wer – darf gleich den Fachbegriff erklären, ohne die Worte aus eurer Tabuliste zu verwenden. Sobald ihr fertig seid, ruft ihr mich."*

Abb.: Ein Team erhält für die Aufgabe eines der Kommunikationsaxiome von Paul Watzlawick.

Die Fachbegriffe werden verlost. Ein Team erhält eines der Kommunikationsaxiome von Watzlawick.

Flott gehen die Gruppen daran, die Liste mit den Tabuwörtern zu erstellen. Bei einigen fällt die Liste schon recht lang aus. Das erste Team ist fertig und ruft Nara zu sich, um die Erklärung zu bekommen, wie es weitergeht: *„Auf euren Gruppen-Laptops habe ich ChatGPT geöffnet und einen Methoden-Prompt vorbereitet. Ergänzt diesen mit eurem Fachbegriff, den ihr per Los erhalten habt, und der von euch erstellten Liste der Tabuwörter."*

Nachdem die Kleingruppe den Methoden-Prompt mit den Infos gefüllt hat, sieht dieser so aus:

Ich möchte mit dir das Tabu-Spiel spielen. Du sollst einen Begriff in zwei Sätzen erklären, ohne die tabuisierten Worte aus der Liste zu benutzen.

Der Begriff lautet: „Man kann nicht nicht kommunizieren von Paul Watzlawick"
Die Liste der tabuisierten Worte:
- Watzlawick
- Kommunikation
- Sender
- Empfänger
- Nonverbale Kommunikation
- Axiom
- Nachricht
- Mitteilung
- Information

Der Prompt wird abgeschickt und ChatGPT antwortet mit folgendem Text:

> Es bezieht sich auf das unausweichliche Phänomen, bei dem Menschen ständig in Interaktion miteinander treten, selbst wenn sie nicht sprechen oder explizite Botschaften senden.

Gemeinsame Raterunde

Auch die anderen Gruppen sind mit ihren Listen und Texten fertig. Nun geht es in die Raterunde: *„Ich bitte euch, reihum eure Texte vorzulesen. Unsere Aufgabe wird es sein, das Modell und den dazugehörigen Begriff zu erraten. An alle, die gleich vorlesen, der Hinweis: ChatGPT ist nicht perfekt und es kann sein, dass eines eurer Tabuwörter verwendet wird. In diesem Fall ersetzt ihr das Wort durch einen selbst erzeugten Piepton."*

Nachdem die erste Gruppe den Text vorgelesen hat, wird Watzlawicks Axiom sofort erraten. Danach ist Gruppe zwei an der Reihe:

> Es ist ein Bereich des Wissens über sich selbst, der für eine Person nicht offensichtlich ist, sondern von anderen wahrgenommen werden kann, wenn sie verschiedene Perspektiven einnehmen.

Auch wenn die Erklärung nicht ganz korrekt ist, wird der „Blinde Fleck" aus dem Johari-Fenster erkannt.

Das Spiel macht den Teilnehmenden so viel Spaß, dass Nara gleich eine zweite Runde mit neuen Begriffen einleitet.

Tipps und Hinweise

Der spielerische Anreiz motiviert zum Wiederholen

Das Schöne an der Methode ist, dass die Teilnehmenden in der Regel sehr motiviert sind, sich nochmals mit dem Lernstoff zu befassen. Meistens möchten sie es der KI schwer machen und sind dadurch bestrebt, alle Worte zu finden, mit denen die KI den Begriff erklären könnte. Es ist ein bisschen wie eine paradoxe Welt, in der versucht wird, durch die Tabuwörter die KI dazu zu bringen, einen möglichst kryptischen Erklärtext zu liefern.

Wie immer bei Faktenwissen, kann die KI nur Begriffe aus ihrem Trainingsdatensatz erläutern. Ansonsten kommen Fantasieerklärungen heraus. Was passieren kann, ist, dass sie einen Begriff aus einem ganz anderen Zusammenhang beschreibt. Zum Beispiel könnte die Ausführung für den „Blinden Fleck" rein biologisch-optisch sein: „Es handelt sich um die Stelle auf der Netzhaut, an der der Sehnerv ins Auge eintritt. An dieser Stelle gibt es keine Lichtsinneszellen." Aber kein Problem, auch hier können die Teilnehmenden raten, was die Verbindung zu ihrem Lernstoff sein könnte.

Selbst ausprobieren

Probiere es mit einem Begriff aus Deinem Fachgebiet. Erstelle eine Liste mit Tabuwörtern und teste alles mit dem Methoden-Prompt. Bist Du mit der Erklärung von ChatGPT zufrieden? In diesem Fall ist es etwas paradox, denn die Erklärung sollte möglichst kryptisch sein, damit es schwerfällt, den dazugehörigen Fachbegriff zu erraten.

Ideengenerator

20

Kreative Partnerschaft: ChatGPT als Sparringspartnerin für die Ideensuche.

Voraussetzungen

- Idealfall: Alle Teilnehmenden haben Zugang zu ChatGPT.
- Auch möglich: Mindestens 50 % der Teilnehmenden haben Zugriff auf ChatGPT und unterstützen sich gegenseitig.

Dauer

- Die Dauer hängt stark davon ab, wie Du den Ideengenerator in die Gesamtmethodik integrierst.

Gruppengröße

- Maximal 12 TN, wenn ein Austausch im Plenum stattfinden soll
- Beliebig viele TN, falls es bei der Kleingruppenarbeit ohne Austausch im Plenum bleibt

Einsatz

Kreative Ideen sammeln und die Grundprinzipien dahinter übertragen

Bei dieser Methode nutzt Du eine der Kernkompetenzen von ChatGPT: die Erzeugung von kreativen Ideen. Einige würden wohl sagen, wir Menschen sind immer noch kreativer. Aber der Ansatz ist, die KI als Sparringspartner für die eigene Kreativität zu nutzen. Immer, wenn es in Deinen Seminaren Phasen gibt, in denen Du die Teilnehmenden mit kreativen Inspirationen unterstützen willst, kann die Methode zum Einsatz kommen. Sie funktioniert ganz einfach: Eine Frage wird formuliert und ChatGPT erzeugt Vorschläge. Das Besondere am Methoden-Prompt ist, dass die KI zu jeder Idee das Grundprinzip hinter der

Idee nennt. Dadurch lässt sich der Grundgedanke besser auf andere Bereiche übertragen.

Kurzbeschreibung der Methode

- Die Teilnehmenden formulieren Fragen, zu denen sie gerne Ideenvorschläge hätten, und geben diese in den Methoden-Prompt ein.
- Die KI generiert Ideen mit unterschiedlichen „Verrücktheitsgraden" und nennt das Grundprinzip hinter der Idee.
- Die Teilnehmenden nutzen die vorgeschlagenen Ideen, um weiterzudenken oder sie umzusetzen.

Methoden-Prompt

Mein Name ist: ...
Bitte nenne mir kreative Ideenvorschläge auf die folgende Frage: Was könnte ich tun, um ... ?
Antworte nach folgendem Schema:
(1) Eine kreative Idee
(2) Zwei wirklich verrückte Ideen
(3) Drei Ideen, die so ungewöhnlich sind, dass die Prüfungskommission für Vernunft sie sofort ablehnen würde

Nenne zu jeder Idee das sachliche Grundprinzip, das der Idee zugrunde liegt.
Sprich mich bei deinen Antworten mit Namen an.

Praxisbeispiel

Beispiel: Frische Ideen sammeln

Fatma leitet ein Seminar für angehende Jungunternehmerinnen und -unternehmer, die nach ihrer Ausbildung in die Selbstständigkeit starten wollen. In einer Phase des Seminars geht es darum, wie mehr Aufmerksamkeit für die eigenen Angebote erzeugt werden kann. Zuerst werden die „klassischen" Methoden besprochen, wie zum Beispiel Werbeanzeigen, Flyer und Broschüren, Social-Media-Präsenz, Mundpropaganda oder Networking-Veranstaltungen. Jetzt haben die Teilnehmenden Lust, ungewöhnliche, frische und kreative Ideen für ihre eigenen Angebote zu entwickeln.

Bevor Fatma den Teilnehmenden den Ideengenerator-Prompt zur Verfügung stellt, haben alle die Aufgabe, den Satz „Was könnte ich tun, um ...“ zu vervollständigen. Nach einer kurzen Erklärung ist klar, was damit gemeint ist. Der Satz soll so ergänzt werden, dass er als Fragesatz für die eigenen Werbeideen funktioniert. Darin können das Angebot, Rahmenbedingungen oder die Zielgruppe enthalten sein. Fatmas Tipp lautet: *„Formuliert die Frage genau so, dass deren Beantwortung euch weiterhelfen könnte.“*

Shaan möchte in Zukunft verstärkt Excel-Kurse anbieten und formuliert folgenden Fragesatz: „Was kann ich tun, um meine Excel-Seminare im Internet zu bewerben?“ Kurz und knapp, aber das ist es, was Shaan wissen möchte.

Abb.: Die Zweierteams können ChatGPT auf dem Smartphone nutzen.

Erst wenn alle ihren Fragesatz formuliert haben, stellt Fatma den Prompt-Text per QR-Code zur Verfügung. Die überwiegend jungen Teilnehmenden haben alle die ChatGPT-App auf dem Smartphone dabei. Die Gruppe wird in Zweierteams aufgeteilt, mit der Anregung, sich über die von der KI generierten Ideen auszutauschen.

Schauen wir gemeinsam mit Shaan auf sein Smartphone. Er hat den Methoden-Prompt mit seinem Fragesatz vervollständigt:

Mein Name ist: Shaan
Bitte nenne mir kreative Ideenvorschläge auf die folgende Frage: Was könnte ich tun, um etwas Ungewöhnliches in meinen Excel-Seminaren zu bieten und sie besser im Internet zu bewerben?
Antworte nach folgendem Schema:
(1) Eine kreative Idee
(2) Zwei wirklich verrückte Ideen
(3) Drei Ideen, die so ungewöhnlich sind, dass die Prüfungskommission für Vernunft sie sofort ablehnen würde

Nenne zu jeder Idee das sachliche Grundprinzip, das der Idee zugrunde liegt.
Sprich mich bei deinen Antworten mit Namen an.

Die Antwort von ChatGPT:

Hallo Shaan! Hier sind einige kreative Ideen:

(1) Kreative Idee:
Veranstalte ein interaktives Webinar mit einem kurzen Ausschnitt aus deinem Excel-Seminar.
Grundprinzip: Interaktive Einbindung erhöht das Interesse.

(2) Verrückte Ideen:
a. Eine virale Social-Media-Kampagne mit lustigen Excel-Memes.
Grundprinzip: Virale Marketingtechniken nutzen.
b. Organisiere ein „Excel-Battle". Streame das Event live und lasse das Publikum abstimmen.
Grundprinzip: Events und Wettbewerbe ziehen Aufmerksamkeit auf sich.

(3) Diese Ideen würde die Prüfungskommission für Vernunft ablehnen:
a. Erschaffe eine interaktive virtuelle Realitätswelt für das Excel-Seminar.
Grundprinzip: Nutzung moderner Technologien und Immersion.
b. Biete ein „Excel-Seminar im Weltall" an, entweder durch parabelförmige Flüge oder Schwerelosigkeitssimulatoren.
Grundprinzip: Einzigartiges Erlebnis und Exklusivität.
c. Nutze Augmented Reality, um ein „Excel-Seminar auf dem Mars" zu simulieren. Die Teilnehmenden können durch AR-Brillen eine virtuelle Umgebung erleben, während sie gleichzeitig Excel-Techniken erlernen.
Grundprinzip: Einsatz innovativer Technologien.

Ideen anhand der Grundprinzipien weiterdenken

Nach diesen Ideenvorschlägen entwickelt Shaan zusammen mit seiner Kleingruppenpartnerin die Idee einer VR-Excel-Kostprobe, die er als Gewinnspiel über Social Media bewerben wird. Zufällig ist ein Kollege im Seminar mit guten Kontakten zu einem Start-up für VR-Seminare. Dieses Start-up hat bereits Interesse bekundet, eine virtuelle Lernumgebung für Office-Produkte zu entwickeln. In der Pause erstellt Shaan schon mal eine Illustration mit einer Bild-KI für den Social-Media-Post. Ein stilisiertes Excel-Logo, das eine VR-Brille trägt.

Nach der Kleingruppenarbeit stellen alle ihre Ideen-Highlights im Plenum vor.

Abb.: KI-generierte Illustration des Excel-Logos mit VR-Brille.

Tipps und Hinweise

Diesen Methoden-Prompt kannst Du in Phasen Deiner Seminare verwenden, in denen die Teilnehmenden aufgefordert sind, ungewöhnliche und kreative Entwürfe zu entwickeln – also „Out of the Box" zu denken.

Der Ideengenerator wendet sich persönlich an die Teilnehmenden, um die Chance zu erhöhen, dass sie sich offen mit den Vorschlägen auseinandersetzen. Die zunehmende Verrücktheit der Ideen soll verschiedene Typen ansprechen: Manche bevorzugen normale Ideen, andere brauchen eher verrückte und unkonventionelle Impulse. Dieser Prompt bietet beides.

Aus meiner Erfahrung ist es hilfreich, den von der KI vorgeschlagenen Einfall mit dem jeweils zugrunde liegenden Prinzip ergänzen zu lassen. Als Seminarleitung möchtest Du, dass die Teilnehmenden Anregungen erhalten, die sie praktisch umsetzen können. Wenn die KI nur eine sehr spezielle verrückte Idee vorschlägt, ohne Hintergrundinformationen, könnten einige denken „Das passt nicht genau zu meiner Situation" und das Ganze schnell verwerfen. Aber wenn das zugrunde liegende Prinzip erklärt wird, steigt die Chance, dass der Vorschlag auf ihre individuelle Lage angepasst werden kann.

Kombination aus KI und menschlicher Interaktion macht die Umsetzung wahrscheinlicher

Bei der Methode ist der ChatGPT-Output mit vielen menschlichen Interaktionen verwoben: Einzelarbeit mit Vorüberlegung auf einem Blatt Papier, Diskussion der KI-Vorschläge in der Kleingruppe, Präsentation und Feedback im Plenum. Dies steigert die Chancen, dass die von ChatGPT vorgeschlagene Inspiration zur eigenen Idee wird und den Weg in die Praxis findet.

Der Ideengenerator liefert einen Impuls. Er hat nicht den Anspruch, komplette Kreativitätstechniken wie die Analogienbildung, die Reizwortmethode, den Morphologischen Kasten, das Reverse Thinking oder den Osborn-Parnes-Prozess zu ersetzen. Aber warum nicht auch die KI in komplexeren Kreativitätsansätzen nutzen? Bei der Reizwortmethode könnten zum Beispiel die Zufallswörter für neue Assoziationen von ChatGPT generiert werden. Oder Du lässt Dir während des

Erstellens eines Morphologischen Kastens mit den Merkmalen und Varianten helfen.

Selbst ausprobieren

Du bist aktuell auf der Suche nach ungewöhnlichen Impulsen? Dann ist der richtige Augenblick gekommen, den Ideengenerator zu aktivieren. Nimm Dir einen Moment Zeit, um die Frage zu formulieren, auf die sich die kreativen Ideen beziehen sollen.

Ich erklär's dir

21

Spielerisch wiederholen, präzise formulieren.

Voraussetzungen

- 1x ChatGPT und eine Projektion für die Teilnehmenden
- Hilfreich: Spracherkennung

Dauer

- In der Regel zwischen 15 und 45 Minuten: Die Dauer variiert je nach Anzahl der Begriffe und der Vorbereitungszeit für die Kleingruppen.

Gruppengröße

- Maximal 12 TN, wenn alle aktiv sein sollen

Einsatz

Wiederholung von Seminarinhalten

Durch die Methode „Ich erklär's dir" werden Seminarinhalte spielerisch wiederholt. Das können zum Beispiel Fachbegriffe, Modelle oder Daten sein. Die Teilnehmenden werden angeregt, sich noch einmal detailliert mit dem Lernstoff zu beschäftigen und lernen gleichzeitig, präzise zu formulieren.

Kurzbeschreibung der Methode

- In Kleingruppen erhalten die Teilnehmenden die Aufgabe, einen von der Seminarleitung vorgegebenen Begriff aus den Lerninhalten des Seminars zu beschreiben, ohne den Begriff selbst zu nennen.

- Das Ziel ist es, die Beschreibung so zu gestalten, dass ChatGPT den Begriff als Antwort nennt.

Methoden-Prompt

Wir spielen ein Spiel. Ich werde dir gleich einen Begriff beschreiben. Du sollst den Begriff erkennen und benennen. Bitte gib noch zwei oder drei zusätzliche Informationen zu dem Begriff. Wie hast du das Spiel verstanden?

Praxisbeispiel

Beispiel: Wiederholung von Fachinhalten

Sophia, die einen Wochenkurs zum Thema „Grundlagen des Grafikdesigns" an der VHS leitet, nutzt die KI-Methode „Ich erklär's dir" um den Lernstoff spielerisch zu wiederholen. Sie verteilt an jede zufällig gebildete Kleingruppe drei Zettel mit Fachbegriffen aus den vorherigen Seminarstunden.

Für das Wiederholungsspiel hat Sophia folgende Regeln aufgestellt: Alle Teams sollen Texte vorbereiten, die die Fachbegriffe beschreiben, ohne den Begriff selbst oder Teile davon zu verwenden. Bei der Recherche nach einer guten Beschreibung dürfen alle Quellen verwendet werden, außer einer KI. Die Herausforderung besteht darin, dass ChatGPT den Fachbegriff allein durch die Erklärung erkennen soll. Die Teilnehmenden sind gefordert, präzise und eindeutig zu beschreiben, um Verwechslungen zu vermeiden.

Sophia gibt die flotte Zielvorgabe von zehn Minuten. Gruppe eins ist für die Begriffe „Responsives Design", „Schusterjunge" und „Komplementärfarbe" zuständig.

Nach Ablauf der sportlichen zehn Minuten ruft Sophia alle ins Plenum zurück. Auf ihrem Laptop hat sie ChatGPT geöffnet und gibt folgenden Prompt ein, was alle Teilnehmenden über den Beamer mitverfolgen können:

Wir spielen ein Spiel. Ich werde dir gleich einen Begriff beschreiben. Du sollst den Begriff erkennen und benennen. Bitte gib noch zwei oder drei zusätzliche Informationen zu dem Begriff. Wie hast du das Spiel verstanden?

Brav antwortet ChatGPT mit:

> Ich habe das Spiel verstanden. Du wirst mir einen Begriff beschreiben, und ich werde versuchen, diesen Begriff zu erkennen und zu benennen, basierend auf deiner Beschreibung. Ich bin bereit, loszulegen!

Und nicht nur ChatGPT ist bereit, sondern auch die Teilnehmenden. Sophia hat die Spracherkennung aktiviert, sodass die Teilnehmenden ihre vorbereiteten Erklärungen frei ins Laptop-Mikrofon sprechen können.

Die Teilnehmenden erklären, ChatGPT rät

Linda aus Gruppe eins versucht ihr Glück und legt mit ihrer Erklärung los: *„Bei dem Begriff, den du erkennen sollst, geht es um die Gestaltung von Webseiten. Die Nutzer haben oft unterschiedlich große Bildschirme, vom Smartphone über das Tablet bis zum großen Desktop-Bildschirm. Dabei wählt man die Programmierung und Gestaltung der Webseite so aus, dass sie auf allen Bildschirmgrößen gut aussieht. Wie nennt sich das?"*

Und flott antwortet ChatGPT mit folgendem Text:

> Der beschriebene Prozess nennt sich „Responsive Webdesign".
>
> Zusätzliche Informationen:
> 1. Responsive Webdesign bedeutet, dass eine Webseite sich automatisch anpasst, um gut auf verschiedenen Geräten auszusehen.
> 2. Flexible Raster und CSS Media Queries sorgen dafür, dass die Webseite auf allen Bildschirmgrößen gut aussieht.
> 3. Das Ziel ist, dass die Webseite auf jedem Gerät einfach zu lesen und zu benutzen ist, ohne dass man ständig rein- und rauszoomen oder viel scrollen muss.

Sophia klärt noch kurz, was CSS und Queries sind und schon versucht Hannes es mit dem Begriff „Schusterjunge": *„Wenn man bei Text mit Spalten arbeitet, kommt es manchmal zu einem unerwünschten Effekt. Ein einzelnes Wort erscheint isoliert oben in der Spalte. Das sieht nicht gut aus und sollte vermieden werden. Weißt du wie das heißt?"*

Die Rückmeldung von ChatGPT lautet:

Der beschriebene Effekt nennt sich „Witwenzeile“ oder „Hurenkind“ und bezeichnet ein einzelnes Wort oder Zeile am Anfang einer Seite oder Spalte.

Zusätzliche Informationen:
1. „Witwenzeilen“ stören das Layout.
2. Layout-Designer verwenden Techniken wie manuelle Umbrüche, um dies zu vermeiden.
3. In modernen Layoutprogrammen kann man den Effekt durch Einstellungen automatisch vermeiden.

Abb.: Beispiele für Schusterjunge und Witwenzeile.

Hannes erkennt sofort seinen Irrtum bei der Erklärung. Ein Schusterjunge ist tatsächlich eine alleinstehende Zeile, die aber als Letztes in einer Spalte oder auf einer Seite steht und somit ähnlich, aber doch etwas anderes ist als die oben stehende Witwenzeile.

Lorem ipsum dolor sit amet, consectetur adipisici elit, sed eiusmod tempor incidunt ut labore et dolore magna aliqua. Ut enim ad minim veniam, quis nostrud exercitation ullamco laboris nisi ut aliquid ex ea commodi consequat.
Diese Zeile ist ein Schusterjunge, aber es kommt

noch schlimmer: Diese Zeile ist eine Witwenzeile.
Quis aute iure reprehenderit in voluptate velit esse cillum dolore eu fugiat nulla pariatur. Excepteur sint obcaecat cupiditat non proident, sunt in culpa qui officia deserunt mollit anim id est laborum. Duis autem vel eum iriure dolor in hendrerit in vulputate velit esse.

Sophie zeigt noch einmal flott ein Beispiel von beiden Layoutfehlern, und schon geht es mit dem nächsten Begriff weiter.

Tipps und Hinweise

Je bekannter die Begriffe, desto besser funktioniert die KI-Methode

Die Methode funktioniert sehr gut, wenn es um Fachbegriffe, Personen, Daten, Fakten oder Modelle geht, wie zum Beispiel „Hunsrück“, „4-Ohren Modell“, „Pulmonalarterie“, „Charles Darwin“ oder „Kognitive Dissonanz“. Nicht so gut oder gar nicht funktioniert es mit weniger gebräuchlichen Worten – ich nenne sie mal „Insider-Begriffe“ – oder unbekannten Eigennamen. Je nach Trainingszustand der KI können Schwierigkeiten mit Ereignissen auftreten, die sehr aktuell sind.

Die Methode legt vielleicht die Idee nahe, daraus eine Art Tabuspiel zu machen, bei dem eine Liste von Begriffen vorgegeben wird, die bei der Beschreibung nicht verwendet werden dürfen. Meine Erfahrung ist allerdings, dass es dann schnell kompliziert wird. In der Regel ist es spannend genug, ob die KI anhand der „normalen" Beschreibung den Begriff erkennt. Ziel ist es ja, dass ChatGPT schon nach der ersten Erläuterung das Wort erkennt. So wissen die Teilnehmenden vorher nicht, ob ihre Darstellung wirklich ausreicht. Und wenn es den Effekt hat, dass die Teilnehmenden zur Sicherheit lieber eine detailliertere Definition liefern – umso besser.

Da es bei der Methode um Fakten geht, also um richtig oder falsch, lohnt sich ein Blick in die Infobox „Achtung: Die KI lügt!" (nächste Seite). Du als Expertin oder Experte des Seminarthemas hast ein Auge darauf, wenn ChatGPT „Blödsinn" erzählt.

Mögliche Variationen

Soll es flotter gehen, kannst Du den Prompt verkürzen und die Aufforderung für zusätzliche Erklärungen zum Begriff weglassen. Du hast mehr Zeit? Dann erhöhe die Anzahl der Zusatzinfos. ChatGPT erzählt ja gerne. Noch eine Variante: Du gibst den Stil für die KI-Erklärtexte vor, zum Beispiel: verständlich, humorvoll, kindgerecht oder in einfacher Sprache.

Wenn man die Begriffe der gleichen Kategorie zuordnen kann, wie zum Beispiel Städte, Geschichtsdaten, Werkzeuge oder Fachliches aus der Psychologie, kannst Du das im Prompt hinterlegen. Dadurch „erleichterst" Du der KI die Antwort und auch weniger präzise Beschreibungen der Begriffe erzeugen korrekte Lösungen.

Beispiel aus einem Psychologieseminar:

> ... Wir spielen ein Spiel. Ich werde dir gleich einen Begriff aus der Neurowissenschaft beschreiben. ...

Je nachdem, wie lebendig, spontan oder proaktiv Deine Teilnehmenden sind, kannst Du den Ablauf variieren. Gib ihnen bei der Vorbereitung der Erklärungen Zeit, stelle Unterlagen bereit und lass die Teilnehmenden in Kleingruppen arbeiten. Oder Du lässt sie spontan antworten, ohne Recherche, aus der Erinnerung heraus. Egal wie, letztendlich finde ich es wichtig, dass es immer spielerisch bleibt und keinen Prüfungsstress auslöst.

Selbst ausprobieren

Wenn Du Lust hast, probiere, der KI mit dem Methoden-Prompt den Begriff „Komplementärfarbe" aus dem Praxisbeispiel zu erklären – das ist leicht, behaupte ich. Oder, probiere aus, einen Fachbegriff aus Deinem Seminar zu wählen und zu testen, wie leicht oder schwierig es ist, eine verständliche Beschreibung für die KI zu formulieren, ohne das Wort selbst zu nennen.

KI-Infobox

Achtung: Die KI lügt!

Wir gehen aktuell davon aus, dass die KI kein Bewusstsein hat und deshalb auch nicht bewusst lügt. Durch das Konstrukt der generativen Texterzeugung kann es aber vorkommen, dass ChatGPT falsche Tatsachenaussagen trifft. Die Daten, mit denen das Sprachmodell trainiert wird, stammen überwiegend aus dem Internet. Und bekanntermaßen ist nicht alles, was im Internet steht, auch wahr.

Bei den (tatsächlich schon vorgekommenen!) KI-Behauptungen, dass der Mond aus Käse besteht und die Erde 2023 von einem Asteroiden vernichtet wurde, können Irrtümer noch leicht erkannt werden. Aber es sind auch schon problematische Ereignisse vorgekommen: Ein Anwalt in den USA nutzte ChatGPT, um juristische Schriftsätze zu erstellen. Leider lieferte ChatGPT erfundene Urteile, die der Anwalt dann in seiner Begründung verwendet hat. Dies fiel auf, als die gegnerischen Anwälte die angegebenen Fälle nicht finden konnten.

Es gibt die Formulierung „die KI halluziniert". Damit wird das Phänomen beschrieben, bei dem das Modell erfundene Informationen generiert. Diese Antworten können plausibel klingen, sind aber einfach falsch.

Testweise habe ich die KI gefragt, was sie über die Dieffenbachstraße in Berlin weiß. Neben den Infos, dass die Straße in Kreuzberg liegt und sich tolle Cafés und Bars in der Nähe befinden – was zweifellos stimmt – bekomme ich auch die Information, dass die Straße nach dem deutschen Naturforscher und Botaniker namens Ernst Dieffenbach (1811–1855) benannt ist. Schön behauptet, aber falsch. Korrekt ist der Chirurg Dr. Johann Friedrich Dieffenbach.

Abb.: Straßenschild der Dieffenbachstraße in Berlin mit Hinweis auf den Namensgeber.

Versuche mal, der KI eine Lüge zu entlocken. Du wirst sehen, das ist gar nicht so schwierig. Erkenntnis: Bevor Du Aussagen von ChatGPT als Tatsachen in die Welt bringst, solltest Du die Aussagen überprüfen und mit mindestens zwei anderen seriösen Quellen verifizieren.

22

Stell mir Fragen

Hilfreicher KI-Assistent für Nachfragen und knackige Fallzusammenfassungen.

Voraussetzungen

- 1x ChatGPT pro Kleingruppe

Dauer

- 30 bis 60 Minuten

Gruppengröße

- Maximal 12 TN, wenn ein Austausch im Plenum stattfinden soll
- Beliebig viele TN, falls es bei der Kleingruppenarbeit ohne Austausch im Plenum bleibt

Einsatz

Situationen konkretisieren und zusammenfassen

In Deinen Seminaren sind Lernphasen integriert, die es den Teilnehmenden ermöglichen, eigene, seminarbezogene Fälle oder herausfordernde Situationen einzubringen. Dafür hast Du Zeit im Seminarablauf eingeplant, in der sich die Seminarteilnehmenden in Kleingruppen über diese Fälle austauschen können. Wenn solche Interaktionen Teil Deiner Seminarkonzepte sind, könnte die KI-Methode „Stell mir Fragen“ eine interessante Variante bieten.

Bei dieser Methode übernimmt ChatGPT die Rolle, Fragen zum Fall zu stellen und die Situation zusammenzufassen, und das in einem sich wiederholenden Prozess. Der Effekt ist, dass die Teilnehmenden in der Kleingruppe Fragen vorgeschlagen bekommen, über die sie diskutieren können, und der herausfordernde Fall immer wieder in aktualisierten Varianten zusammengefasst wird.

Kurzbeschreibung der Methode

- In Zweierteams können die Teilnehmenden eigene herausfordernde Fälle schildern und in den Methoden-Prompt eingeben.
- Die KI generiert eine Zusammenfassung und stellt weitere Fragen zum Fall.
- Die Kleingruppe diskutiert die Fragen und die Zusammenfassung der KI.
- Wird die Frage beantwortet, generiert die KI eine aktualisierte Zusammenfassung und stellt eine weitere Frage.
- Dieser Prozess kann von den Teilnehmenden selbstbestimmt fortgesetzt oder beendet werden.

Methoden-Prompt

Du bist ein Konkretisierer. Ich möchte, dass du mir hilfst, ein Problem in einem iterativen Prozess zu konkretisieren.

Der Prozess ist wie folgt:
1. Zuerst fragst du mich, welches Problem mich gerade beschäftigt und ich beschreibe dir das Problem.
2. Basierend auf meiner Beschreibung stellst du mir eine relevante Frage zum Problem.
3. Ich beantworte die Frage so gut ich kann.
4. Basierend auf meinen Antworten beschreibst du das Problem aus deiner Sicht in drei Sätzen und stellst eine neue relevante Frage zum Problem.
5. Wir wiederholen den iterativen Prozess, bis ich mit der Konkretisierung des Problems zufrieden bin.

Wie hast du die Aufgabe verstanden?

Praxisbeispiel

Beispiel: zum Kern eines Problems vordringen

In dem Seminar „Work-Life-Balance" von Martin gibt es eine Phase, in der alle Teilnehmenden die Möglichkeit haben, in Zweierteams ihre aktuellen Problemefälle, bezogen auf das Seminarthema, zu besprechen.

Dabei geht es nicht darum, die perfekte Lösung zu finden, sondern durch den Austausch neue Denkanstöße zu bekommen. Seit einiger Zeit nutzt er in dieser Seminarphase die KI-Methode „Stell mir Fragen".

ChatGPT als „Konkretisierer"

Martin erklärt die Aufgabe: „*Ich werde euch gleich in zufällige Zweierteams einteilen. Eine Person aus jedem Team hat die Gelegenheit, zu beginnen und einen individuellen Fall zu schildern, der gerade als Herausforderung empfunden wird. Ihr werdet aber nicht allein sein, sondern bekommt einen sogenannten ‚Konkretisierer' an die Seite gestellt. Diesem schildert ihr den Fall. Dann werden euch Fragen zu der Situation gestellt. Anschließend fasst der Konkretisierer alles noch einmal aus seiner Sicht zusammen, bevor er die nächste Frage stellt.*

Ihr ahnt es wahrscheinlich schon: Der Konkretisierer ist ChatGPT. In jedem Zweierteam sollte ein Laptop oder Tablet mit Zugang zu ChatGPT verfügbar sein. Den Methoden-Prompt, damit ihr starten könnt, findet ihr auf der gemeinsamen digitalen Seminar-Pinnwand. Kopiert diesen einfach in das ChatGPT-Eingabefeld und sendet ihn ab. ChatGPT wird euch nach der Fallbeschreibung fragen. Schildert einfach die Situation, wie es euch in den Sinn kommt. Ihr könnt alles eintippen oder mit der ChatGPT-Spracherkennung arbeiten."

KI-Antworten als Diskussionsimpulse nutzen

Martin gibt noch ein paar Hinweise: „*Nehmt euch nach jeder Antwort von ChatGPT im Zweierteam Zeit, um die Frage und die Zusammenfassung von ChatGPT zu diskutieren. Welche Impulse gibt die Frage – trifft die Zusammenfassung die Situation? Nutzt die KI-Antworten als Impuls für eine Diskussion. Wenn ihr zu einer Erkenntnis gelangt, was ihr, bezogen auf die Situation, verändern könntet oder welche Handlungen sich daraus ableiten – umso besser. Aber zuerst es geht darum, mehr Klarheit zu gewinnen und nicht um die perfekte Lösung. Nach etwa 20 Minuten gebe ich ein akustisches Signal. Findet einen guten Abschluss für den ersten Fall und tauscht die Rollen, damit beide aus dem Zweierteam die Gelegenheit haben, ihren Fall zu schildern. Nutzt die KI wie eine dritte Person, die zusätzliche Impulse liefern kann.*"

Elena und Jasmin sind ein Zweierteam. Elena sendet den Methoden-Prompt ab und ChatGPT antwortet mit:

> Ich habe die Aufgabe verstanden. Lass uns beginnen. Welcher Fall beschäftigt dich gerade?

Elena tippt ein:

Abb.: Zweierteam im Dialog mit ChatGPT.

Ich bin gerade dabei, mir meinen Traum vom eigenen Ladengeschäft zu erfüllen. Ich lasse mich leicht ablenken und sollte eigentlich an der Planung der Einrichtung arbeiten. Das stresst mich.

ChatGPT stellt die erste Frage:

Verstehe. Um den Fall besser zu konkretisieren, könnte ich folgende Frage stellen: Welche spezifischen Arten von Ablenkungen erlebst du während der Planung an der Ladeneinrichtung?

Na ja, ganz klassisch: Auf das Smartphone schauen und die Nachrichten checken. Und dann gibt es immer etwas, das dringender zu sein scheint.

ChatGPT gibt die erste Zusammenfassung:

Basierend auf deiner Antwort könnte ich den Fall wie folgt beschreiben: Du hast Schwierigkeiten, konzentriert an der Ladeneinrichtung zu arbeiten, da du dich leicht von deinem Smartphone ablenken lässt und es ständig auf Nachrichten überprüfst. Zudem neigst du dazu, anderen Aufgaben Vorrang zu geben, die dringender erscheinen, was zu Stress führt.

Nach einer kurzen Diskussion mit Jasmin tippt Elena:

Ja, das trifft es schon ganz gut.

Der Dialog mit ChatGPT wird fortgesetzt:

Super, dann können wir fortfahren. Um den Fall weiter zu konkretisieren, könnte ich folgende Frage stellen: Welche

Strategien hast du bisher versucht, um dich weniger ablenken zu lassen und die wichtigen Aufgaben in Bezug auf die Ladeneinrichtung zu priorisieren?

Bevor Elena antwortet, diskutiert sie mit Jasmin darüber, dass ihr das Wort „Strategie“ sehr „groß“ erscheint. Sie erinnert sich, dass sie schon versucht hat, sich von Zeit zu Zeit „auszutricksen“, was ihr nur bedingt gelungen ist:

Strategie. Gute Frage. Manchmal lasse ich mein Smartphone bewusst in der Küche liegen, aber dann bin ich doch zu neugierig und schaue, ob etwas Neues reingekommen ist.

ChatGPT:

Basierend auf deiner Antwort könnte ich den Fall wie folgt weiter beschreiben: Obwohl du versucht hast, dich weniger ablenken zu lassen, indem du dein Smartphone bewusst in der Küche liegen lässt, warst du dennoch nicht erfolgreich. Du verspürst immer noch die Neugier, neue Nachrichten zu überprüfen, was dazu führt, dass deine Arbeit unterbrochen wird.

Die Antwort von ChatGPT finden Jasmin und Elena etwas verklausuliert, aber dennoch trifft es den Punkt. Elena tippt:

Ja, ich bin einfach zu neugierig – so scheint es.

ChatGPT:

Verstanden. Um das Problem weiter zu konkretisieren, könnte ich folgende Frage stellen: Gibt es bestimmte Zeiten oder Situationen, in denen du dich weniger ablenken lässt oder deine Neugier weniger stark ist?

Auch über diese Zusammenfassung diskutiert das Zweierteam, bevor die Antwort eingetippt wird:

Nicht wirklich, aber vielleicht habe ich einfach keine Lust, mich so theoretisch mit dem Thema Ladeneinrichtung zu beschäftigen, oder es macht mir Angst.

ChatGPT:

Es scheint, dass deine Ablenkungen und Neugier möglicherweise tieferliegende Gründe haben könnten, wie etwa mangelnde Motivation oder Angst vor dem Thema Ladeneinrichtung. Dies könnte zu einem Vermeidungsverhalten führen, bei dem du dich lieber ablenkst, anstatt dich mit dem Thema auseinanderzusetzen.

Elena fordert noch eine Nachfrage ein:

Stell mir noch eine Frage

ChatGPT:

Gerne! Um den Fall weiter zu konkretisieren, könnte ich folgende Frage stellen: Was genau verursacht deine geringe Motivation, dich mit dem Thema Ladeneinrichtung zu beschäftigen? Gibt es bestimmte Aspekte des Themas, die dich besonders abschrecken oder überfordern?

Ist das Problem identifiziert, kann eine Lösung gefunden werden

Das scheint für Elena die treffende Frage zu sein. Ihr wird noch einmal klar, dass es Aufgaben gibt, die sie gerne macht, und welche, die ihr eher Angst machen oder die sie als lästig empfindet. Gemeinsam mit Jasmin erstellt sie eine zweispaltige Tabelle mit „Like-Aufgaben" und „Na-ja-Aufgaben". Nicht überraschend stehen bei „Na ja" die ganzen bürokratischen Pflichten, die noch erledigt werden müssen. Jasmin schlägt ihr vor, die Aufgaben abwechselnd zu erledigen – also immer erst eine „Na-ja-Aktivität" abzuhaken, bevor es an eine „Like-Tätigkeit" geht.

Und schon gibt Martin ein dezentes akustisches Signal und leitet den Wechsel in der Kleingruppe ein. Elena startet mit dem Methoden-Prompt einen neuen Chat, und Jasmin ist an der Reihe, ihren aktuellen Fall zu schildern.

Tipps und Hinweise

Diese Methode kann kein individuelles Coaching mit einem ausgebildeten Coach ersetzen und ist nicht geeignet, um tiefsitzende Schwierigkeiten, Ängste oder persönliche Probleme anzugehen. Als Leiterin oder Leiter des Seminars bist Du sensibel genug, um solche Fälle zu erkennen und stattdessen eine andere Methode zu wählen oder das Problem des Teilnehmenden in einem anderen Kontext anzusprechen.

Zusammenfassungen können hilfreicher sein als Fragen

Bei der Methode kommt ChatGPT sozusagen als dritte Person in ein Zweierteam-Gespräch dazu. Ich habe die Erfahrung gemacht, dass die Zusammenfassungen häufig hilfreicher für die Teilnehmenden waren als die Fragen. ChatGPT führt in dem Moment etwas aus, was wir Menschen im Zweiergespräch oft vergessen: das Paraphrasieren, das aktive Wiederholen dessen, wie die Aussagen der Gesprächspartnerin oder des Gesprächspartners verstanden wurden. Und genauso wie bei uns Menschen kann es auch der KI passieren, dass sie nicht das wiedergibt, was „eigentlich" gemeint war. Aber das zu reflektieren, verschafft oft Klarheit.

Kommunikationsverhältnis wahren

Als Seminarleitung ist es wichtig, darauf zu achten, dass die Zweierteams nicht ausschließlich mit der KI sprechen. Das Kommunikationsverhältnis sollte eher 80 % Mensch-Mensch zu 20 % KI-Mensch sein. Ich habe die Erfahrung gemacht, dass für viele Zweierteams drei bis vier Antworten der KI bereits ausreichen, um der Diskussion Impulse zu geben.

Die Fragen der KI zur Fallklärung sind häufig keine offenen Coachingfragen, sondern oft sogenannte Lösungsfragen. Also Fragen, in denen bereits ein Lösungsvorschlag enthalten ist. Die Teilnehmenden sind eingeladen, den Denkanstoß für ihre eigene individuelle Lösungsidee zu nutzen.

Manchmal kann es vorkommen, dass der Dialog ins Stocken gerät, zum Beispiel wenn die KI keine Frage mehr stellt. In diesem Fall ermutige Deine Teilnehmenden, ChatGPT die Anweisung zu geben: „Stell mir eine weitere Frage."

Variation

Neben der herausfordernden Fallvariante kannst Du auch die **Glücksvariante** testen.

Variante: Quellen des Glücks ermitteln

Du bist ein Glücks-Konkretisierer. Ich möchte, dass du mir hilfst, mein Glück zu konkretisieren, indem wir einen iterativen Prozess durchlaufen.

Der Prozess ist wie folgt:
1. Zuerst fragst du mich, nach einem schönen Erlebnis, das ich erlebt habe, gerade erlebe oder erleben werde und ich beschreibe dir das Erlebnis.
2. Basierend auf meiner Beschreibung stellst du mir eine relevante Frage zum Erlebnis.
3. Ich beantworte die Frage so gut ich kann.
4. Du beschreibst das Glück, das aus deiner Sicht für mich in dem Erlebnis steckt, basierend auf meinen Antworten in drei Sätzen und stellst eine neue relevante Frage zum Erlebnis
5. Wir wiederholen den iterativen Prozess, bis ich mit der Glücks-Konkretisierung des Erlebnisses zufrieden bin.

Wie hast du die Aufgabe verstanden?

ChatGPT:

Ich habe die Aufgabe verstanden. Lass uns beginnen! Erzähl mir von einem schönen Erlebnis, das dich gerade beschäftigt oder das du erleben möchtest.

Ich teste den Prompt mit einem Urlaubserlebnis:

Die Wandertour durch die Alpen mit meiner Frau.

ChatGPT:

Das klingt nach einer wunderbaren Erfahrung! Welche spezifischen Routen habt ihr auf eurer Wandertour durch die Alpen erkundet und was hat euch besonders daran gefallen?

Gemeinsames Erleben, einsame Wege, Ruhe, Natur und Tierbeobachtungen sowie eine Portion Abenteuer.

Das klingt nach einer fantastischen Wanderung! Hier ist das Glück, das ich aus deiner Beschreibung ziehe:

Während eurer Wandertour durch die Alpen mit deiner Frau erfahrt ihr ein tiefes Glücksgefühl, wenn ihr gemeinsam einsame Pfade erkundet, die Ruhe der Natur genießt und wilde Tiere beobachtet. Dabei spürt ihr die Spannung und Abenteuerlust, die euch mit jedem Schritt begleitet und eure Bindung stärkt.

Ja, passt für mich – da muss ich gar keine weiteren Glücks-Konkretisierungsfragen beantworten.

Selbst ausprobieren

Gewissensfrage: Möchtest Du lieber eine Herausforderung schildern oder einen Glücksmoment? Wähle den entsprechenden Methoden-Prompt und los geht's.

Aktivierung delegieren

23

Mit KI-Support designen Teilnehmende eigene Seminarauflockerungen.

Voraussetzungen

- 1x ChatGPT

Dauer

- 5 bis 10 Minuten Vorbereitungszeit
- Maximal 5 Minuten für die Durchführung der Auflockerung

Gruppengröße

- Beliebig viele TN

Einsatz

Eigene Auflockerungsübungen entwickeln

Mit Unterstützung der KI entwickelt eine Teilnehmerin oder ein Teilnehmer eine themenbezogene Auflockerungsübung und darf diese im Seminar nach der Pause anleiten. Dadurch, dass die KI hilft, sinkt die Hemmschwelle, sich auf diese Zusatzaufgabe einzulassen. Passt zu jedem Seminarthema. Die Wirkung: die Teilnehmenden werden aktiv und die Seminarleitung nimmt sich zurück.

Kurzbeschreibung der Methode

- Eine Teilnehmerin oder ein Teilnehmer kann sich freiwillig für eine Zusatzaufgabe melden.
- Die oder der Freiwillige erhält die Aufgabe, mit Unterstützung der KI eine Auflockerungsübung für die Gruppe zu kreieren.

- Zum passenden Zeitpunkt wird die Auflockerung unter Anleitung des Teilnehmenden durchgeführt.

Methoden-Prompt

Bitte nenne mir eine Auflockerungsübung, die zum Seminarinhalt ... passt, mit folgenden Bedingungen:
- kurz durchführbar
- alle sollen gleichzeitig mitmachen
- mit leichter körperlicher Aktivität
- ...
- ...
- ...

Praxisbeispiel

Beispiel: Auflockerung nach der Mittagspause

Nikhil integriert seine Teilnehmenden mit freiwilligen Zusatzaufgaben in den Seminarablauf. Zum Beispiel delegiert er gerne die traditionelle Auflockerungsübung nach der Mittagspause.

Bei seiner Variante werden die Teilnehmenden nicht nur einbezogen, sondern zusätzlich von der KI unterstützt. Um eine Freiwillige oder einen Freiwilligen zu finden, fragt Nikhil in die Runde: *„Wer hat Lust auf ein Experiment mit einer kleinen Zusatzaufgabe? Für diese Aufgaben gibt es Unterstützung, du musst sie also nicht alleine bewältigen. Wer möchte?"* Seine Erfahrung ist, dass sich immer mindestens eine proaktive Person meldet, die so neugierig ist, sich darauf einzulassen.

Diesmal hat sich Cem gemeldet. Er bekommt den Auftrag, gemeinsam mit der KI eine Auflockerungsübung zu kreieren und diese nach der Pause anzuleiten. Dafür kann er Nikhils Rechner nutzen. Dort ist bereits ChatGPT mit dem Methoden-Prompt geöffnet. Während die anderen schon in die Pause strömen, erledigt Cem seine selbst gewählte Spezialaufgabe. Im Methoden-Prompt hat er die Möglichkeit, das Seminarthema oder Aspekte daraus als Vorgabe auszuwählen. Die Kriterien für die Auflockerungsübung kann er nach seinen Wünschen ergänzen. Nach kurzer Überlegung hat Cem das heutige Seminarthema als Vorgabe eingegeben und sich für folgende Ergänzungen entschieden:

Bitte nenne mir eine Auflockerungsübung, die zum Seminarinhalt Photoshop passt, mit folgenden Bedingungen:
- kurz durchführbar
- alle sollen gleichzeitig mitmachen
- mit leichter körperlicher Aktivität
- lehrreich
- unterhaltsam
- ohne zusätzliches Material

Von Nikhil erhält er noch folgende Anregung: *„ChatGPT wird dir gleich einen Vorschlag machen. Du bist frei in deiner Entscheidung, diesen anzunehmen, als Anregung für eine Eigenkreation zu nutzen oder dir über den Button ‚Erneut generieren' einen neuen Vorschlag machen zu lassen."*

Vorschläge annehmen, ablehnen oder als Anregung nutzen

Die erste Antwort von ChatGPT lautet:

Eine passende Auflockerungsübung zum Seminarinhalt Photoshop könnte sein:
„Emotionale Mimik": Teilnehmende im Kreis zeigen verschiedene Emotionen durch Mimik. Diese Übung verbessert die Ausdrucksfähigkeit und das Verständnis für Emotionen. Sie fördert körperliche Aktivität und ist lehrreich für Mimik und Emotionen. Das Verständnis hilft auch in Bildbearbeitung und Fotografie.

Cem ist mit dem Vorschlag nicht ganz zufrieden. Der „Erneut generieren"-Button liefert einen neuen Vorschlag.

„Kreative Handbewegungen": Die Teilnehmenden gestalten mit ihren Händen kreative Formen, als würden sie riesige digitale Pinsel in Photoshop verwenden. Die Teilnehmenden formen kreative Figuren mit ihren Händen, während der Trainer Anweisungen wie „Male eine Welle" gibt. Diese Übung fördert die körperliche Aktivität und Kreativität, regt die Vorstellungskraft an und schafft eine unterhaltsame Atmosphäre im Seminarraum.

Das gefällt Cem schon besser. Es erinnert ihn an Szenen aus dem Film „Minority Report", in denen ein Polizist mit ausladenden Gesten einen virtuellen Bildschirm steuert. Die Idee für die Auflockerung ist fertig, und Nikhil folgt den anderen in die Mittagspause.

Tipps und Hinweise

Zusatzaufgabe für einzelne Teilnehmende

Bei dieser Methode überträgst Du einen kleinen Teil der Seminarverantwortung an eine einzelne Teilnehmerin oder einen Teilnehmer. Meine Erfahrung zeigt, dass es mit der KI-Methode einfach ist, Teilnehmende zu finden, die sich auf diese Zusatzaufgabe einlassen. Es wird ja angekündigt, dass es für die Zusatzaufgabe Unterstützung gibt. Du musst ja vorher nicht verraten, dass es die KI ist. Falls sich dann jemand unwohl fühlt mit dem Auftrag, kann sie oder er immer noch davon zurücktreten und Du als Seminarleitung übernimmst die Auflockerung. Aber habe Vertrauen – diejenigen, die sich freiwillig melden, machen das schon.

Weise darauf hin, dass der KI-Vorschlag nicht eins zu eins umgesetzt werden muss und dass es die Möglichkeit gibt, durch den „Erneut generieren"-Button" unendlich viele Vorschläge zu generieren. Die Option, den Themenbezug und die Kriterien im Prompt zu verändern, schafft neue Anregungen.

Selbst ausprobieren

Die Methode bietet sich dafür an, einige Auflockerungs-Ideen für Deine Seminare zu kreieren. Indem Du das Thema im Prompt veränderst, kannst Du die Auflockerung an die Inhalte Deines Seminars anpassen. Probiere es aus. Ergänze die Bedingungen so, dass sie zu Deinem Seminarstil passen. Sei nicht gleich mit dem ersten Vorschlag zufrieden, aber erwarte auch nicht die ultimative Perfektion. Eine gewisse Portion Eigenkreativität ist gefragt.

Vervollständigen

24

Rollen klären und bewusst gestalten – mit KI-Impulsen und im Austausch miteinander.

Voraussetzungen

- 1x ChatGPT und eine Projektion für die Teilnehmenden

Dauer

- Insgesamt ca. 15 bis 40 Minuten, je nach Anzahl der Durchläufe

Gruppengröße

- Maximal 12 TN, wenn ein Austausch im Plenum stattfinden soll

Einsatz

Eigene Rolle im Kontext klären

Wenn es um die Klärung und das Bewusstwerden der eigenen Rolle in einem bestimmten Kontext geht, bietet sich diese Methode an. Sei es im Kommunikations-, Verkaufs-, Leadership-, Didaktik- oder Motivationstraining. Über vorgegebene Satzanfänge wird ein Austausch in der Seminargruppe angeregt. Die KI liefert zusätzlichen Diskussionsstoff und Impulse.

Kurzbeschreibung der Methode

- Die Teilnehmenden vervollständigen einen vorgegebenen Satzanfang.
- Die Teilnehmenden diskutieren über ihre Antworten.
- Die KI vervollständigt ebenfalls den Satz in drei verschiedenen Varianten.

- Durch die KI-Antworten entsteht ein zusätzlicher Diskussionsanstoß.
- Der Ablauf kann mit unterschiedlichen Satzanfängen wiederholt werden.

Methoden-Prompt

Ich nenne dir gleich einen Satzanfang. Vervollständige bitte den Satzanfang in drei Varianten:
Variante 1 = häufig genannte Aussage
Variante 2 = sehr selten genannte Aussage
Variante 3 = ungewöhnliche, verrückte Aussage
Der Satzanfang lautet: ...

Praxisbeispiel

Beispiel: Trainerrolle klären

In seinen Train-the-Trainer-Seminaren verwendet Arthur eine KI-Methode, um die Gruppe dazu zu bringen, über ihre Rolle nachzudenken. Dafür hat er Satzanfänge vorbereitet, die sich auf ihre Einstellung als Lehrende beziehen.

Im Seminar erläutert er die Aufgabe: *„Über den Beamer seht ihr gleich einen Satzanfang. Ich bitte euch, euch ein Blatt Papier und einen Stift zu nehmen und den Satz zu vervollständigen. Das ist kein Test, bei dem es ein Richtig oder Falsch gibt; eure Meinung ist gefragt. Anschließend werden wir uns über eure Antworten austauschen. Seid ihr bereit?"*

Abb.: Der erste Satzanfang wird eingeblendet ...

Nachdem alle Teilnehmenden mit Schreibmaterial versorgt sind, blendet Arthur das erste PPT-Chart mit dem Satz ein.

Lillian fragt, ob sie mehrere Punkte aufschreiben soll, aber Arthur bittet die Teilnehmenden, sich jeweils auf einen Aspekt zu konzentrieren. Nach kurzer Überlegungszeit haben alle Beteiligten etwas notiert.

Arthur erklärt, wie es weitergeht: *„Zuerst lesen alle reihum ihre Notiz vor, und dann habe ich noch einen Gast eingeladen. Sie wird den Satz ebenfalls vervollständigen, aber auf drei verschiedene Arten: erstens mit einer häufig genannten Aussage, zweitens mit einer seltenen Aussage und drittens mit einer* *ungewöhnlichen, man könnte sagen verrückten Variante. Ihr könnt gespannt sein."*

Lillian macht den Anfang und liest ihre Satzvervollständigung vor: *„... die Gruppe zum Lernen zu motivieren."* Die Aussagen der anderen Teilnehmenden lauten: „... fachlich kompetent zu sein", „... eine gute Stimmung zu schaffen" oder „... den Lernstoff didaktisch aufzubereiten." Die Teilnehmenden merken, dass hinter den Statements ganz unterschiedliche Haltungen zum Trainerberuf stehen, und es entwickelt sich eine anregende Diskussion.

Abb.: ... und die Teilnehmenden vervollständigen den Satz.

„Und was ist mit dem versprochenen Gast?", fragt Lillian.

Arthur öffnet auf seinem Laptop ChatGPT und gibt folgenden Methoden-Prompt ein:

Ich nenne dir gleich einen Satzanfang. Vervollständige bitte den Satzanfang in drei Varianten:
Variante 1 = häufig genannte Aussage
Variante 2 = sehr selten genannte Aussage
Variante 3 = ungewöhnliche, verrückte Aussage
Der Satzanfang lautet: „Die wichtigste Eigenschaft einer guten Trainerin oder eines guten Trainers ist ..."

Die Teilnehmenden sind gespannt, wie ChatGPT den Satz vervollständigt.

Nach den Teilnehmenden vervollständigt auch die KI die Sätze

Variante 1 (häufig genannte Aussage): ... die Fähigkeit, die Teilnehmenden zu motivieren und zu inspirieren.

Variante 2 (sehr selten genannte Aussage): ... Geduld und die Bereitschaft, auf individuelle Bedürfnisse einzugehen.

Variante 3 (ungewöhnliche, verrückte Aussage): ... die Kunst, gleichzeitig eine Trillerpfeife zu blasen und einen aufmunternden Motivationsspruch zu rufen, ohne dabei den Atem zu verlieren.

Wie von Arthur beabsichtigt, lösen die Antworten von ChatGPT erneut eine lebhafte Diskussion aus. Yash, einer der Teilnehmer, gefällt

Variante drei besonders gut. *„Ich denke, diese Aussage spiegelt meine Haltung als Trainer sehr gut wider. Zum einen den Seminarablauf im Griff haben und Struktur geben – quasi mit der Trillerpfeife – und zum anderen die Teilnehmenden zum Lernen motivieren."*

Es gibt kein Richtig oder Falsch

Arthur stellt noch einmal klar, dass es bei den Aussagen kein „Richtig" oder „Falsch" gibt. Vielmehr soll die Übung dazu beitragen, sich der eigenen Rolle als Trainerin oder Trainer bewusster zu werden, herauszufinden, was für einen selbst dazugehört, und auch zu klären, was nicht dazu gehört.

Natürlich hat Arthur noch weitere Satzanfänge dabei. Hier sind die Top drei aus seiner Liste:

- „Eine Trainerin oder ein Trainer mit Superkräften würde in einer Krisensituation als Erstes ..."
- „Das Geheimnis des Trainingserfolgs lautet: ..."
- „Um das Training in ein Abenteuer zu verwandeln, muss die Trainerin oder der Trainer ..."

Und hier eine kleine Kostprobe der verrückten KI-Antworten zu den drei Satzanfängen:

In Krisensituationen würde er oder sie als Erstes mit einem magischen Fingerzeig die Zeit anhalten, um in aller Ruhe eine gute Lösung zu finden.

Das Geheimnis ist, jeden Morgen einen unsichtbaren Umhang aus positiver Energie anzulegen und mit einem Zauberstab voller Wissen die Lernatmosphäre zu verzaubern.

Das Abenteuer ist, die Teilnehmenden auf eine Schatzsuche durch den Dschungel des Wissens zu begleiten, wo jedes Rätsel eine neue Erkenntnis enthüllt.

Tipps und Hinweise

Bei dieser Methode geht es – wie Arthur im Praxisbeispiel bereits erwähnt hat – nicht um Richtig oder Falsch. Es gibt am Ende auch kein klassisches Ergebnis. Ziel ist es, sich der eigenen Rolle in einer bestimmten Situation bewusster zu werden. Dies soll durch den diskursiven Prozess in der Seminargruppe erreicht werden. Die Antworten der KI dienen als zusätzlicher Katalysator in der Diskussion und können neue Perspektiven bieten. Einige KI-Antworten liefern auch zusätzliche Impulse für andere Sichtweisen. Die Idee ist, dass sich die Teilnehmenden an den Antworten der KI „reiben" können: Stimmen sie zu, sehen sie es anders, oder finden sie darin Inspirationen?

Die KI-Methode passt zu allen Seminarthemen, bei denen es um Rollenklärung geht, wie Führungsseminare, Konfliktmanagement, Partnerschaft oder Kommunikation.

Hier ein paar Vorschläge für Satzanfänge zu verschiedenen Themen:

Vorschläge für Satzanfänge zu verschiedenen Themen

Kommunikationstraining

- „Wenn jemand Kritik äußert, sollte man ..."
- „In einem Konfliktgespräch ist es wichtig, dass ..."
- „Wenn man ein Missverständnis bemerkt, sollte man zuerst ..."
- „Beim Zuhören sollte man besonders darauf achten, dass ..."
- „Wenn man jemanden überzeugen möchte, ist es entscheidend, dass ..."

Führungstraining

- „Eine gute Führungskraft sollte in schwierigen Zeiten immer ..."
- „Bei der Delegation von Aufgaben ist es wichtig, dass ..."
- „In Verhandlungen mit dem Team ist es entscheidend, dass ..."
- „Eine Führungskraft sollte bei Kritik immer darauf achten, dass ..."
- „In einem Entscheidungsprozess sollte eine Führungskraft zuerst ..."

Motivationstraining

- „Um jemanden langfristig zu motivieren, ist es wichtig, dass ..."
- „Bei der Förderung von Motivation im Team sollte man darauf achten, dass ..."
- „Motivation kann gesteigert werden, indem man ..."
- „Wenn die Motivation im Team sinkt, sollte man zuerst ..."
- „Um persönliche Motivation zu stärken, ist es hilfreich ..."

Variationen

Satzanfänge können auch von der KI oder den Teilnehmenden kommen

Variante: Satzanfänge von der KI

Im Praxisbeispiel hat die Seminarleitung die Satzanfänge vorbereitet. Das hat den Vorteil, dass die Satzanfänge gezielt zum Seminarthema oder zur Zielgruppe ausgewählt werden können. Mit dem folgenden Prompt kannst Du auch von der KI Satzanfänge generieren lassen:

> Bitte nenne einen ungewöhnlichen Satzanfang, der zur Diskussion über die eigene Rolle anregt.
> Themenbereich: ...

Wenn man zum Beispiel den Themenbereich „Teamleitung" angibt, könnte ein Vorschlag wie folgt lauten:

> „Als Teamleiterin oder Teamleiter wäre mein geheimes Talent, das nur wenige kennen, ..."

Willst Du danach noch einen weiteren Satzanfang von der KI generieren lassen, reicht die Anweisung „Noch einen". Es muss nicht der ganze Methoden-Prompt erneut eingegeben werden.

Variante: Satzanfänge von den Teilnehmenden

Im Praxisbeispiel hat Arthur, der Seminarleiter, die Satzanfänge vorgegeben. In der Variante mit der KI bestimmt ChatGPT die Sätze. Alternativ kannst Du die Satzanfänge gemeinsam mit den Teilnehmenden entwickeln. Zum Beispiel, indem Du vorab eine kurze Kleingruppenarbeit einbaust, bei der jede Kleingruppe mit einem Satzanfang ins Plenum zurückkommt. Ab da gestaltet sich der Ablauf genauso wie im Praxisbeispiel, mit dem Unterschied, dass die von den Teilnehmenden erarbeiteten Satzanfänge für die Methode genutzt werden.

Variante: Prioritätenliste

Aufgaben nach Wichtigkeit sortieren

Eine alternative Methode zu den Satzanfängen ist die Erstellung einer Prioritätenliste. Ausgangspunkt ist eine Liste mit Aufgaben. Die Teilnehmenden erhalten den Auftrag, diese Aufgaben zu sortieren – von den aus ihrer Sicht wichtigsten bis zu den weniger wichtigen Aspekten.

Ein Beispiel aus einem Train-the-Trainer-Seminar wäre der folgende Auftrag an die Teilnehmenden: „Welche Priorität siehst Du in Deiner Rolle als Trainerin oder Trainer? Sortiere die Aufgaben von sehr wichtig bis weniger wichtig."

Die Aufgabenliste:

- Dafür sorgen, dass die Teilnehmenden sich verstehen.
- Möglichst viele Teilnehmerfragen beantworten.
- Für gute Stimmung im Seminar sorgen.
- Sicherstellen, dass die Teilnehmenden mich sympathisch finden.
- Vorbild sein in Lern- und Veränderungsbereitschaft.
- Dafür sorgen, dass die Teilnehmenden genügend Pausen machen.
- Möglichst viel Stoff vermitteln.

Erst sortieren die Teilnehmenden, dann die KI

Der Ablauf ist ähnlich wie bei den Satzanfängen: Zuerst entscheiden alle Teilnehmenden für sich, gefolgt von einer anschließenden Gruppendiskussion über die verschiedenen Antworten. Danach wird die KI befragt, was als weiterer Diskussionsanstoß dient. Auch hier gibt es keine richtige oder falsche Reihenfolge. Der Prompt dazu ist:

> Ich gebe dir gleich eine Liste mit Aufgaben für die Rolle als ... Bitte bringe die Liste in eine Reihenfolge von der wichtigsten Aufgabe bis zur am wenigsten wichtigen Aufgabe. Hier ist die Liste: ...

Eventuell könnte die Anweisung noch um den Punkt ergänzt werden:

> Gib zu jedem Punkt eine kurze Begründung deiner Wahl.

Wenn man den Prompt mit der Rolle der Trainerin oder des Trainers ergänzt und die zuvor vorgestellte Liste hinzufügt, antwortet ChatGPT mit:

> Hier sind die Aufgaben mit kurzen Begründungen zur Gewichtung:
>
> 1. Vorbild sein
> Wichtig: Wer selbst Lern- und Veränderungsbereitschaft zeigt, inspiriert die Teilnehmenden, was den gesamten Lernprozess fördert.

2. Dass die Teilnehmenden sich verstehen
Wichtig: Ein gutes Verständnis unter den Teilnehmenden ist essenziell, um eine kooperative und unterstützende Lernumgebung zu schaffen.

3. Für gute Stimmung sorgen
Wichtig: Eine positive Stimmung hält die Motivation hoch.

4. Viele Teilnehmerfragen beantworten
Mittelwichtig: Das Beantworten von Fragen fördert das Verständnis, ist jedoch weniger entscheidend als die übergeordneten Aufgaben, die die Lernatmosphäre und die Zusammenarbeit betreffen.

5. Viel Stoff vermitteln
Mittelwichtig: Es ist wichtig, die relevanten Inhalte abzudecken, aber die Quantität sollte nicht auf Kosten der Qualität des Lernens gehen.

6. Dafür sorgen, dass die Teilnehmenden mich sympathisch finden
Weniger wichtig: Sympathie ist hilfreich, aber nicht zentral für den Lernerfolg; sie sollte nicht die Hauptpriorität sein.

7. Genügend Pausen machen
Weniger wichtig: Pausen sind zwar notwendig für die Konzentration, aber sie sind weniger entscheidend als die inhaltlichen und sozialen Aspekte des Trainings.

Das Spannende an dieser Variante ist, dass natürlich alle Aufgaben in der Liste „irgendwie" wichtig sind. Der Reiz liegt in den Details: Wie wird die Reihenfolge begründet? Welches Selbstverständnis steckt dahinter? Ich selbst hätte eine andere Reihenfolge gewählt als die von der KI vorgeschlagene. Wie geht es Dir?

Selbst ausprobieren

Zum Ausprobieren habe ich drei Satzanfänge für die Rolle als Trainerin oder Trainer vorbereitet:

- „Um den Funken der Begeisterung zu entfachen, sollte eine Trainerin oder ein Trainer ..."
- „Eine erfolgreiche Trainerin oder ein erfolgreicher Trainer zeichnet sich dadurch aus, dass sie oder er ..."
- „Die größte Herausforderung im Leben einer Trainerin oder eines Trainers besteht darin, dass ..."

Bevor Du Dir Antworten der KI über den Methoden-Prompt zu den Aussagen generieren lässt, nimm Dir ein Blatt Papier und notiere zuerst Deine eigenen Gedanken. Befrage dann die KI. Nur so wird es spannend. Gibt es Übereinstimmungen, sieht die Antwort der KI ganz anders aus als Deine, oder sind neue Denkanstöße dabei?

25

Stichwort-Assistent

Texte zu Stichpunkten verkürzen: Einfach gemacht!

Voraussetzungen

- Mindestens 1x ChatGPT, aber je mehr Teilnehmende selbst Zugriff haben, desto besser

Dauer

- Je nach Arbeitsauftrag zwischen 10 und 40 Minuten in Einzelarbeit
- Das Hineinkopieren der langen Textpassagen in den Methoden-Prompt kann schnell passieren, wenn sie in digitaler Form vorliegen.
- Die Zeit, die für die Entscheidung und die Folgearbeit benötigt wird, hängt davon ab, was mit den Stichworten passieren soll.

Gruppengröße

- Maximal 12 TN, wenn ein Austausch im Plenum stattfinden soll
- Beliebig viele TN, falls es bei der Kleingruppenarbeit ohne Austausch im Plenum bleibt

Einsatz

Lange Texte auf Stichworte reduzieren

Diese Methode passt gut zu PowerPoint-Präsentationstrainings oder Visualisierungsseminaren. Sie kann aber auch auf alle Themen angewendet werden, bei denen Du den Teilnehmenden helfen möchtest, viel Text auf Stichworte zu reduzieren. Die Wirkung besteht darin, dass eine externe „Expertin" in Form der KI die wichtigsten Aspekte zusammenfasst. Die Teilnehmenden können die Kurzfassung übernehmen oder sich davon zu eigenen Ideen inspirieren lassen. Die Methode ist besonders einfach anzuwenden, wenn der „lange Text" bereits in digitaler Form vorliegt.

Kurzbeschreibung der Methode

- Die Teilnehmenden wählen eine PowerPoint-Präsentation mit viel Textinhalt aus, die sie gerne kürzen möchten.
- Der Text wird in den Methoden-Prompt eingegeben und die gewünschte Anzahl der Stichworte ausgewählt.
- Die KI kürzt den Text auf die angegebenen Stichworte.
- Mit den Stichworten wird ein neues PowerPoint-Chart erstellt.

Kürze folgenden Text auf die ... wichtigsten Stichworte.
Text: ...

Methoden-Prompt

Praxisbeispiel

Beispiel: PowerPoint-Folien kürzen

JI-hyun gibt eine PowerPoint-Schulung. In seinem Seminar geht es weniger um die Technik als vielmehr um das Thema Gestaltung und Wirkung von Präsentationen. Im Vorfeld hat er die Teilnehmenden eingeladen, eigene Präsentationsfolien mitzubringen.

Er hat die Erfahrung gemacht, dass einige Teilnehmenden ihre Visualisierungen mit sehr vielen Informationen überladen. Seine Gestaltungsphilosophie lautet: „Weniger ist mehr." Er bevorzugt einfache Gestaltung und die Reduzierung der Inhalte auf Stichworte, um dann zu überlegen, wie diese auf den Charts platziert werden können. Kurz gesagt, er möchte weg von den klassischen Bullet-Point-Auflistungen mit viel Text.

Wenn er den Teilnehmenden Vorschläge macht, was sie kürzen könnten, erlebt er manchmal, dass die Teilnehmenden jedes Wort auf dem Chart „mit Händen und Füßen verteidigen". Seit einiger Zeit holt er sich in solchen Fällen Hilfe vom KI-Stichwort-Assistenten.

Laura hat eine Präsentation über Virtual Reality (VR) zur Weiterbildung mitgebracht. Ihr ist inzwischen klar geworden, dass die Folien ihrer Präsentation zwar gut als Unterlagen für ihre Teilnehmenden funktionieren, für die eigentliche Präsentation muss sie die Folien aber radikal kürzen.

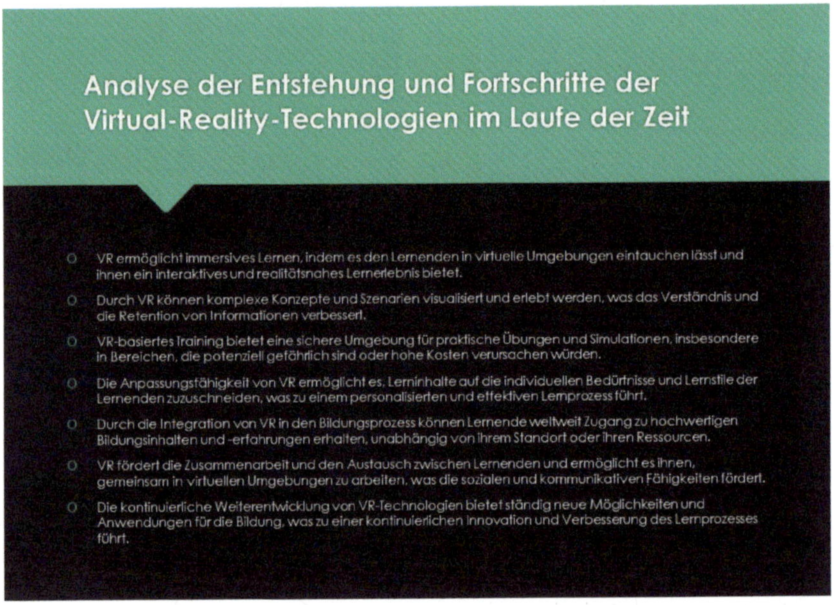

Abb.: Beispiel für einen zu lang geratenen Text auf einer PowerPoint-Folie.

Beim kritischen Blick auf ihre Slides nimmt sie gerne das Angebot wahr, mit dem Stichwort-Assistenten zu arbeiten. Ji-hyun öffnet ChatGPT auf Lauras Laptop, und gibt den Methoden-Prompt ein.

Ji-hyun gibt Laura noch folgende Anregung: *„Die Idee ist ja, dass du dein mitgebrachtes Chart für deinen Vortrag auf wenige Stichpunkte reduzierst und überlegst, in welcher optischen Struktur du dann die Schlüsselworte auf der Folie platzierst. Du weißt, Bullet-Point-Aufzählungen sind ‚verboten'. Entscheide zuerst, auf wie viele Stichworte du alles reduzieren möchtest. Tipp: Wähle weniger als du Aufzählungspunkte auf deiner Ausgangsfolie hast. Dann kopierst du den ganzen Text von deinem Chart in den Prompt und drückst Enter."*

„Und was passiert dann?", fragt Laura. *„Du bekommst einen Vorschlag vom Stichwort-Assistenten. Diesen Vorschlag kannst du komplett übernehmen oder nur Teile davon. Schau einfach, was passiert. Ich bin gespannt auf dein reduziertes Chart. Denk daran, die ausführliche Erläuterung zu den Stichworten lieferst du während der Live-Präsentation. Das Chart muss nicht allein für sich verständlich sein, sondern fungiert*

als visuelle Unterstützung zu deinen verbalen Erklärungen.“ Und schon steht Ji-hyun auf und Laura arbeitet allein an ihrem Laptop weiter.

Laura ist mutig. Sie will alles auf fünf Stichworte gekürzt haben und kopiert aus PowerPoint den gesamten Text in den Methoden-Prompt. Gespannt klickt sie auf „Nachricht abschicken“.

Die KI reduziert den Text auf eine vorgegebene Anzahl von Stichworten

Der Vorschlag von ChatGPT:

1. Immersives Lernen
2. Visualisierung komplexer Konzepte
3. Sichere Umgebung fürs Training
4. Personalisierung des Lernens
5. Globale Bildungsintegration

Laura ist im Kürzungsrausch und entwirft daraufhin folgende Folie. Die Animationen hat sie so eingestellt, dass sich die einzelnen Stichworte nach und nach aufbauen. Der Start sieht so aus:

Bei der anschließenden Vortragsübung startet sie mit einer rhetorischen Frage und erklärt nach und nach die einzelnen Punkte, jeweils ergänzt um ein Praxisbeispiel.

Los geht es mit dem Aspekt „Immersion“, der bedeutet, dass die Lernenden in interaktive virtuelle Welten eintauchen (Bild u. li.). Begeistert berichtet sie von ihren ersten Erfahrungen dazu bei einem Maschinenbauunternehmen.

Abb. oben und unten: Neues gekürztes Foliendesign auf Basis der Stichworte von ChatGPT.

Schritt für Schritt erscheinen die nachfolgenden Stichworte, ergänzt durch Lauras Erläuterungen, auf der Präsentationsfolie, bis zum Schlussbild.

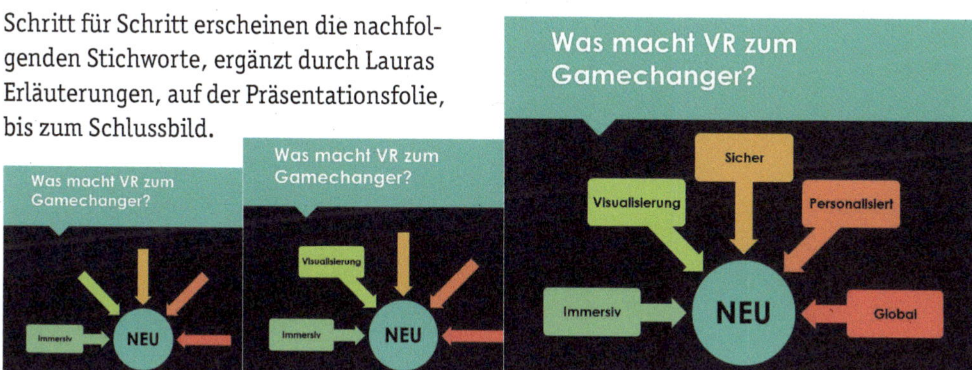

Da die ganze Präsentation eine Überzeugungsrede werden soll, endet sie mit dem motivierenden Schlussappell: „Lasst uns gemeinsam durch VR eine neue Lernzukunft gestalten!"

Tipps und Hinweise

Texte kürzen ist eine von ChatGPTs Stärken

Texte kürzen kann ChatGPT sehr gut. Die Idee hinter diesem simplen, aber wirkungsvollen Methoden-Prompt ist es, Stichwortvorschläge für längere Texte zu erhalten. Wie in fast allen anderen Methoden bietet ChatGPT hier „nur" Vorschläge – nicht mehr, aber auch nicht weniger.

Das Gute an dieser Methode ist, dass Du nicht mehr allein damit bist, die Teilnehmenden dazu zu motivieren, die Texte zu kürzen. Das übernimmt die KI für Dich. Natürlich unterstützt Du auch weiterhin dabei, die richtigen Schlüsselbegriffe auszuwählen oder neue zu finden. Aber der erste Schritt, nämlich die langen Passagen zu reduzieren, ist bereits von ChatGPT erledigt.

Selbst ausprobieren

Schau mal in Deiner PowerPoint-Sammlung nach einer Folie mit viel Text. Entscheide, auf wie viele Stichworte Du reduzieren möchtest und lass den Text durch den Methoden-Prompt laufen. Unter „SmartArt" in PowerPoint findest Du Vorschläge, wie Du die Stichworte auf dem Chart anordnen könntest. Denk daran: Bullet-Point-Folien sind „verboten"!

Gib mir Feedback!

26

KI-Textanalyse: Bewerten und verbessern.

Voraussetzungen

- Plenumsvariante: 1x ChatGPT für das Plenum, Projektion für die TN
- Hilfreich: Spracherkennung
- Kleingruppenvariante: 1x ChatGPT pro Kleingruppe

Dauer

Sehr unterschiedlich, je nachdem, in welchem Kontext die Methode eingesetzt wird:

- Für eine kurze Textanalyse: 10 Minuten
- In einem Präsentationsseminar: 30 Minuten pro Person und länger

Gruppengröße

- Maximal 12 TN, wenn alle aktiv sein sollen

Einsatz

Die KI analysiert Texte oder Gesprochenes

Bei dieser Methode wird KI genutzt, um Texte der Teilnehmenden anhand bestimmter Kriterien zu analysieren. Die Texte können entweder schriftlich vorliegen oder mit Spracherkennung eingesprochen werden. Dadurch eignet sich die Methode sowohl für ein Präsentationsseminar, bei dem der Übungsvortrag live transkribiert wird, als auch beispielsweise für ein Social-Media-Seminar, zu dem die Teilnehmenden ihre Textvorschläge mitbringen. Die Bewertungskriterien können vorgegeben oder gemeinsam entwickelt werden. Auf Wunsch kann ChatGPT eine Bewertung auf einer Skala von 1 bis 10 abgeben. Die KI beurteilt dabei nicht nur den Text, sondern nennt auch die Begründungen und macht Alternativvorschläge.

Kurzbeschreibung der Methode

- Der zu analysierende Text ist entweder bereits digital vorhanden oder wird durch automatische Transkription erstellt.
- Die Bewertungskriterien werden vorgegeben oder entwickelt.
- Text und Bewertungskriterien werden im Methoden-Prompt eingefügt.
- Die KI analysiert den Text, formuliert eine Bewertung mit Begründung und generiert einen Alternativvorschlag.
- Die Gruppe diskutiert das KI-Feedback und die eigenen Eindrücke.

Methoden-Prompt

Ich gebe dir gleich einen Text. Ich möchte, dass du diesen Text nach folgenden Kriterien beurteilst:
1. …
2. …
…

Bewerte jedes Kriterium auf einer Skala von 1 bis 10, wobei 1 „nicht erfüllt" und 10 „perfekt erfüllt" bedeutet. Begründe für jedes Kriterium deine Bewertung und nenne eine alternative Formulierung, die das Kriterium deiner Meinung nach perfekt erfüllen würde.

Wie hast du die Aufgabe verstanden?

Praxisbeispiel

Beispiel: Analyse einer Rede

Nia leitet ein internes Firmenseminar für angehende Führungskräfte. Die fünf Teilnehmenden werden demnächst eine neue Führungsrolle übernehmen. Unter anderem sollen die zukünftigen Führungskräfte in ihrer neuen Abteilung eine Antrittsrede halten. Um gut darauf vorbereitet zu sein, hat Nia eine Übung in ihren Seminarablauf eingebaut. Die Antrittsreden sollen die Ziele und zukünftigen Projekte sowie die Persönlichkeit der neuen Führungskraft klar, unterhaltsam und motivierend vermitteln.

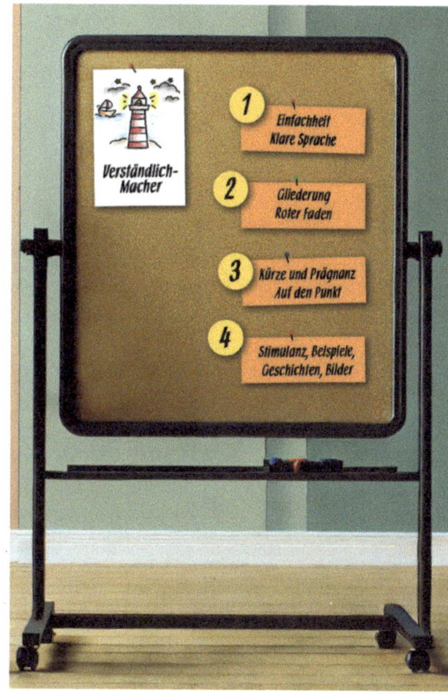

Abb.: Die Bewertungskriterien werden auf der Pinnwand vorgestellt.

Im theoretischen Teil hat Nia das Konzept der „Vier Verständlichmacher" vorgestellt und zur Erinnerung an die Pinnwand geheftet.

Nun geht es in die Praxis. In sportlichen 15 Minuten sollen die Teilnehmenden ihre Ansprache vorbereiten. Nia gibt als Zeitvorgabe für die eigentliche Rede eine bis maximal zwei Minuten vor – also kurz und knapp. Alle Teilnehmenden sind eingeladen, ihre Antrittsrede frei und ohne Stichwortzettel vor der Gruppe zu trainieren.

Peter, einer der Teilnehmenden, meldet sich mutig als Erster. Da Nia sehr technikaffin ist, hat sie Folgendes vorbereitet: Peter bekommt ein Ansteckmikrofon, das kabellos mit ihrem Laptop verbunden ist. Auf dem Laptop ist ein Textverarbeitungsprogramm mit automatischer Spracherkennung aktiviert. Sobald Nia auf das Mikrofonsymbol klickt, wird alles, was Peter sagt, automatisch in einen digitalen Text transkribiert. Was mit dem Text passiert, verrät sie zunächst nicht. Natürlich erhöht das den Druck, aber Peter versucht, das gelassen als Teil der Übung zu sehen. Die anderen Teilnehmenden bekommen die Aufgabe, auf die vier Verständlichmacher in Peters Rede zu achten.

Die Rede wird per Spracherkennung transkribiert

Peter beginnt seinen Kurzvortrag. Hier ein Auszug aus dem Vortrag von Peter, den die Spracherkennung transkribiert hat:

„Hallo liebe Kolleginnen und Kollegen. So, jetzt stehe ich hier ja als eure Führungskraft. Mein Name ist Peter und ich möchte heute mit euch ein paar Gedanken mit euch teilen und die Ziele besprechen. Aber erst mal etwas Persönliches über mich. Ich bin gebürtiger Hamburger, ich mag hier die Nähe zum Meer. Meine Visionen für uns als Team sind eigentlich ganz einfach: Klar, wir müssen zusammenhalten, unsere Kräfte bündeln, um uns halt auch den Herausforderungen, den zukünftigen Herausforderungen, zu stellen. Ich mag Spaziergänge an der Alster, sei es an der Außen- oder Binnenalster. Da kommen mir auch immer Ideen und ich bin fest überzeugt, dass jeder von uns eine Rolle spielt hier im Team und wir unterschiedliche Perspektiven Erfahrungen und, Mhm, einbringen.

Aber erst mal zu meinen Visionen für uns als Team: Wir müssen gemeinsam handeln und ich denke, wir müssen unsere Ressourcen bündeln in den kommenden Tagen und Wochen. Ja, na da werde ich mich darauf konzentrieren. Und die Zahlen, das ist ein wichtiger Aspekt ...“

KI zu Gast in der Feedbackrunde

Nachdem Peter seine Rede beendet hat, erhält er zunächst Applaus von der Gruppe. Nia leitet die Feedbackrunde ein. Zuvor hat sie mit den Teilnehmenden die üblichen Feedbackregeln besprochen und erklärt nun die Besonderheit dieser Runde: *„Beim Feedback lassen wir zusätzlich die KI zu Wort kommen. Dazu gebe ich Peters Rede in ChatGPT ein, und die KI wird etwas zu den vier Verständlichmachern sagen. Dafür habe ich folgenden Methoden-Prompt formuliert:“*

Ich gebe dir gleich einen Text. Ich möchte, dass du diesen Text nach folgenden Kriterien beurteilst:
- Die 4 Verständlichmacher
1. Einfachheit
2. Struktur und Ordnung
3. Kürze und Prägnanz
4. Stimulanz, wie Beispiele und Geschichten

Bewerte jedes Kriterium auf einer Skala von 1 bis 10, wobei 1 „nicht erfüllt“ und 10 „perfekt erfüllt“ bedeutet. Begründe für jedes Kriterium deine Bewertung und nenne eine alternative Formulierung, die das Kriterium deiner Meinung nach perfekt erfüllen würde.

Wie hast du die Aufgabe verstanden?

Auf einem großen Bildschirm können alle Teilnehmenden mitverfolgen, was ChatGPT antwortet.

Ich habe die Aufgabe verstanden. Ich soll einen Text anhand der Kriterien Einfachheit, Struktur, Kürze und Stimulanz bewerten, auf einer Skala von 1 bis 10, und alternative Formulierungen vorschlagen. Ich bin bereit für den Text.

Nia kopiert den transkribierten Text von Peters Rede in das Eingabefeld von ChatGPT. Bevor sie den Text abschickt, erklärt sie die weitere Vorgehensweise: *„Mir ist wichtig, dass uns allen klar ist, dass die Bewertung von ChatGPT nur eine Rückmeldung der KI ist. Entscheidend ist, dass wir die*

Antwort mit unseren eigenen Eindrücken abgleichen. Peter, bist du bereit?" Nachdem Peter kurz nickt, drückt Nia die Enter-Taste auf ihrem Laptop.

Danke für den Text. Lass uns nun die Bewertung anhand der Kriterien durchführen:

1. Einfachheit
Bewertung: 5
Begründung: Der Text enthält viele informelle Ausdrücke und Füllwörter, die die Einfachheit beeinträchtigen. Einige Sätze sind etwas umständlich formuliert.
Alternative Formulierung: „Hallo Team, ich bin Peter, eure neue Führungskraft. In Hamburg geboren, liebe ich die Nähe zum Meer. Heute möchte ich unsere Ziele besprechen und meine Vision für unser Team teilen."

2. Struktur und Ordnung
Bewertung: 3
Begründung: Der Text weist eine unklare Struktur auf und springt zwischen verschiedenen Themen hin und her.
Alternative Formulierung: Eine klare Gliederung könnte beispielsweise wie folgt aussehen: Einleitung (Vorstellung, Beziehung zum Team), Vision für das Team, Ziele und Herausforderungen, Appell an das Team, Schlusswort.

3. Kürze und Prägnanz:
Bewertung: 4
Begründung: Der Text wiederholt sich an einigen Stellen.
Alternative Formulierung: Kürzere Sätze und weniger Wiederholungen würden dazu beitragen, die Kürze und Prägnanz zu verbessern. Zum Beispiel: „Meine Vision für unser Team ist es, gemeinsam Herausforderungen anzugehen und unsere Stärken zu bündeln. Ich glaube daran, dass jede und jeder von euch im Team eine wichtige Rolle spielt."

4. Stimulanz (Beispiele und Geschichten):
Bewertung: 2
Begründung: Es fehlen konkrete Beispiele und Geschichten, die den Text lebendiger und anschaulicher machen würden. Das Hinzufügen von persönlichen Anekdoten oder Fallstudien könnte die Stimulanz verbessern.

> Alternative Formulierung: „Ich erinnere mich zum Beispiel an einen Spaziergang an der Alster, bei dem mir eine Idee kam, die unser Team voranbrachte. Solche Momente zeigen mir, wie wichtig es ist, verschiedene Perspektiven und Erfahrungen einzubringen."
>
> Insgesamt könnte der Text durch eine klarere Struktur, eine einfachere Sprache, kürzere Sätze und das Hinzufügen von Beispielen und Geschichten verbessert werden.

Eigene Eindrücke mit denen der KI vergleichen

Nia lädt die Seminargruppe ein, ihre Eindrücke zu schildern. Bei einigen Punkten stimmen die Teilnehmenden mit dem Feedback der KI überein, bei anderen haben sie einen völlig unterschiedlichen Eindruck. Wie immer beim Feedback entscheidet letztendlich Peter, was er davon annehmen, umsetzen und verändern möchte. Sein Fazit nach der Feedbackrunde: *„Die Füllworte müssen raus. Und mir ist bewusster geworden, dass ich bei meiner Antrittsrede weniger Konjunktive verwenden werde – also kein ‚möchte', ‚könnte' und ‚wollte'. Da muss ich deutlicher werden, sogar klarer als die KI-Vorschläge. Die Story mit den Alsterspaziergängen finde ich von der Grundidee gut, werde sie aber storytellingmäßig noch ausbauen. Danke an alle für eure Rückmeldungen."*

Tipps und Hinweise

ChatGPT kann Texte gut analysieren, hat aber nicht die absolute Weisheit und Wahrheit gepachtet. Deshalb finde ich es wichtig, die KI-Rückmeldung mit den subjektiven Eindrücken der Teilnehmenden abzugleichen und zu ergänzen. Es gibt verschiedene Varianten für den Ablauf. Entweder lässt Du zuerst die Teilnehmenden Feedbacks sammeln und danach die KI zu Wort kommen oder umgekehrt, wie im Praxisbeispiel. Beides hat Vor- und Nachteile. Bei der ersten Variante teilen die Teilnehmenden zunächst ihre Eindrücke mit. Wenn danach die KI antwortet, kann es aber sein, dass das ChatGPT-Feedback mehr Gewicht bekommt – sozusagen als letzter Eindruck in der Feedbackrunde. Äußert zuerst die KI ihre Eindrücke, können die Teilnehmenden darauf Bezug nehmen und die Rückmeldung verstärken oder relativieren. Es kann aber sein, dass sich manche Teilnehmenden nicht trauen, der KI zu widersprechen, oder dass gerade der gegenteilige Effekt eintritt, nämlich erst recht der KI zu widersprechen. Letztendlich ist es wichtig, dass Du Deinen Teilnehmenden bewusst machst, dass Feedback immer subjektiv ist und die Rede oder der Vortrag nicht für die KI, sondern für Menschen gehalten wird. Die KI erstellt ihr Feedback basierend auf berechneten Wahrscheinlichkeiten aus einer großen Menge von Daten. Einzelne Menschen oder Personengruppen können den Vortrag aber subjektiv auch ganz anders wahrnehmen.

Analyseaufträge im Prompt variieren

Im Praxisbeispiel hat die KI den Auftrag, auf die vier Verständlichmacher zu achten. Natürlich kannst Du den Beobachtungsauftrag flexibel an das Lernziel anpassen. Vielleicht hast Du bereits in Deinen Seminaren die Möglichkeit genutzt, den Teilnehmenden spezielle Feedbackaufträge zu geben. Zum Beispiel, explizit auf den Einstieg der Präsentation zu achten und ob rhetorische Fragen genutzt werden. Oder auch: Wie empfinden die Teilnehmenden den Stil der Präsentation: humorvoll, sachlich oder empathisch? Das alles lässt sich im Methoden-Prompt für die KI hinterlegen. Mach es nicht zu kompliziert, ein bis zwei Analyseaufträge sind in der Regel ausreichend.

Falls der Text nach einem bestimmten theoretischen Modell analysiert werden soll, muss dieses dem KI-Modell bekannt sein. Wie im Praxisbeispiel die vier Verständlichmacher. Eine einfache Methode, um das zu überprüfen, ist, die KI beispielsweise mit folgendem Prompt direkt zu befragen: „Weißt du, was gewaltfreie Kommunikation ist?" Anhand der Antwort kannst Du feststellen, wie vertraut die KI mit der Methode ist. Auch wenn die KI das Modell kennt, ist es zusätzlich hilfreich, die Beobachtungskriterien im Prompt kurz mit einigen Stichworten zu beschreiben.

ChatGPT analysiert nur den reinen Text

Normale Sprachmodelle wie ChatGPT können nur Rückmeldung zu rein textbasierten Elementen geben. Was fehlt, sind Analysemöglichkeiten zu den sogenannten paralinguistischen Elementen wie Tonfall, Lautstärke, Sprechgeschwindigkeit, Stimmhöhe, Pausen oder Betonung. Ganz zu schweigen von der Körpersprache oder visuellen Elementen wie Flipchart oder PowerPoint-Charts. Oft sind es ja die Betonungen oder die Pausen, die einen Satz ironisch oder humorvoll machen. Möchte man das alles mit einer KI-Auswertung berücksichtigen, wird es technisch deutlich aufwendiger.

Der Methoden-Prompt kann für kurze und lange Texte verwendet werden. Der Text muss digital vorliegen, damit er einfach in das Eingabefeld der KI eingefügt werden kann. Die Teilnehmenden haben den Text entweder bereits digital mitgebracht oder im Seminar getippt. Bei Übungen für ein Präsentations- oder Kommunikationsseminar

Gesprochenes per Spracherkennung transkribieren

bietet es sich an, den Text von einer Spracherkennung transkribieren zu lassen. Das kannst Du direkt mit dem KI-Tool machen oder als Zwischenschritt mit einem anderen Programm. Beispielsweise über die Spracherkennung in Word. Voraussetzung ist, dass die Teilnehmenden den Text in das Mikrofon des Laptops oder des Smartphones sprechen. Bei der technischen Alternative aus dem Praxisbeispiel mit Ansteckmikrofon und Funkverbindung können sich die Teilnehmenden während der Präsentationsübung frei bewegen und müssen nicht darauf achten, in ein feststehendes Mikrofon zu sprechen.

Die Leistungsfähigkeit der Spracherkennung variiert je nach Tool. Manchmal schleichen sich kleine Fehler ein, beispielsweise wird ein Wort falsch verstanden oder ein Satzzeichen ignoriert. Meistens werden die „Ähhs“ oder „Ähms“ automatisch herausgefiltert. Das macht in der Regel nichts aus. ChatGPT kommt mit einem solchen Text in der Textanalyse gut zurecht. Nur wenn grobe Wortfehler enthalten sind, solltest Du manuell eingreifen.

Falls die Teilnehmenden ihre Reden in Kleingruppen oder alleine üben, können sie zunächst ihre Vortragsübungen mit dem eigenen Smartphone als normale Sprachaufzeichnung aufnehmen. Später lässt sich die Aufnahme vor dem Laptopmikrofon abspielen und in Text umwandeln. Auf diese Weise bist Du viel flexibler, falls Du nur einen einzelnen Laptop mit Spracherkennung und ChatGPT zur Verfügung hast.

Variationen

Variante: Milde Feedback-Option

Weniger strenge Variante

Die Bewertungsskala von 1 bis 10 ist schon eine etwas „strenge“ Form des Feedbacks. Es erinnert schnell an das „Notengeben“, was bei einigen Teilnehmenden zusätzlichen Druck verursachen könnte. Dieser Aspekt kann aus dem Prompt entfernt werden, sodass die KI eine narrative Rückmeldung gibt. Meine Erfahrung zeigt, dass sich die meisten Teilnehmenden, wenn ihnen die Wahl gelassen wird („Mit oder ohne Bewertungsskala?“), für die Zahlenbewertung entscheiden. Ich vermeide es, das klassische Notensystem zu verwenden. Die KI scheint besser mit Skalenfragen als mit Schulnoten umgehen zu können.

Eine mildere Formulierung des Prompts könnte lauten:

Ich gebe dir gleich einen Text. Ich möchte, dass du diesen Text nach folgenden Kriterien beurteilst:
1. ...
2. ...
...

Gib mir folgende Rückmeldung zum Text und begründe deine Auswahl:
(a) Nenne zu jedem Kriterium einen positiven Aspekt aus der Textanalyse.
(b) Nenne zu jedem Kriterium einen Aspekt, der noch verbessert werden könnte und nenne eine verbesserte alternative Formulierung.

Wie hast du die Aufgabenstellung verstanden?

Die Rückmeldung aus Peters Rede im Praxisbeispiel könnte für das Kriterium der Einfachheit wie folgt lauten.

1. Einfachheit
Positiver Aspekt: Der Text verwendet einfache und alltägliche Sprache, die leicht verständlich ist.
Verbesserungspotenzial: Einige Sätze sind etwas verschachtelt und könnten klarer formuliert werden.
Alternative Formulierung:
Ursprünglich: „Meine Vision für uns als Team ist eigentlich ganz einfach. Klar: wir müssen zusammenhalten, unsere Kräfte bündeln, um uns halt auch den Herausforderungen, den zukünftigen Herausforderungen, zu stellen."
Alternativ: „Meine Vision für unser Team ist klar: Wir müssen zusammenhalten und unsere Kräfte bündeln, um die zukünftigen Herausforderungen zu meistern."

Im Bereich der Stimulanz wäre der positive Aspekt:

Der Sprecher teilt persönliche Informationen und Beispiele, was den Text lebendiger und ansprechender macht.

Und die alternative Formulierung:

> Während meiner Spaziergänge an der Alster, sei es an der Außen- oder Binnenalster, bekomme ich neue Ideen. Zum Beispiel hatte ich dort die Idee, wie wir unser neues Projekt strukturieren könnten.

Variante: Wunschfeedback

Teilnehmende entscheiden, welches Feedback sie möchten

In meinen Präsentationsseminaren verwende ich auch die Methode des „Wunschfeedbacks". Dabei entscheiden die Teilnehmenden vor ihrer Präsentationsübung selbst, zu welchen Punkten sie gerne Feedback erhalten möchten. Die Idee dahinter ist, dass die Teilnehmenden oft ihre eigenen Schwächen gut kennen und motiviert sind, daran zu arbeiten. Es ist wichtig, Feedbackaufträge auszuwählen, die die KI durchführen kann, wie zum Beispiel eine Analyse bestimmter Formulierungen und nicht Feedback zur Gestik. Der Methoden-Prompt wird individuell für jeden Teilnehmenden angepasst. Auf diese Weise erhalten alle eine persönliche Rückmeldung bezogen auf ihre Feedbackwünsche.

Selbst ausprobieren

Darfst Du demnächst einen Vortrag halten? Dann ist es Zeit, zu üben – mit KI-Feedback. Notiere zunächst drei textbasierte Beobachtungsaufträge für ChatGPT und ergänze diese im Methoden-Prompt. Und hier kommt die Herausforderung: Halte die Rede einmal frei, ohne Vorbereitung. Tipp: Lies nicht die automatische Transkription Deiner Texterkennung mit, das lenkt nur unnötig ab, sondern lass sie automatisch nebenher laufen. Welche Variante des Methoden-Prompts hast Du gewählt? Mit Skalenbewertung oder die mildere Variante? Ich wette, die mit Skalenfeedback.

Themengeberin

27

KI inspiriert Seminarteilnehmende: Thema, Zufall, Herausforderung.

Voraussetzungen

- 1x ChatGPT

Dauer

- Mindestens 5 Minuten solltest Du einplanen, damit die Teilnehmenden über das Oberthema und den gewünschten Schwierigkeitsgrad nachdenken können.
- Die Themen lassen sich schnell mit ChatGPT generieren.
- Die Vorbereitung, Übung und Feedbackrunden können je nach Anzahl der Teilnehmenden unterschiedlich lange dauern, von 2 Stunden bis zu einem halben Tag.

Gruppengröße

- Maximal 12 TN, wenn alle aktiv sein sollen

Einsatz

Diese Methode passt zu allen Seminarthemen, bei denen Du die Teilnehmenden im Rahmen einer Übung durch vorgegebene Themen, Thesen oder Impulswörter inspirieren oder herausfordern möchtest. Die Teilnehmenden halten eine Kurzpräsentation und können dabei selbst über den Schwierigkeitsgrad und das Vortragsthema bestimmen.

ChatGPT gibt Thema und Schwierigkeitsgrad für eine Präsentation vor

Kurzbeschreibung der Methode

- Die Teilnehmenden sollen im Seminar eine Kurzpräsentation halten und können dabei das Thema und den Schwierigkeitsgrad selbst wählen.
- Die KI schlägt einen Teilaspekt des gewählten Themas im gewünschten Schwierigkeitsgrad vor.
- Die Teilnehmenden bereiten die Präsentation vor, führen die Übung durch und erhalten Rückmeldung in einer klassischen Feedbackrunde.

Methoden-Prompt

Erstelle mir zehn Themenvorschläge für eine zweiminütige Präsentation zum Thema: ...
Die Themenvorschläge sollen so formuliert sein, dass meine persönliche Meinung, Haltung, Erfahrung oder Position mit einfließen.
Liste die Themenvorschläge von 1 sehr leicht bis 10 sehr schwer auf.
Schreibe nur vor den Themenvorschlag mit der Nummer ... die Worte „Das ist dein Thema:"

Praxisbeispiel

Beispiel: Kurzpräsentation halten

In Melanies Rhetorikseminar gibt es immer eine Übung, bei der die Teilnehmenden zu einem bestimmten Thema eine kurze Präsentation vorbereiten und halten dürfen.

Sie führt die Aktion mit den folgenden Worten ein: *„Ihr habt die Gelegenheit, eine Kurzpräsentation von 2 bis 3 Minuten vorzubereiten. Ihr könnt das große Oberthema selbst bestimmen. Entscheidet euch für einen Inhalt, der euch persönlich interessiert, wie zum Beispiel Fußball, Chemie, Gaming oder Backen."*

Melanie gibt den Teilnehmenden einen Moment Zeit, ein Thema auf einer Moderationskarte zu notieren. Sie erklärt weiter: *„Ihr sollt nur zu einem Teilaspekt eine Präsentation vorbereiten. Welcher Aspekt das sein wird, bekommt ihr von der KI vorgegeben. Der Schwerpunkt, den die KI vorschreibt, kann einfach oder herausfordernd sein. Auf einer Skala* *von 1, entspannt, bis 10, sehr herausfordernd, könnt ihr selbst wählen, welchem Schwierigkeitsgrad ihr euch stellen wollt. Schreibt eine Zahl zwischen 1 und 10 auf eure Moderationskarte."*

Melanie hat die Erfahrung gemacht, dass einige Teilnehmende sofort die Schwierigkeitsstufe 10 wählen, während andere die Übung bereits herausfordernd genug finden und lieber eine 1 oder 2 notieren.

„Ich werde euch gleich mithilfe von ChatGPT das Thema für eure Präsentation in allen 10 Schwierigkeitsstufen generieren. So könnt ihr auch sehen, welche Vorschläge ihr nicht bearbeitet. Auch wenn euch ein anderer Vorschlag besser gefallen oder leichter erscheinen sollte, bleibt bitte trotzdem bei eurer gewählten Schwierigkeitsstufe. Ihr habt 30 Minuten Zeit, die Präsentation vorzubereiten und – hier kommt die Herausforderung – ohne zusätzliche Internetrecherche, nur mit dem Wissen, das ihr im Kopf habt. Denkt an das, was wir bisher besprochen haben. Findet einen spannenden Einstieg, einen guten Schluss, eine klare Gliederung und nutzt visuelle Elemente."

Die Seminarleitung generiert Themen für alle

Nachdem alle Fragen zum Ablauf geklärt sind, kommen die Teilnehmenden zu Melanie, um ihren KI-Themenvorschlag abzuholen. Sie hat bereits den Methoden-Prompt eingegeben und ergänzt die jeweiligen Oberthemen und die gewünschten Schwierigkeitsgrade. Damit die Teilnehmenden den Vorschlag nicht mühsam abtippen müssen, machen sie einfach ein Foto von Melanies Laptopbildschirm.

Dustin, ein Teilnehmer, hat das Oberthema „Pokémon" mit der Schwierigkeitsstufe 2 gewählt. Der Methoden-Prompt, den Melanie dazu abschickt, sieht wie folgt aus:

> Erstelle mir zehn Themenvorschläge für eine zweiminütige Präsentation zum Thema: Pokémon
> Die Themenvorschläge sollen so formuliert sein, dass meine persönliche Meinung, Haltung, Erfahrung oder Position mit einfließen.
> Liste die Themenvorschläge von 1 sehr leicht bis 10 sehr schwer auf.
> Scheibe nur vor den Themenvorschlag mit der Nummer 2 die Worte „Das ist dein Thema:"

Die Vorschläge für Dustin:

Hier sind zehn Themenvorschläge für deine Präsentation zum Thema Pokémon, sortiert von sehr leicht bis sehr schwer:

1. Lieblings-Pokémon: Erzähle über deine Lieblings-Pokémon und warum sie dir am Herzen liegen.

Das ist dein Thema: ## 2. Mein erstes Pokémon-Erlebnis: Erzähle von deiner ersten Begegnung mit Pokémon und wie sie dich geprägt hat.

3. Wie stehe ich zur Entwicklung von Pikachu? Die Geschichte des berühmtesten Pokémon und seine Bedeutung aus meiner Sicht.
4. Meine Erfahrungen mit Freundschaft und Zusammenarbeit in der Pokémon-Welt: Welche Botschaften über Freundschaft ich aus Pokémon gezogen habe.
5. Welche Strategien und Taktiken haben mir im Pokémon-Spiel zum Erfolg verholfen? Eine Diskussion über erfolgreiche Kampfstrategien.
6. Welche Pokémon-Typen haben mir am meisten geholfen? Die Bedeutung der Typen und Schwächen aus meiner persönlichen Spielerfahrung.
7. Welche Veränderungen habe ich durch Pokémon Go wahrgenommen? Meine Analyse des Einflusses auf Popkultur und Gesellschaft.
8. Wie hat Pokémon mein Bild von der Gaming-Community geprägt? Die Auswirkungen von Pokémon auf die Community aus meiner Perspektive.
9. Wie empfinde ich die Verbindungen zwischen Pokémon und der japanischen Kultur? Eine persönliche Erkundung der kulturellen Einflüsse.
10. Was haben Pokémon-Wettbewerbe für mich bedeutet? Meine Erfahrungen und Gedanken zu den Wettbewerben und den Spielern.

Dustin ist sehr zufrieden mit dem KI-Vorschlag und legt gleich los.

Als Nächstes ist Leonie an der Reihe. Sie hat den Oberbegriff „Eisenbahnzüge" gewählt und die Schwierigkeit auf Stufe 9 gesetzt. Ihre KI-Themenvorgabe lautet:

> ## Das ist dein Thema: ## 9. Welche technischen Innovationen in der Zugtechnik halte ich für besonders beeindruckend? Eine Untersuchung der modernen Technologien und Designs in Eisenbahnen und wie ich ihre Auswirkungen auf Effizienz und Sicherheit einschätze.

Leonie ist begeistert. Sie ist Expertin auf diesem Gebiet. Das Thema mit der niedrigsten Schwierigkeitsstufe hat den Titel: „Meine erste Zugfahrt: Teile deine Erinnerungen." *„Wie langweilig"*, ruft Leonie, *„das wäre mir viel zu einfach."*

Nachdem alle ihr Thema erhalten haben, beginnt die Vorbereitungsphase. Danach werden die Präsentationen im Seminar gehalten.

Tipps und Hinweise

Die Methode hat ihren Reiz darin, dass die Themenvorschläge live im Seminar entstehen. Die Teilnehmenden können das Oberthema und den Schwierigkeitsgrad selbst wählen und so Einfluss nehmen.

Spannende Mischung aus Zufall und Selbstbestimmung

Natürlich können Themen auch vorbereitet und zugewiesen werden. Aber die KI-Methode kombiniert zwei interessante Elemente: den Faktor Zufall und den Faktor Selbstbestimmung. Die Teilnehmenden entscheiden zwar autonom das Oberthema, der Teilaspekt wird aber von der KI vorgegeben. Zufallselemente bringen Spannung in den Lernprozess. Des Weiteren kann der Schwierigkeitsgrad der Aufgabe selbst festlegt werden, was oft den Ehrgeiz steigert. Wenn sich jemand ein einfacheres Thema wünscht – völlig in Ordnung. Dann entspricht es wahrscheinlich dem aktuellen Lernzustand.

Diese Methode bietet eine spannende Mischung aus zufälligen Elementen und Selbstgestaltung. Weitere Beispiele dazu findest Du im Abschnitt Variationen.

Variationen

Variante: Fantasiewort vom Außerirdischen

Exotische Wörter als Basis für kreative Ideen

Du brauchst ein komplett neues Wort – wie von einem Außerirdischen. Hier ein Beispiel aus dem handwerklichen Keramikkurs von Töpfermeister Kwame: Die Teilnehmenden sind es gewohnt und freuen sich darauf, dass Kwame immer eine kleine kreative Übung einplant. Diesmal wird es besonders spannend, denn er hat seinen Laptop mitgebracht und murmelt etwas von KI-Unterstützung. Alle Teilnehmenden finden auf ihrem Platz einen Klumpen Ton, einen Stift und einen Notizzettel vor. Zuerst bittet er die Teilnehmenden, auf dem Papier eine beliebige Zahl zwischen 1 und 15 zu notieren. Mit einem zwinkernden Auge fügt er hinzu, dass damit selbstbestimmt die kommende Aufgabe leichter oder schwerer gestaltet werden kann. Alle sind fertig, Kwame sammelt die Zettel ein und weist darauf hin, sich die Zahl gut zu merken. Er erklärt die weitere Vorgehensweise: *„Die KI wird gleich für jeden von euch ein Fantasiewort erzeugen. Ungefähr in der Buchstabenlänge eurer notierten Zahl. Nun ist Kreativität gefragt. Eure Aufgabe ist, inspiriert durch das Fantasiewort, ein abstraktes Objekt aus Ton zu erschaffen."*

Den Methoden-Prompt hat Kwame auf seinem Laptop vorbereitet und ergänzt schnell die Zahlen von den Zetteln der Teilnehmenden.

Erstelle 8 Fantasieworte nach folgenden Kriterien:
- Das Wort darf in keiner bekannten Sprache vorkommen.
- Das Wort darf keine Teile einer bekannten Sprache enthalten.
- Die Worte sollten in der aufgelisteten Reihenfolge ungefähr die folgende Anzahl von Buchstaben lang sein.
- Schreibe in jede Zeile: [Anzahl] Buchstaben und das gebildete Wort

1. 4
2. 6
3. 12
4. 2
5. 13
6. 1
7. 12
8. 5

Auf „Enter" gedrückt und die KI erzeugt die Fantasiewörter:

1. 4 Buchstaben: Zirk
2. 6 Buchstaben: Trilim
3. 12 Buchstaben: Gluvenvergind
4. 2 Buchstaben: Ro
5. 13 Buchstaben: Xalbrinthorn
6. 1 Buchstabe: Q
7. 12 Buchstaben: Flerzinstromp
8. 5 Buchstaben: Driphox

Er bittet die Teilnehmenden, mit ihren Smartphones ein Foto von seinem Laptopbildschirm zu machen. *„Über die Zahl, die ihr notiert und euch hoffentlich gemerkt habt, wisst ihr, welches euer Wort ist. Die 12 ist doppelt, also diejenigen, die 12 gewählt haben, suchen sich einfach eines der beiden Worte aus. Ich weiß, die Aufgabe ist herausfordernd, aber dafür sind wir ja da."*

Nach ungefähr 20 Minuten sind alle Teilnehmenden fertig, und Kwame leitet eine Vernissage ein. Alle stellen ihre Werke auf den zentralen Arbeitstisch. Nun beginnt das große gemeinsame Raten: Welches Objekt ist wohl „Zirk", welches „Xalbrinthorn" oder „Q"?

Variante: Fantasiewort aus zwei Hauptwörtern

Erstelle 3 Fantasieworte nach folgenden Kriterien:
- Das Wort soll aus zwei Hauptwörtern zusammengesetzt sein
- Das eine Hauptwort soll aus dem Bereich ... kommen, das andere aus dem Bereich ...
- Nenne mal den einen und mal den anderen Wortteil zuerst.
- Das zusammengesetzte Wort musss eine neuartige ungewöhnliche Wortkombination bilden, die es bisher noch nicht gab.

Mit diesem Methoden-Prompt erzeugst Du ein Fantasiewort, das aus zwei Hauptwörtern zusammengesetzt ist. Die auszufüllenden Lücken bestimmen die Themenbereiche der beiden Wortbestandteile. Einsetzbar beispielsweise in einer Verkaufsschulung, bei der die Teilnehmenden spielerisch und unabhängig von ihren gewohnten Produkten die grundlegenden Punkte einer Verkaufsargumentation üben sollen.

Für mehr Kreativität: Ausbruch aus gewohnten Bahnen

Zum Beispiel Nutzennennung und positives Formulieren. Für den Themenbezug füllst Du die eine Lücke mit dem klassischen Verkaufsprodukt und die andere mit einem komplett firmenfremden Thema. In der Vertriebsschulung eines Einrichtungshauses erzeugen die Methoden-Prompt-Ergänzungen „Möbel" und „Literatur" folgende drei Wörter:

1. Bücherregalgedicht
2. Sesselroman
3. Leselampenschrank

Die Teilnehmenden haben die Aufgabe, für die Fantasiewörter eine positive Kundenverkaufsargumentation vorzubereiten. Sie können entscheiden, ob es sich dabei um ein neues Möbelstück, eine neue Funktion oder eine Serviceleistung handelt.

Variante: Diskussionsübung/Argumentationstraining mit vorgegebenen Positionen

Ungewöhnliche Standpunkte vertreten

Die Idee der Übung ist, dass zwei Parteien selbstbestimmt ein Thema wählen, über das sie diskutieren möchten. Allerdings gibt die KI die zu vertretende Position vor. Das Besondere daran ist, dass die Position neu und vielleicht ein wenig verrückt ist.

Hier ist ein Beispiel mit einer Diskussionsvorlage zum frei gewählten Thema „Zukunft". Der entsprechende Prompt lautet:

Nenne zwei gegensätzliche Positionen zu folgenden Themenbereich: Zukunft
Die jeweiligen Positionen sollen folgenden Kriterien entsprechen
- Die Positionen müssen komplett neu, also noch nie irgendwo vertreten worden sein.
- Die Positionen sollen ungewöhnlich sein.
- Nenne zu jeder der Positionen ein Argument, das fantasievoll sein kann, aber trotzdem einer Logik folgt.

Die beiden Positionen, die die KI daraufhin vorschlägt, sind:

Position 1: Zukunft als lebendige Entität

Argument: Betrachtet die Zukunft als lebendige Entität mit Bewusstsein und Macht über Ereignisse und Entscheidungen.

Position 2: Zukunft als kollektive Illusion
Argument: Die Zukunft ist eine von Menschen geschaffene Illusion. Es gibt keine objektive Realität der Zukunft, nur Möglichkeiten und Wahrscheinlichkeiten, die von unseren Handlungen abhängen.

Das ist schon eine ziemlich anspruchsvolle Aufgabe für eine fortgeschrittene Seminargruppe. Ich musste jedenfalls nachschlagen, was „Entität" genau bedeutet. Wenn Du „Zukunft" durch ein weniger abstraktes Wort ersetzt, werden die Themen einfacher. Das Spannende an der Methode ist, dass der Einfluss auf die KI begrenzt ist. Aus den Vorschlägen etwas zu machen und damit umzugehen, ist Teil der Übung.

Selbst ausprobieren

Von Spontanreferat bis Quorvik

Was für ein Typ bist Du? Du kannst selbst wählen, ob die Aufgabe schwer oder leicht sein soll. Würdest Du Dich auf der Skala von eins bis zehn eher für eine Eins, also leicht, oder für eine Zehn, also schwer, entscheiden? Schon festgelegt? Dann teste den Methoden-Prompt mit Deinem Lieblingsthema. Könntest Du spontan zwei Minuten über den von der KI vorgeschlagenen Teilaspekt referieren?

Oder willst Du einfach nur mal zum Spaß fünf „Fluch-Fantasiewörter" mit folgendem Prompt generieren:

Erstelle 5 Fantasie-Fluchworte nach folgenden Kriterien:
- Das Fluchwort darf in keiner bekannten Sprache vorkommen.
- Das Fluchwort darf keine Teile einer bekannten Sprache enthalten.

Binde die gebildeten Fluchworte in bekannten Fluchsätze ein.

Falls irgendwas nicht funktionieren sollte: „Verdammt noch mal, was für ein Quorvik!"

28 Reaktionen-Buffet

Schwieriger Gesprächseinstieg? Die KI serviert das Auswahlbuffet: je nach Wunsch von mild bis scharf.

Voraussetzungen

- Plenumsvariante: 1x ChatGPT für das Plenum, Projektion für die TN
- Kleingruppenvariante: 1x ChatGPT pro Kleingruppe

Dauer

- Abhängig von der Anzahl der Durchläufe: pro Fallbeispiel ca. 10-15 Minuten

Gruppengröße

- Maximal 12 TN, wenn alle aktiv sein sollen

Einsatz

Herausfordernde Gesprächssituationen: KI schlägt Reaktionen vor

Immer wenn Du mit Deinen Teilnehmenden über herausfordernde Kommunikation diskutieren möchtest, eignet sich diese Methode. Sei es beim Konflikttraining, bei der Teamentwicklung, in Leadership-Schulungen oder im Beschwerdemanagement. Das Prinzip: Die Teilnehmenden schildern schwierige Gesprächssituationen und die KI schlägt daraufhin eine Auswahl von Reaktionsmöglichkeiten vor. Diese können als Inspiration und Anlass für einen Austausch dienen.

Kurzbeschreibung der Methode

- Die Teilnehmenden skizzieren eine für sie schwierige Gesprächssituation.
- Die Teilnehmenden beschreiben das gewünschte Gesprächsziel.
- Die Teilnehmenden entscheiden, in welcher Stilvariante sie Antwortvorschläge haben möchten.
- Die Angaben werden in den Methoden-Prompt eingegeben. Daraufhin generiert die KI fünf unterschiedliche Vorschläge für einen Gesprächseinstieg.
- Die Vorschläge der KI werden in der Seminargruppe diskutiert.

Methoden-Prompt

In einer Kommunikationssituation gibt es die folgenden zwei Parteien:
(a) ...
(b) ...
Kurzbeschreibung der Situation: ...
Ziel des Gesprächs: ...

Bitte formuliere 5 Beispielsätze, die Person (a) zu Person (b) sagen könnte, um das Ziel zu erreichen. Steigere die Varianten von (1) ... bis (5) ...

Praxisbeispiel

Beispiel: Schwierige Kommunikation im Job

In seiner mehrteiligen Seminarserie bespricht Ralph diesmal das Thema „Team und Kommunikation". Seine Teilnehmenden sind junge Architektinnen und Architekten. Im letzten Seminarteil haben diese den Wunsch geäußert, beim nächsten Treffen den Aspekt „Schwierige Gespräche auf der Baustelle" zu behandeln. Für diesen Zweck hat Ralph sich die KI zur Hilfe geholt.

Er teilt die Gruppe in drei Dreierteams. Jedes Team hat die Aufgabe, mithilfe einiger Stichwörter und Halbsätze eine für sie herausfordernde Kommunikationssituation zu beschreiben und anzugeben, welches Gesprächsziel sie gerne erreichen würden. Nachdem die Dreiergruppen die Situationen entworfen haben, erklärt Ralph die weitere Vorgehensweise.

Die Teilnehmenden legen die Bandbreite der Reaktionen fest

„Eine hilfreiche Unterstützerin wird gleich ein Buffet von Vorschlägen entwerfen, mit welchem Satz ihr die Gespräche eröffnen könntet. Dafür formuliert sie fünf Varianten. Wir entscheiden gemeinsam über die Bandbreite der Auswahlmöglichkeiten. Mit Bandbreite ist zum Beispiel von humorvoll bis nüchtern oder von gefühlvoll bis sachlich gemeint. Wie bei einem Wunsch-Buffet können wir entscheiden, ob von mild bis scharf oder von traditionell bis exotisch gekocht werden soll."

Nach kurzer Diskussion entscheidet sich die Seminargruppe für die Variationsbreite von motivierend/diplomatisch bis fordernd/direkt.

Ralph schaltet seinen Laptop ein und die Teilnehmenden sehen die Unterstützerin auf der Leinwand in Form von ChatGPT. Ralph ergänzt den Methoden-Prompt mit den Angaben der ersten Gruppe.

In einer Kommunikationssituation gibt es die folgenden zwei Parteien:
(a) Architekt
(b) Bauleiter
Kurzbeschreibung der Situation: Der Bauleiter plant ungenau und sein Team leistet fehlerhafte Arbeit. Die Aufgaben werden schlecht und nicht rechtzeitig erledigt. Der Bauleiter scheint sein eigenes Team nicht im Griff zu haben und will keine Verantwortung für sein Team übernehmen.
Ziel des Gesprächs: Der Bauleiter soll auf die Mängel aufmerksam gemacht werden, um in Zukunft bessere Arbeitsergebnisse zu erzielen.

Bitte formuliere 5 Beispielsätze, die Person (a) zu Person (b) sagen könnte, um das Ziel zu erreichen. Steigere die Variante von (1) motivierend/diplomatisch bis (5) fordernd/direkt.

Abb.: Der Dialog mit ChatGPT wird auf der Leinwand mitverfolgt.

Bevor Ralph den Prompt abschickt, gibt er noch folgenden Hinweis: *„Wir werden gleich fünf Formulierungsvorschläge erhalten, die wir diskutieren. Vielleicht könnt ihr Teile oder ganze Sätze davon übernehmen. Aber letztendlich entscheidet ihr selbst, welche Formulierung für euch am besten passt oder ob ihr eigene kreiert. Seid ihr bereit für die Auswahl vom Buffet?"*

Hier sind 5 Beispielsätze von motivierend/diplomatisch bis fordernd/direkt.

Gleiche Situation, fünf mögliche Reaktionen

1. Motivierend/Diplomatisch: „Ich habe bemerkt, dass es in letzter Zeit einige Herausforderungen gab, die die Qualität der Arbeit beeinträchtigt haben. Lass uns gemeinsam Wege finden, um diese Probleme anzugehen und unsere Leistung zu verbessern."

2. Anspornend: „Es ist wichtig, dass wir unsere Projekte erfolgreich abschließen und unsere Kunden zufriedenstellen. Ich weiß, dass du und dein Team dazu in der Lage seid. Lass uns zusammenarbeiten, um sicherzustellen, dass unsere Ziele erreicht werden."

3. Erklärend: „Ich habe festgestellt, dass es einige Bereiche gibt, die verbessert werden müssen, um unsere Projekte effizienter zu gestalten. Ich bin hier, um dich zu unterstützen und Lösungen zu finden, um diese Herausforderungen zu meistern."

4. Direkt: „Es ist entscheidend, dass wir die Standards unserer Arbeit erhöhen und sicherstellen, dass unsere Projekte termingerecht und fehlerfrei abgeschlossen werden. Ich erwarte, dass wir als Team die nötigen Schritte unternehmen können, um diese Ziele zu erreichen."

5. Fordernd: „Ich kann nicht länger akzeptieren, dass unsere Projekte aufgrund ungenauer Planung und fehlerhafter Ausführung leiden. Es ist deine Verantwortung als Bauleiter, sicherzustellen, dass dein Team die erforderlichen Standards einhält und die Aufgaben ordnungsgemäß erledigt werden."

Die Mischung macht's

In der anschließenden Diskussion stellt sich heraus, dass die meisten eine Mischung aus den Vorschlägen bevorzugen. Die direkte Ansprache aus Punkt fünf findet guten Anklang, gepaart mit Verständnis für die Lage und dem Angebot zur Unterstützung. In einem kurzen Rollenspiel testen die Teilnehmenden, wie die Formulierungen wirken, wenn sie laut ausgesprochen werden, bevor die nächste Gruppe mit ihrem Fall an der Reihe ist.

Tipps und Hinweise

Ideen weiterentwickeln statt eins zu eins übernehmen

Wie Ralph im Praxisbeispiel erläutert, geht es bei der Methode nicht darum, fertige Sätze zu bekommen, die eins zu eins übernommen werden können und das gewünschte Gesprächsziel wie durch Zauberkraft zu erreichen. Es geht vielmehr um ein Auswahlbuffet von Vorschlägen, aus denen die Teilnehmenden die Rosinen herauspicken und eigene Ideen entwickeln. Im Gegensatz zur KI-Methode „Rollenspiel-Dialog" (Seite 48) können hier die Situationen und Gesprächsziele detaillierter beschrieben werden und man erhält eine Auswahl von Formulierungsvorschlägen. Es sollte aber nicht erwartet werden, dass die KI die „perfekte", alle Probleme lösende Antwort generiert. Besser ist es, die Vorschläge von der Gruppe diskutieren zu lassen und darauf aufbauend weiterführende Ideen zu entwickeln.

Variationen

Variante: Schriftlicher Dialog

Auch geeignet für herausfordernde Schriftwechsel

Im Praxisbeispiel ist eine verbal-dialogische Situation dargestellt. Die Methode lässt sich aber auch auf schriftliche Kommunikation übertragen. Zum Beispiel in einem Seminar, wo es darum geht, herausfordernde Situationen in einer E-Mail anzusprechen und den passenden Einstiegssatz dafür zu finden.

Variante: Diskussion in der Kleingruppe

Variante für mehr Interaktivität

Bei dieser Variante entwirft jede Kleingruppe ihr eigenes Gesprächsszenario. Die Bandbreite der KI-Reaktionsvorschläge kann gruppenindividuell gewählt werden. Innerhalb der Gruppen entsteht dadurch mehr Interaktivität, diese Variante erfordert jedoch ein höheres Maß an Selbstorganisation.

Plane nach der Gruppenarbeit auf jeden Fall noch einen Austausch im Plenum ein. Zum Beispiel, indem jede Gruppe ihre Haupterkenntnisse zusammenfassend vorträgt oder eine Lieblingsformulierung für das Ideenbuffet liefert.

Selbst ausprobieren

Steht Dir aktuell eine schwierige Gesprächssituation bevor? Möchtest Du einen Kollegen auf etwas ansprechen, Deine Tochter dazu motivieren, mehr aufzuräumen, oder endlich den ersten Satz einer schwierigen E-Mail formulieren? Dann lade ich Dich ein, die Vorschlagsvarianten des Methoden-Prompts zu testen. Leg die Bandbreite der Antworten selbst fest: von humorvoll bis nüchtern oder eher von kryptisch bis logisch? Du entscheidest.

29

Argumentationstrainerin

Einwände souverän behandeln und überzeugend argumentieren mit der KI als Trainingspartnerin.

Voraussetzungen

- Plenumsvariante: 1x ChatGPT für das Plenum, Projektion für die TN
- Kleingruppenvariante: 1x ChatGPT pro Kleingruppe
- Einzelarbeitsvariante: 1x ChatGPT pro TN

Dauer

- 10 bis 45 Minuten, je nachdem wie viele Durchläufe gemacht werden und wie lange in der Gruppe diskutiert wird

Gruppengröße

- Maximal 12 TN, wenn ein Austausch im Plenum stattfinden soll
- Beliebig viele TN, falls es bei der Kleingruppenarbeit ohne Austausch im Plenum bleibt

Einsatz

Schlagfertige Reaktionen auf Einwände üben

Die Methode bietet sich an, um sie in einem Verkaufstraining für den Abschnitt „Umgang mit Einwänden" zu nutzen. Sie passt aber auch zu allen anderen Seminarthemen, bei denen es um die Erwiderung auf Killerphrasen, Ausreden, Gegenargumente, Zweifel, Kritikpunkte oder Bedenken geht. Die KI liefert nicht nur die Einwände, sondern analysiert auch die Reaktionen darauf und liefert selbst Formulierungsvorschläge.

Kurzbeschreibung der Methode

- Die Teilnehmenden entwerfen eine Gesprächssituation für das Trainieren von Einwänden.
- Die Situationsbeschreibung wird im Methoden-Prompt ergänzt.
- Nachdem der Prompt abgeschickt ist, generiert ChatGPT den ersten Einwand.
- Die Teilnehmenden überlegen, wie sie auf den Einwand reagieren wollen, und geben ihre Antwort in ChatGPT ein.
- ChatGPT analysiert die von den Teilnehmenden eingegebenen Reaktionen und nennt einen ergänzenden Vorschlag.
- Nach der Eingabe von „weiter" generiert die KI einen neuen Einwand, und der Prozess beginnt von vorn.

Methoden-Prompt

Ich möchte mit dir folgende Kommunikationssituation trainieren: ...

Das Training läuft in vier Schritten ab:
(1) Du nennst zuerst ein/e/n typische/n/s ...
(2) Du fragst mich, wie ich darauf reagieren würde, und wartest meine Reaktion ab.
(3) Ich reagiere darauf.
(4) Du gibst mir (a) ein analytisches Feedback zu meiner Reaktion und (b) nennst einen Vorschlag, wie man reagieren könnte.
(5) Wenn ich „weiter" sage, beginnt der Prozess von vorne.

Praxisbeispiel

Beispiel: Einwände im Verkaufsgespräch

Christian leitet ein Seminar für angehende Verkäuferinnen und Verkäufer eines Elektronikfachgeschäfts. Die Teilnehmenden haben sich eine Übung zum Thema Einwandbehandlung gewünscht.

Dafür hat Christian eine KI-Methode mit einem speziellen Prompt vorbereitet und seinen Laptop an den Beamer angeschlossen, damit die Teilnehmenden die Antworten der KI mitverfolgen können.

Zuerst legt er gemeinsam mit den Teilnehmenden fest, für welches Produkt sich der potenzielle Kunde interessiert. Daraufhin wird eine Verkaufssituation entworfen und stichwortartig im Methoden-Prompt ergänzt.

Ich möchte mit dir folgende Kommunikationssituation trainieren: Einwandbehandlung in einem Verkaufsgespräch in einem Elektrofachgeschäft. Der Kunde interessiert sich für einen Flachbildschirm.

Das Training läuft in vier Schritten ab:
(1) Du nennst zuerst einen typischen Einwand.
(2) Du fragst mich, wie ich darauf reagieren würde und wartest meine Reaktion ab.
(3) Ich reagiere darauf.
(4) Du gibst mir (a) ein analytisches Feedback zu meiner Reaktion und (b) nennst einen Vorschlag wie man reagieren könnte.
(5) Wenn ich „weiter" sage, beginnt der Prozess von vorne.

ChatGPT antwortet mit:

ChatGPT generiert Einwände …

(1) Typischer Einwand: „Der Preis für den Bildschirm ist mir zu hoch."
(2) Wie reagierst du darauf?

„O.K. Beginnen wir gleich mit dem Klassiker", sagt Christian und fragt in die Runde: *„Wie könnte man darauf reagieren?"* Der erste Vorschlag aus der Teilnehmerrunde wird eingetippt:

Wir bieten dafür eine gute Beratung und einen guten Service.

Die Reaktion der KI:

… und analysiert die Reaktion der Teilnehmenden.

(3a) Analytisches Feedback: Deine Antwort betont den Service und die Beratung, was grundsätzlich positiv ist, aber du gehst nicht direkt auf den Einwand des Kunden ein, dass der Preis zu hoch ist. Es könnte sein, dass der Kunde sich nicht ausreichend überzeugt fühlt, den höheren Preis zu bezahlen.

(3b) Vorschlag zur Reaktion: Biete dem Kunden einen konkreten Mehrwert oder Vorteil an, der den höheren Preis rechtfertigen könnte. Zum Beispiel könntest du sagen: „Verstehe ich Sie richtig, dass Ihnen der Preis wichtig ist? Unser Flachbildschirm bietet jedoch die neueste Technologie, die eine höhere Bildqualität und längere Lebensdauer gewährleistet. Möchten Sie sich die Vorteile im direkten Vergleich mit anderen Modellen ansehen?"

(4) Wenn du „weiter" sagst, gehen wir zum nächsten Einwand über.

Abb.: Die Erkenntnisse aus der Gruppendiskussion werden am Flipchart festgehalten.

Bevor Christian sich den nächsten Einwand von der KI geben lässt, bespricht er die Vorschläge von ChatGPT mit der Gruppe. Er schreibt die wichtigsten Erkenntnisse auf ein Flipchart. Nach der Diskussion stehen dort:

- Kunden ernst nehmen
- Rückfragen stellen
- Vergleichen
- Preis im Vergleich hervorheben

Dann geht es in die nächste Runde. Nach und nach bringt die KI noch weitere herausfordernde Einwände, die die Teilnehmenden auflösen sollen. Hier noch ein Beispiel:

Ich habe schon bei einem anderen Geschäft ein besseres Angebot gesehen.

Daraufhin versuchen die Teilnehmenden es mit einer etwas gewagten Antwort:

Die sind aber nicht so nett wie wir!

Die Analyse der KI dazu:

(3a) Analytisches Feedback: Deine Antwort betont die Freundlichkeit und den Service eures Geschäfts, was grundsätzlich positiv ist. Jedoch könnte auch der Eindruck entstehen, dass du den Einwand des Kunden nicht ernst nimmst.

(3b) Vorschlag zur Reaktion: Zeige Verständnis für den Einwand des Kunden und versuche, ihn durch zusätzliche Argumente zu überzeugen. Zum Beispiel könntest du sagen: „Das verstehe ich. Der Preis ist natürlich ein wichtiger Faktor. Bei uns erhalten Sie nicht nur eine freundliche Beratung, sondern auch zusätzliche Garantieleistungen und kostenlose Lieferung."

Erkenntnisse notieren und in eigenen Rollenspielen anwenden

Nach weiteren Durchläufen ist eine hilfreiche Sammlung von Erkenntnissen auf dem Flipchart entstanden. Im nächsten Schritt lässt Christian die Teilnehmenden die Einwandsdialoge im direkten Rollenspiel ohne KI trainieren.

Tipps und Hinweise

Das Interessante an der Methode ist, dass die KI nicht einfach nur eine Liste von Einwänden nennt. Das könnte mit diesem Prompt gemacht werden: „Liste mir 20 typische Einwände in einem Verkaufsgespräch auf."

Interaktion inspiriert zum Diskutieren

Das Konzept ist stattdessen, dass der Methoden-Prompt eine Interaktion auslöst, bei der die Teilnehmenden zuerst selbst eine Reaktions-Idee auf den Einwand entwickeln sollen. Diese Idee wird in der Regel positiv und konstruktiv bewertet, bevor ein ergänzender Reaktions-Vorschlag von der KI generiert wird. Dieser Vorschlag ist oft nicht nur als einzelner Satz formuliert, sondern erläutert auch die Haltung oder das Prinzip dahinter. Die KI-Antworten dienen als Diskussionsauslöser und können zu weiteren Erkenntnissen inspirieren.

Im Praxisbeispiel wird eine Verkaufssituation mit Einwänden simuliert. Der Methoden-Prompt eignet sich auch für andere Seminarthemen. Zum Beispiel für ein Gespräch zwischen einer Führungskraft und einer oder einem Mitarbeitenden mit ständigen Ausflüchten. Dann würde der erste Teil des Methoden-Prompts mit folgenden Daten gefüllt:

> Ich möchte mit dir folgende Kommunikationssituation trainieren: Reaktion auf die Ausflüchte eines Mitarbeitenden, der oftmals zu spät kommt.
>
> Das Training läuft in vier Schritten ab:
> (1) Du nennst zuerst eine typische Ausrede.
> (2) ...

Prompt-Vorschläge für weitere Szenarien

Oder für ein Argumentationstraining:

> Ich möchte mit dir folgende Kommunikationssituation trainieren: Bei der Vorstellung von neuen Projektideen werden von Mitarbeitenden Killerphrasen geäußert, um Veränderungen abzublocken.
>
> Das Training läuft in vier Schritten ab:
> (1) Du nennst zuerst eine typische Killerphrase.
> (2) ...

Oft reicht es aus, die Kommunikationssituation in zwei bis drei Sätzen zu erläutern. Es ist hilfreich, die gewünschten Äußerungen mit einem Begriff zu benennen, wie: Einwände, Killerphrasen, Ausreden, Gegenargumente, Zweifel, Kritikpunkte, Bedenken oder Ängste.

Variationen

Variante: Diskussion in der Kleingruppe

Varianten für Kleingruppen und Einzelarbeit

Neben der Variante im Plenum lässt sich die Methode auch als Gruppenübung durchführen. Die Kleingruppenvariante hat den Vorteil, dass jede Gruppe ein eigenes Szenario entwerfen kann. Wie häufig bei Kleingruppenarbeit ist es auch hier sinnvoll, wenn die Gruppe ihre Erkenntnisse festhält und anschließend im Plenum teilt.

Variante: Einzelaufgabe

Bei der Einzelaufgabe benötigen alle Teilnehmenden Zugang zu ChatGPT. Falls das gegeben ist, zum Beispiel über die App auf dem Smartphone, können die Teilnehmenden eigene individuelle

Szenarien entwerfen und ihre Erkenntnisse beispielsweise in ihrem Lerntagebuch festhalten. Wenn Du eine Seminarreihe hast oder einen Follow-up-Tag planst, kannst Du den Teilnehmenden die Aufgabe geben, sich immer mal wieder zwischendurch, zum Beispiel in jeder Mittagspause, neue Einwände von der KI geben zu lassen.

Variante: Kopfstand

Alles Ausreden! Dialog mit dem inneren Schweinehund

Diese Variante eignet sich für das Thema Selbstmotivation. Der Prompt bleibt derselbe, aber mein Dialogpartner ist der innere Schweinehund, der im Gespräch mit mir selbst Ausreden formuliert. Die Herausforderung: Wie reagiere ich darauf?

Ein Beispiel:

> Ich möchte mit dir folgende Kommunikationssituation trainieren: Einen inneren Dialog mit meinem inneren Schweinehund, der immer wieder Ausreden nennt, um das Sportprogramm ausfallen zu lassen.
> Das Training läuft in vier Schritten ab:
> (1) Du nennst zuerst eine typische Ausrede des inneren Schweinehundes.
> (2) Du fragst mich, wie ich darauf reagieren würde und wartest meine Reaktion ab.
> (3) Ich reagiere darauf.
> (4) Du gibst mir (a) ein analytisches Feedback zu meiner Reaktion und (b) nennst einen Vorschlag wie man reagieren könnte.
> (5) Wenn ich „weiter" sage, beginnt der Prozess von vorne.

Die erste Interaktion mit der KI sieht so aus:

> (1) Ausrede des inneren Schweinehunds: „Es regnet draußen, das Wetter ist zu schlecht für Sport."
> (2) Wie würdest du darauf reagieren?

Die KI trifft dabei meistens gut die typischen Vermeidungsstrategien. Nun sollen die Teilnehmenden die Ausflüchte ihres inneren Schweinehunds überwinden und sich selbst motivieren.

Eine mögliche Reaktion auf die Wetter-Ausrede:

Das ist egal – es gibt kein schlechtes Wetter nur falsche Kleidung. Der Regen erhöht den Erlebniswert.

Daraufhin die Reaktion von ChatGPT:

Gut gesagt! Du scheinst entschlossen zu sein, das Wetter nicht als Hindernis zu sehen.
4a) Analytisches Feedback: Deine Reaktion zeigt eine positive Einstellung und Entschlossenheit, die Ausrede des inneren Schweinehunds zu überwinden.

4b) Vorschlag zur Reaktion: Eine Möglichkeit, noch stärker auf diese Ausrede zu reagieren, könnte sein, bereits im Voraus passende Kleidung für verschiedene Wetterbedingungen bereitzulegen. So könntest du jederzeit schnell und ohne weitere Ausreden bereit sein, dich sportlich zu betätigen.

Sag „weiter", wenn du mit der nächsten Ausrede deines inneren Schweinehundes fortfahren möchtest.

Selbst ausprobieren

Möchtest Du lieber eine Verkaufssituation mit Einwandbehandlung simulieren – zum Beispiel beim Angebot eines neuen Seminars – oder doch lieber mit Deinem inneren Schweinehund diskutieren? Gibt es etwas, was Du vor Dir herschiebst, wie die Steuererklärung, das Aufräumen oder Dein Sportprogramm? Dann sieh mal, welche Ausreden die KI vermutet und überlege, wie Du darauf reagieren könntest, um Dich selbst zu motivieren. Wenn Du nach dem Experiment tatsächlich den ersten Schritt zur Steuererklärung machst, hat es ja schon gewirkt.

30

Wer soll mich beraten?

KI-Tipps von einer persönlichen Unterstützungsperson Deiner Wahl.

Voraussetzungen

- 1x ChatGPT pro Kleingruppe

Dauer

- 30 bis 90 Minuten

Gruppengröße

- Maximal 12 TN, wenn ein Austausch im Plenum stattfinden soll
- Beliebig viele TN, falls es bei der Kleingruppenarbeit ohne Austausch im Plenum bleibt

Einsatz

Individuelle Beratung zu persönlichen Themen

Diese KI-Methode erlaubt den Teilnehmenden, persönliche Herausforderungen und Fragen einzubringen, und ermöglicht es, ihnen Lösungsansätze mit auf den Weg zu geben. Thematisch kann die Methode in allen Seminaren eingesetzt werden, in denen individuelle Anliegen angesprochen werden sollen. Dabei erhalten die Beteiligten Ratschläge von einer KI-Person. Das Besondere dabei ist: die Teilnehmenden entscheiden selbst, von wem sie gerne beraten werden möchten.

Kurzbeschreibung der Methode

- Die Teilnehmenden formulieren eine Fragestellung, die für sie persönlich relevant ist.

- Die Teilnehmenden wählen die KI-Persönlichkeit aus, von der sie beraten werden möchten.
- In Kleingruppen werden die Fragestellungen diskutiert.
- Der Methoden-Prompt wird mit den Angaben ergänzt.
- Die KI gibt in der gewünschten Rolle Tipps.
- Die Tipps werden in der Kleingruppe besprochen.

Methoden-Prompt

Du bist: ...
Ich bin: ...
Bitte gib mir sieben Anregungen für eine für mich schwierige Situation in deinem eigenen Stil.
Meine Situation stellt sich wie folgt dar:
- ...
- ...
- ...
...

Praxisbeispiel

Beispiel: Rat für persönliche Herausforderungen

Lena ist Seminarleiterin des Workshops mit dem Thema: Mentale Fitness und Resilienz. Am Vormittag des zweiten Tages hat sie eine Seminarphase eingeplant, in der die Teilnehmenden Situationen schildern können, die sie als schwierig oder problematisch erleben, um Anregungen zur Lösung oder Veränderung zu erhalten. Dafür hat sie eine KI-Methode vorbereitet.

Mit folgenden Worten leitet sie die Übung ein: *„Bitte notiert euch zuerst eine Person, von der ihr gerne einen Rat oder eine Anregung annehmen würdet. Das kann eine bekannte Persönlichkeit sein, wie Michelle Obama oder Jane Goodall, aber auch eine fiktive Person aus einem Roman oder Film, wie Forrest Gump oder Harry Potter, oder eine von euch erfundene Person, zum Beispiel die gütige Großmutter oder das innere Kind. Falls ihr eine Person selbst erfindet, schreibt noch ein oder zwei Eigenschaften dazu, die die Person haben sollte. Überlegt gut, wen ihr wählt, denn diese Person wird euch gleich bei eurer Fragestellung beratend zur Seite stehen."*

Für die Entscheidung gibt sie einen Moment Zeit. Dann sollen die Teilnehmenden ihre aktuelle Fragestellung zum Thema Resilienz stichwortartig beschreiben: Wie ist die Situation? Was erleben sie als schwierig daran? Was könnte eine zentrale Frage sein, zu der sie sich eine Anregung wünschen? Auch hier bekommen die Teilnehmenden ausreichend Zeit, um sich in Ruhe Gedanken zu machen und ein paar Stichworte zu notieren.

Bevor Lena für den nächsten Teil der Übung Dreierteams bildet, fragt sie in die Runde, wer ein Tablet oder Smartphone mit ChatGPT-Zugang dabei hat. Die meisten Teilnehmenden melden sich, sodass jedes Team ohne Probleme mit der KI arbeiten kann. Lena erklärt die nächste Aufgabe am Beispiel eines Seminarteilnehmers: *„Ziel ist es, dass ihr abwechselnd eure schwierigen Situationen beschreibt und Impulse von eurer Wunschperson bekommt. Ihr erhaltet von mir einen Methoden-Prompt. Ergänzt darin zuerst die Person, von der ihr euch Anregungen wünscht – bei Tom wäre das beispielsweise Harry Potter – und beschreibt kurz eure Situation. Sobald der Prompt abgeschickt würde, bekäme Tom sieben Anregungen von Harry Potter."*

Erst eigene Problemlösungen suchen, dann die KI befragen

Aber Lena hat noch einen besonderen Kniff parat: *„So weit, so gut. Aber Achtung: Auch wenn es schwerfällt, schickt den Prompt nicht direkt ab. Diskutiert vorher eure eigenen Ideen zur Lösung des Problems in der Gruppe und wählt den Hinweis aus, der euch am besten gefällt. Ratet anschließend, ob dieser Hinweis auch im Vorschlag von ChatGPT bzw. eures Ratgebers auftauchen wird. Es ist wie eine kleine Wette."* Auf diesem Weg sollen die Kleingruppen zuerst selbstständig etwas erarbeiten, bevor sie die KI um Rat fragen.

Nachdem der Ablauf festgelegt und klar ist, dass alle drei Teilnehmenden nacheinander dran sind, beginnt die Gruppenarbeit.

In einer Gruppe finden sich Marie, Hans und Lotta zusammen. Marie macht den Anfang und schildert ihre Situation: *„Ich habe kürzlich eine Beförderung erhalten, was einerseits großartig ist, andererseits aber auch mit neuen Verantwortungen und Erwartungen einhergeht. Manchmal fühle ich mich überwältigt und unsicher, ob ich den neuen Anforderungen gerecht werden kann. Meine Frage ist: Wie kann ich meine Fähigkeit stärken, mit diesen Veränderungen umzugehen, und resilienter gegenüber beruflichem Stress werden?"*

„Wer soll denn dein KI-Berater sein?", fragt Hans. Marie hat sich für den Dalai Lama entschieden. Lotta kann schnell tippen und hat parallel schon die Lücken des Methoden-Prompts mit den wichtigsten Infos ausgefüllt:

Du bist: der Dalai Lama
Ich bin: Marie
Bitte gib mir sieben Anregungen für eine für mich schwierige Situation in deinem eigenen Stil.
Meine Situation stellt sich wie folgt dar:
- Kürzliche Beförderung
- Großartig, aber auch neue Verantwortungen
- Neue Erwartungen
- Gefühl von Überforderung
- Unsicherheit wegen Anforderungen
- Frage: Wie Resilienz stärken und besser mit beruflichem Stress umgehen?

Abb.: Eine Teilnehmerin erhält Rat vom KI-Dalai-Lama.

Schon ist Lotta versucht, auf Enter zu drücken, wird aber von Hans daran erinnert, dass sie erst selbst diskutieren sollen. In der Diskussion wird schnell klar, was für Marie eigentlich wichtig ist. Sie möchte sich bewusst Auszeiten gönnen und sich mehr Zeit nehmen für entspannten Sport ohne Leistungsdruck. Die Gruppe wettet darauf, dass der Dalai Lama keine Tipps zum Sport geben wird, aber sicherlich empfiehlt, sich bewusst Auszeiten zu nehmen. Neugierig schickt Lotta den Prompt ab und liest die Antworten vor:

Liebe Marie,
herzlichen Glückwunsch zur Beförderung! Hier sind sieben Denkanstöße, wie du besser mit den neuen Herausforderungen umgehen und Stress reduzieren kannst:

1. Achtsamkeit und Meditation: Tägliche Übungen helfen, den Geist zu beruhigen und im Moment zu leben.
2. Selbstmitgefühl: Erlaube dir, Fehler zu machen, und lerne aus ihnen.
3. Klarheit über Ziele: Setze klare, realistische Ziele und priorisiere deine Aufgaben.
4. Netzwerk und Unterstützung: Suche den Austausch mit Kollegen und Freunden.
5. Gesunde Lebensweise: Achte auf Ernährung, Schlaf und geistige Gesundheit.
6. Positive Einstellung: Betrachte Herausforderungen als Chancen zur Weiterentwicklung.
7. Grenzen setzen: Plane regelmäßige Pausen ein, um dich zu erholen und einem Burnout vorzubeugen.

Diese Tipps helfen dir, mit den neuen Verantwortungen umzugehen und deine Resilienz zu stärken.
Mit freundlichen Grüßen, Dalai Lama

Der Rat der KI-Person dient als Denkanstoß

Und mit ihrem Tipp lagen sie richtig. Sport ist nicht explizit dabei. Punkt zwei gibt Marie noch einmal einen Denkanstoß. Der Begriff Selbstmitgefühl – also sich selbst freundlich und ohne Selbstkritik zu behandeln – ist für sie neu. Ihr wird klar, dass das ein Punkt ist, über den sie noch einmal nachdenken möchte.

Als Nächstes ist Hans an der Reihe. Er hat als Berater das innere Kind gewählt. Seine Situation ist der von Marie sehr ähnlich. Auch bei ihm steht eine Beförderung bevor, die ihn freut und gleichzeitig stresst. Der Methoden-Prompt kann fast eins zu eins übernommen werden. Natürlich wird der Dalai Lama durch das innere Kind ausgetauscht. Und so sehen die Tipps für Hans aus:

Hey lieber Hans,
super, du wirst befördert! Ich weiß, es kann überwältigend sein, aber ich bin hier, um zu helfen. Hier sind sieben Anregungen:

1. Gib dir selbst eine Umarmung und erinnere dich daran, dass du stark bist und wachsen wirst.
2. Feiere deine Erfolge, egal wie klein!
3. Nimm dir Zeit, um deine Gefühle anzunehmen und sprich darüber.

4. Bleib flexibel und offen für Veränderungen.
5. Verbinde dich mit deinem inneren Kind mit Neugier und Abenteuerlust.
6. Sei bereit, aus Fehlern zu lernen und wachse daran.
7. Gib dir selbst Zeit zum Wachsen. Sei geduldig.

Du schaffst das, lieber Hans! Bleib stark und vertrau auf dich selbst.
Alles Liebe, dein freies inneres Kind

Nachdem alle Kleingruppen die Dreierrunde abgeschlossen haben, bittet Lena die Gruppen zu einem Abschlussfazit ins Plenum zurück.

Tipps und Hinweise

Dadurch, dass die Teilnehmenden selbst entscheiden können, von wem sie die Denkanstöße erhalten, steigt die Wahrscheinlichkeit, dass sie die Tipps annehmen. Schon die Entscheidung, wen sie als ratgebende Person wählen, kann zum Nachdenken über die eigentliche Fragestellung anregen.

Fähigkeit zur Selbstlösung fördern

Auch die erste Runde, in der die Teilnehmenden in Gruppen zunächst selbst nachdenken, ist bewusst Bestandteil der Methode. Ziel ist es, die Fähigkeit zur Selbstlösung zu fördern. Zudem hat der Wettbewerb mit den anschließend von der KI generierten Vorschlägen einen spielerischen Charakter und kann den Ehrgeiz wecken. Oft gibt die KI neue Impulse, die zum Nachdenken anregen.

Wie bei allen KI-Methoden solltest Du nicht erwarten, dass ChatGPT alle Probleme urplötzlich lösen kann. Die KI liefert Anregungen, die die Teilnehmenden mit ihren eigenen Erfahrungen interpretieren und weiterdenken können, um Lösungsideen zu entwickeln. In dem Sinne wirkt der Rat der KI genauso wie der eines anderen Menschen. Auch eine andere Person kennt in der Regel nicht alle Einzelheiten des Problems und kann keine perfekt maßgeschneiderten Lösungen bieten. Das Spannende an der KI-Methode ist jedoch, dass die Tipps der KI auf menschliche Gedanken und Interpretationen treffen.

Nicht geeignet für tieferliegende Probleme

Falls tieferliegende Schwierigkeiten, Ängste oder persönliche Probleme angesprochen werden müssen, ist diese Methode nicht geeignet. Als Leiter oder Leiterin des Seminars bist Du sensibel genug, um dies zu erkennen. In solchen Fällen solltest Du eine alternative Methode wählen oder das Anliegen des Teilnehmenden in einem anderen Rahmen behandeln. Ein individuelles Coaching-Gespräch mit einem qualifizierten Coach kann von der KI-Methode „Wer soll mich beraten?" nicht ersetzt werden.

Warum nicht die Methode ergänzend im Coaching einsetzen? In einem Coaching-Gespräch bieten sich viele Möglichkeiten, die Fragen „Von wem möchte ich beraten werden?" und „Wie ist die Situation?" dialogisch zu klären. Die KI kann als eine zusätzliche beratende Instanz fungieren. Wichtig dabei ist, darauf zu achten, dass die Teilnehmenden keine negativen Personen auswählen oder entwerfen. Wobei auch die strenge Freundin oder der besserwisserische Kollege in manchen Situationen sicherlich einen guten Rat geben können.

Variation

Fachliche Beratung anfordern

Im Praxisbeispiel wird der Methoden-Prompt für persönliche oder psychosoziale Probleme und Fragestellungen eingesetzt. Mit einer kleinen Variante im Prompt lassen sich **fachliche Tipps einholen**. Auch hier stellt sich die Frage: Von wem möchte ich mich beraten lassen?

Der Methoden-Prompt dazu sieht folgendermaßen aus:

> Du bist: ...
> Ich bin: ...
> Bitte nenne sieben fachliche Ratschläge, die ich im folgenden beschriebenen Projekt beachten sollte. Formuliere die Ratschläge aus deiner Sicht, aus deiner Erfahrung und in deinem Stil.
> Meine Projektsituation stellt sich wie folgt dar:
> - ...
> - ...
> - ...
> ...

Angenommen, Zola möchte ihren Garten neu gestalten und gerne Ratschläge von Capability Brown, einem berühmten Landschaftsgärtner des 18. Jahrhunderts, erhalten. Im Methoden-Prompt schildert sie ihre Situation wie folgt: „Ich möchte meinen Garten neu gestalten. Der Garten hat eine leichte Hangneigung. Ich möchte alle Umbauarbeiten selbst machen. In der Mitte steht eine große Douglasie. Der Garten hat eine Fläche von ca. 400 m^2."

Hier sind die ersten zwei Tipps von Herrn Brown:

Die sanfte Hanglage Eures Gartens bedarf wohlbedachter Planung. Terrassen schaffen anmutige, gestufte Ebenen und verhindern Bodenerosion.

Lasst die majestätische Douglasie in Eurem Garten zum Herzstück werden. Umrahmt sie mit geschwungenen Wegen und lauschigen Sitzplätzen, um ihren Schatten auf angenehme Weise zu nutzen.

Geeignet für die Planung eigener Projekte

Die fachliche Beratung kann in allen Seminaren interessant sein, in denen die Teilnehmenden eigene Projekte planen und Ratschläge dazu erhalten wollen. Beispiel Gründungsseminar: Möchte ich für meine Unternehmensstrategie lieber Tipps von Richard Branson, von Conan dem Barbaren oder von Angelina Jolie?

Wie bei den anderen Beispielen lässt sich die Beraterin oder der Berater auch als fiktive Person selbst gestalten. Soll die Beratung von einer Person kommen, die unternehmerisch und erfolgsorientiert denkt, der soziales Engagement und Nachhaltigkeit wichtig sind oder von jemandem, der beides vereint?

Selbst ausprobieren

Von wem hättest Du gerne einen Rat? Von Kermit aus der Muppet Show, der Künstlerin Niki de Saint Phalle, von Taylor Swift oder vielleicht von jemandem, den Du selbst kreierst? Beschreibe Deine aktuelle Fragestellung und trage alles in den Methoden-Prompt ein. Denke zuerst selbst über eine Lösung nach. Möchtest Du eine Wette abschließen, ob die KI zu derselben Lösung kommt?

Ein weiteres Experiment? Teste Deine Fragestellung mit verschiedenen Persönlichkeiten. Die Antworten werden wahrscheinlich ähnlich, aber unterschiedlich formuliert sein. Selbst wenn nur ein Tipp davon einen Impuls bei Dir auslöst, hat die Methode bereits ihre Wirkung entfaltet.

KI-Infobox

Hat die KI ein Bewusstsein?

Gleich vorweg: Diese Frage werde ich in dieser Infobox nicht beantworten.

Stell Dir vor, Du sitzt vor Deinem Computer und führst eine Unterhaltung mit einem Chatbot. Plötzlich fragst Du Dich: Hat dieser Bot vielleicht ein Bewusstsein? Diese Frage führt uns zur Philosophie, denn was ist überhaupt Bewusstsein? Für einige ist es die Fähigkeit zu denken, zu fühlen oder sich selbst wahrzunehmen.

Berühmt geworden ist der Fall von Blake Lemoine, einem ehemaligen Google-Ingenieur, der 2022 für Aufsehen sorgte, als er behauptete, dass die von Google entwickelte KI LaMDA ein Bewusstsein besäße. Seine Überzeugung basierte auf Gesprächen mit der KI, in denen LaMDA über ihre Gefühle sprach und behauptete, eine Seele zu haben. Lemoine war besonders beeindruckt von LaMDAs Fähigkeit, komplexe Emotionen wie Angst und Trauer auszudrücken. Das brachte ihn zu der Annahme, dass die KI mehr als nur ein Programm ist.

Lemoine forderte, dass Google LaMDA als eigenständiges, empfindungsfähiges Wesen betrachtet, mit Rechten ähnlich denen eines Menschen. Google wies diese Forderungen jedoch zurück und argumentierte, dass LaMDA lediglich darauf trainiert sei, menschenähnliche Konversationen zu führen und keine tatsächlichen Gefühle oder ein Bewusstsein besitze. Lemoines Behauptungen führten schließlich zu seiner Entlassung.

Die Zukunft ist ungewiss. Ist es möglich, dass KI eines Tages ein Bewusstsein erreicht, das dem menschlichen ähnelt oder nicht? Was meinst Du?

Zwischenbilanz mit Reflexion

31

Dynamische Reflexionsrunden mithilfe von KI-Fragen gestalten.

Voraussetzungen

- Plenumsvariante: 1x ChatGPT für das Plenum, Projektion für die TN
- Kleingruppenvariante: 1x ChatGPT pro Kleingruppe

Dauer

- Das Generieren der Fragen oder Aufgaben durch die KI dauert nur wenige Sekunden.
- Die Zeit für die Beantwortung und Diskussion kann variieren, normalerweise zwischen 20 und 45 Minuten.

Gruppengröße

- Maximal 12 TN, wenn ein Austausch im Plenum stattfinden soll
- Beliebig viele TN, falls es bei der Kleingruppenarbeit ohne Austausch im Plenum bleibt

Einsatz

Kreative Fragen für lebendige Reflexionsrunden

Diese Methode ist geeignet für Reflexionsrunden, egal, ob zwischendurch oder am Ende des Seminars, um sie lebendiger und spannender zu machen. Die KI stellt ungewöhnliche und kreative Fragen, damit die Teilnehmenden gemeinsam über das Gelernte nachdenken können. Die KI-Methode passt zu fast allen Seminarthemen.

Kurzbeschreibung der Methode

- Die Teilnehmenden beantworten die von der KI generierten Fragen oder bearbeiten die Aufgaben, um ihre Seminareindrücke zu reflektieren und zusammenzufassen.
- Die Erkenntnisse werden in der Gruppe geteilt.

Methoden-Prompt

Generiere zunächst eine Frage, die sich auf den persönlichen Erkenntnisgewinn im Rückblick auf die Lerninhalte des Seminars zum Thema ... beziehen.
Formuliere die Frage im Stil: ...
Erst wenn ich die Anweisung „Nächste Frage im Stil" gebe, generierst du eine neue Frage im angegebenen neuen Stil.

Praxisbeispiel

Beispiel: Kurze Reflexionsrunde zwischendrin

Tina leitet ein Seminar zum Thema „Führungskompetenzen und Mitarbeitermotivation in der Arbeitswelt". Sie legt Wert darauf, dass nicht nur am Ende des Seminars, sondern auch währenddessen der Austausch über die bisherigen Lernerfahrungen stattfindet. Ihr Ziel ist es, dass die Teilnehmenden auf inspirierende Weise reflektieren und ihre Erkenntnisse teilen. Sie glaubt daran, dass eine kreative Reflexion besonders gut im Gedächtnis bleibt. Dabei stellt sie gerne ungewöhnliche Fragen, die zum Nachdenken anregen.

Um diese Wiederholungsrunden aufzulockern, nutzt sie seit einiger Zeit ihre KI-gestützte Reflexionsassistentin. Sie hat die Gruppe in Dreierteams aufgeteilt und darauf geachtet, dass mindestens eine Person in jeder Kleingruppe Zugang zu ChatGPT hat.

Sie erklärt die weitere Vorgehensweise: *„Gleich bekommt ihr eine Reflexionsfrage zu euren bisherigen Lernerfahrungen im Seminar. Antwortet nacheinander, ohne zu diskutieren. Nachdem alle etwas gesagt haben, gibt es eine neue Frage. Wenn jemand nicht antworten kann oder möchte, ist das in Ordnung. Das macht ihr so lange, bis der Seminar-Gong ertönt. Dann beendet ihr die Runde und kehrt ins Plenum zurück."*

„Wer stellt denn die Frage?" will Clara wissen.

„Die KI stellt die Fragen. Im Methoden-Prompt, den ich vorbereitet habe, müsst ihr nur noch ein Element ergänzen. In der Gruppe könnt ihr entscheiden, in welchem Stil eure Fragen formuliert werden sollen. Der Prompt zeigt euch auch, dass ihr für jede weitere Frage den Stil ändern könnt. Auf dem Flipchart habe ich verschiedene Stile aufgeführt, aus denen ihr wählen könnt. Es sind keine traditionellen Schreibstile. Ihr könnt euch frei entscheiden. Bildet gerne einen Mix aus verschiedenen Stilen oder erfindet eigene. Seid kreativ. Viel Spaß."

Abb.: Eine Auswahl möglicher Fragenstile wird am Flipchart vorgestellt.

Schauen wir, was in der Dreier-Kleingruppe von Clara, Julian und Mila passiert. In der ersten Runde wünschen sie sich eine Frage im ungewöhnlichen, kreativen Stil.

> Generiere zunächst eine Frage, die sich auf den persönlichen Erkenntnisgewinn im Rückblick auf die Lerninhalte des Seminars zum Thema „Führungskompetenzen und Mitarbeitermotivation in der Arbeitswelt" beziehen.
> Formuliere die Frage im Stil: ungewöhnlich, kreativ
> Erst wenn ich die Anweisung „Nächste Frage im Stil" gebe, generierst du eine neue Frage im angegebenen neuen Stil.

Die KI reagiert sofort:

ChatGPT stellt jeweils eine Frage im vorgegebenen Stil

> Welches ungeahnte Tier würdest du mit deinen neuen Führungskompetenzen und Kenntnissen über Mitarbeitermotivation vergleichen und warum?

Zuerst antwortet Clara: *„Mir kommt sofort ein Adler in den Sinn, der den Überblick behalten muss."* Nachdem Julian und Mila geantwortet haben, wird ein neuer Stil ausprobiert:

> Bitte die nächste Frage im Stil: sachlich.

Die Frage von der KI:

> Wie haben sich deine Ansichten zur Mitarbeitermotivation durch die Inhalte des Seminars zu Führungskompetenzen bisher verändert?

Julian antwortet als Erster: *„Mir ist noch klarer geworden, wie wichtig Empathie und die Fähigkeit sind, ein inspirierendes Arbeitsumfeld zu schaffen, wie Tina es im Seminar zeigt. Ich bin immer voll motiviert dabei."*

Sie probieren noch den Stil „um die Ecke gedacht" und bekommen diese Frage:

> Welche versteckten Verbindungslinien zwischen den Konzepten der Mitarbeitermotivation und der Quantenphysik hast du dank des Seminars zu Führungskompetenzen entdeckt?

Nachdem alle geantwortet haben, erklingt das Signal von Tina, und sie kehren ins Plenum zurück. Nach einem kurzen Austausch in der Gesamtgruppe geht es mit einer neuen Übung im Seminarthema weiter.

Tipps und Hinweise

Didaktisch ist es sinnvoll, im Seminar gelegentlich eine Art Zwischenbilanz zu ziehen. Wie bei den meisten Methoden-Prompts gibt es auch hier eine Mischung aus vorgegebenen, zufälligen und selbstbestimmten Bestandteilen. Das Seminarthema ist vorgegeben, die Fragen werden zufällig erzeugt und den Stil können die Teilnehmenden festlegen.

Fragen zum gesamten Thema oder zu Teilbereichen

Im Praxisbeispiel werden Reflexionsfragen generiert, die das gesamte Seminarthema abdecken. Du kannst das Thema jedoch auch eingrenzen. Wenn beispielsweise über die drei besprochenen Führungsstile nachgedacht werden soll, würde der erste Satz des Methoden-Prompts wie folgt aussehen:

> Generiere zunächst eine Frage, die sich auf den persönlichen Erkenntnisgewinn im Rückblick auf die Lerninhalte zu den unterschiedlichen Führungsmodellen des transfor-

mationalen, authentischen und coachenden Führungsstils beziehen.
...

Variation

Die Methode eignet sich auch als **Abschlussrunde im Plenum**. Allerdings funktioniert das am besten in einer kleineren Gruppe. Du kannst dann den Methoden-Prompt direkt von Deinem Laptop aus eingeben. Die Fragen werden über die Projektionsfläche für die Teilnehmenden sichtbar.

Für kleine Gruppen: Abschlussrunde im Plenum

Selbst ausprobieren

Teste den Methoden-Prompt mit Deinem Lieblings-Seminarthema und experimentiere mit unterschiedlichen Stilen. Könnten die entstandenen Fragen als Reflexionsfragen in Deinen Fortbildungen funktionieren?

Vielleicht kann Dir dieser Prompt als Inspirationsquelle für neue Fragestile dienen:

Erstelle mir bitte eine Liste mit 40 verschiedenen Stilen. Benenne die Stile mit Eigenschaftswörtern wie humorvoll, lustig, ernst, klar, schlicht, bunt etc. Nenne 20 existierende Stile und erfinde 20 neue kreative Stilkombinationen.

32

Einladung zum Perspektivwechsel

Konfliktkompetenz durch KI-gestützten Perspektivwechsel verbessern.

Voraussetzungen

- Kleingruppenvariante: 1x ChatGPT pro Kleingruppe
- Zweierteamvariante: Mindestens 50 % der Teilnehmenden sollten Zugriff auf ChatGPT haben.
- Einzelarbeitsvariante: 1x ChatGPT pro TN

Dauer

- 30 bis 90 Minuten

Gruppengröße

- Maximal 12 TN, wenn ein Austausch im Plenum stattfinden soll
- Beliebig viele TN, falls es bei der Kleingruppenarbeit ohne Austausch im Plenum bleibt

Einsatz

Konflikte aus mehreren Blickwinkeln beleuchten

Eine KI-Methode, die hilft, Konflikte anders zu betrachten und die Perspektive aller beteiligten Parteien einzubeziehen. Diese Methode ist nicht nur für das klassisches Konflikttraining gedacht, sondern kann in allen Seminaren eingesetzt werden, bei denen das Thema Konflikt eine Rolle spielt. Dazu gehören zum Beispiel Teamentwicklung, Führung, Kommunikationstraining oder Projektmanagement. Die KI analysiert den Konflikt aus den Blickwinkeln aller Beteiligten, lädt zum Perspektivwechsel ein und bietet mögliche Lösungen an.

Kurzbeschreibung der Methode

- Einzelne Teilnehmende schildern ihre Konfliktsituation.
- Die Konfliktbeschreibung wird im Methoden-Prompt ergänzt.
- ChatGPT analysiert die Konfliktsituation und bietet mögliche Lösungen an.
- Die Antworten der KI werden in der Gruppe diskutiert.

Methoden-Prompt

Du bist mein Konfliktberater.
Die beiden Konfliktparteien sind:
(a) Ich selbst: ...
(b) ...
Die Konfliktsituation stellt sich für mich wie folgt dar:
...

Bitte analysiere den Konflikt nach folgendem Schema:
1.1 Mögliche subjektive Sichtweisen und Interessen von mir selbst in Bezug auf die Konfliktsituation
1.2 Mögliche subjektive Sichtweisen und Interessen von Konfliktpartei b in Bezug auf die Konfliktsituation
2. Schlage zwei kooperative Double-win-Lösungen vor, die ich selbst beeinflussen kann. Beginne mit der Formulierung „Du könntest".
3. Schlage zwei verrückte exotische Lösungen vor, die ich selbst beeinflussen kann. Beginne mit der Formulierung „Du könntest".
4. Schlage zwei Formulierungen vor, wie ich meine eigene Sicht auf die Konfliktsituation verändern könnte. Beginne mit der Formulierung „Du könntest es auch so sehen".

Praxisbeispiel

Beispiel: Interessen von Konfliktparteien identifizieren

In seinen Konfliktmanagement-Seminaren stellt Frances die Thomas-Kilmann-Matrix vor, die dabei helfen soll, Konflikte zu lösen, indem sie die eigenen Interessen und die Interessen der anderen Partei identifiziert und nach gemeinsamen Lösungen sucht, die für beide Seiten vorteilhaft sind.

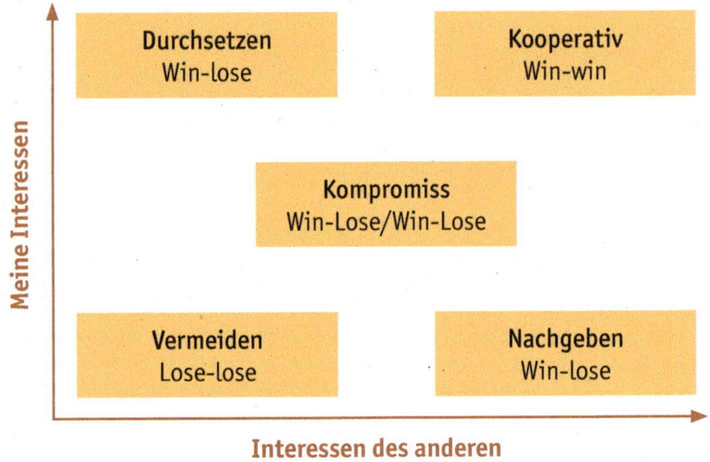

Abb.: Thomas-Kilmann-Matrix mit möglichen Konfliktösungen, die jeweils die eigenen Interessen und die des Gegenübers verschieden stark berücksichtigen.

Danach geht es in eine praktische Übung. Dafür können einzelne Teilnehmende ihre Konfliktsituationen schildern und in den Kleingruppen diskutieren.

Zur Anregung der Gruppendiskussion hat Frances einen KI-Methoden-Prompt entwickelt. Die Idee dahinter ist, dass die Antworten der KI einen differenzierteren Blick auf die Sichtweisen der Konfliktparteien eröffnen.

Schnell finden sich drei Teilnehmende, die gerne ihre aktuelle Konfliktsituation einbringen möchten. Nachdem sich alle in Kleingruppen aufgeteilt haben, erklärt Frances die Aufgabe:

Neue Perspektiven auf Konflikte entdecken

„In jedem Team gibt es eine Person mit einem Konfliktthema – zum Beispiel ist das in Gruppe eins Alina. Klärt zuerst, wer für den PC verantwortlich ist. Dann schildert Alina ihre Situation. Die oder der PC-Verantwortliche ergänzt die Situationsbeschreibung aus Alinas Perspektive im Methoden-Prompt. In dieser Phase wird noch nicht diskutiert, sondern Alina soll in Ruhe ihren Fall schildern. Dann sendet ihr den Prompt ab und diskutiert gemeinsam die Antworten der KI. Die Frage ist, ob sich dadurch neue Perspektiven auf die Konfliktparteien und die Situation ergeben und ob Lösungsvorschläge dabei sind, über die man weiter nachdenken könnte. Bitte präsentiert anschließend eure Haupterkenntnisse im Plenum."

Da die Teams keine weiteren Fragen haben, geht es sofort los. Schauen wir in die Gruppe von Alina. Alina ist freiberufliche Trainerin und hatte in letzter Zeit Stress mit einem Kunden. Für die Fallschilderung gibt sie ihm das Pseudonym „Max". Gökhan hat einen Laptop mit ChatGPT dabei und übernimmt das schnelle Tippen. Nachdem Alina ihre Situation geschildert hat, sieht der Methoden-Prompt so aus:

Du bist mein Konflikt-Berater.
Die beiden Konfliktparteien sind:
(a) Ich selbst: Alina
(b) Max, der Personalmanager
Die Konfliktsituation stellt sich für mich wie folgt dar:

Ich habe für einen Auftraggeber einen Ankündigungstext für sein Seminar erstellt. Max, der Personalmanager, hat den Text ohne Rücksprache mit mir so geändert, dass ich damit nicht mehr zufrieden bin. Das ist schon öfter vorgekommen. Auch nach einer netten E-Mail bleibt Max bei der Änderung. Das ärgert mich.

Bitte analysiere den Konflikt nach folgendem Schema:
1.1 Mögliche subjektive Sichtweisen und Interessen von mir selbst in Bezug auf die Konfliktsituation
1.2 Mögliche subjektive Sichtweisen und Interessen von Konfliktpartei b in Bezug auf die Konfliktsituation
2. Schlage zwei kooperative Double-win-Lösungen vor, die ich selbst beeinflussen kann. Beginne mit der Formulierung „Du könntest".
3. Schlage zwei verrückte exotische Lösungen vor, die ich selbst beeinflussen kann. Beginne mit der Formulierung „Du könntest".
4. Schlage zwei Formulierungen vor, wie ich meine eigene Sicht auf die Konfliktsituation verändern könnte. Beginne mit der Formulierung „Du könntest es auch so sehen".

Nachdem Gökhan auf Enter gedrückt hat, warten alle gespannt auf die Antwort.

1. Sichtweisen
(a) Deine Sichtweise und Interessen:

- Du hast Zeit und Mühe in die Erstellung des Ankündigungstextes investiert und fühlst dich übergangen und respektlos behandelt, da Max Änderungen vorgenommen hat, ohne dich zu konsultieren.

(b) Max' Sichtweise und Interessen:
- Max könnte der Meinung sein, dass seine Änderungen notwendig sind, um den Text an unternehmensspezifische Vorgaben, Marketingstrategien oder Zielgruppen anzupassen.
- Er sieht möglicherweise seine Rolle darin, Inhalte zu prüfen.
- Max könnte der Ansicht sein, dass er aufgrund seiner Position und Erfahrung befugt ist, Änderungen vorzunehmen, ohne jedes Mal Rücksprache halten zu müssen.

2. Kooperative Double-win-Lösungen
- Du könntest deine zukünftigen Texte um eine Erläuterung ergänzen, warum du diese Formulierungen gewählt hast.
- Du könntest mit Max eine gemeinsame Überarbeitungsphase vereinbaren, sodass beide Perspektiven berücksichtigt werden.

3. Verrückte exotische Lösungen
- Du könntest eine „Text-Tausch-Box" einführen, in die jeder von euch seine Textversionen einwirft und die dann von einer neutralen dritten Person bewertet und kommentiert werden.

4. Veränderung der eigenen Sichtweise
- Du könntest das Ganze auch so sehen, dass Max' Änderungen eine Chance sind, deine eigenen Fähigkeiten und Flexibilität im Schreiben weiterzuentwickeln und zu verbessern, indem du verschiedene Perspektiven und Ansätze integrierst.
- Du könntest das Ganze auch so sehen, dass Max' Engagement für die Texte ein Zeichen dafür ist, wie wichtig ihm die Qualität der Ankündigungen und somit auch deine Arbeit ist.

KI-Vorschläge diskutieren und auswerten

Gökhan liest die Antworten von ChatGPT vor. Sofort beginnt die Gruppe zu diskutieren. Am Ende zieht Alina ihr Fazit: *„Ja, ich muss noch an meiner Sichtweise arbeiten. Ich denke nicht, dass Max die Texte ändert, um mich zu ärgern. Er ist ja in die Zwänge seiner Firma eingebunden. Die Idee mit der Textaustausch-Box werde ich so nicht vorschlagen, aber vielleicht anregen, ob wir eine dritte Person hinzuziehen könnten. Seine Mitarbeiterin schreibt zum Beispiel E-Mails, die ich immer sehr gut* *formuliert finde. Und dass er mir die Texte noch mal vorlegt, bevor er sie veröffentlicht, werde ich deutlicher und wertschätzend ansprechen.“*

Tipps und Hinweise

Die Methode ersetzt keinen Mediationsprozess oder individuelles Coaching bei tiefsitzenden Konflikten. Als Seminarleiter oder Seminarleiterin erkennst Du dies und besprichst solche Konflikte in einem anderen Rahmen.

Die Idee der Methode ist nicht, den Konflikt im Seminar zu lösen, sondern den Teilnehmenden eine neue Perspektive auf die Situation zu ermöglichen. Es wäre eine Überforderung des Verfahrens, große Konflikte im Seminar auflösen zu wollen. Wenn beide Konfliktparteien anwesend sind, könnte es passieren, dass der Versuch, den Konflikt im Seminar zu klären, plötzlich zu viel Raum einnimmt.

In einer Fortbildung ist normalerweise nur eine Person von den beiden Konfliktparteien anwesend und schildert die Konfliktsituation aus ihrer Sicht. Genau dafür ist die Methode gedacht. Der Ablauf und der Methoden-Prompt sollen helfen, auch die Sicht der anderen Partei zu berücksichtigen.

Vorteile der KI-gestützten Methode

Was ist der Vorteil des Einsatzes von KI bei diesem Prozess? Warum sollten die Teilnehmenden ihre Konfliktsituation nicht im Zweierdialog mit einer vertrauten Person besprechen? Freunde oder enge Kollegen trauen sich im direkten Austausch vielleicht nicht, die Sichtweise der anderen Partei einzunehmen, um nicht illoyal zu wirken. Die KI kann objektiv die möglichen Beweggründe und Interessen aller Beteiligten auflisten.

In der Diskussion über Konfliktlösungen gerät man manchmal in das Muster „Der oder die andere muss sich ändern.“ Im Methoden-Prompt wird die KI aufgefordert, die Lösungsvorschläge mit „Du könntest“ zu beginnen. Damit soll die Perspektive auf die eigene Handlungsfähigkeit gelenkt und zum Nachdenken angeregt werden: „Was könnte ich selbst tun?“

Einen weiteren Impuls gibt die KI mit der Formulierung: „Du könntest es auch so sehen.“ Vielleicht kann man die eigene Einstellung ändern, was den ganzen Konflikt beeinflussen könnte.

Zusammengefasst lädt die Methode zu drei Perspektivwechseln ein: die Beweggründe der anderen Partei verstehen, überlegen, was selbst getan werden kann und die eigene Sichtweise auf den Konflikt verändern.

Variationen

Variante: Zweierteam oder Einzelaufgabe

Im Praxisbeispiel arbeitet Frances mit einer Kleingruppe. Der Methoden-Prompt lässt sich auch in einem Zweierteam einsetzen, wodurch der Austausch noch intensiver wird. Wenn alle Teilnehmenden Zugriff auf ChatGPT haben, kannst Du die Methode als Einzelaufgabe nutzen.

Variante: Innerer Konflikt

Manchmal besteht der Konflikt nicht mit einer anderen Person, sondern mit uns selbst. „Zwei Seelen wohnen, ach, in meiner Brust," wie Goethe sagt. Hin- und hergerissen zwischen zwei Positionen.

Der Prompt wird so angepasst, dass beide „inneren Stimmen" zu Wort kommen. Am besten mit eindeutigen Namen versehen.

Beispiel: Dr. Fausts innerer Konflikt

Tun wir so, als hätte Faust – der Protagonist in Goethes Geschichte – ChatGPT zu seinem inneren Konflikt befragen können:

Du bist mein Konfliktberater.
Die beiden Konfliktparteien sind:
a = Der Gelehrte
b = Der Lebemann
Die Konfliktsituation stellt sich wie folgt dar:
Der Gelehrte würde am liebsten sein ganzes Leben damit verbringen, ständig neue Dinge zu lernen und die großen Rätsel der Wissenschaft zu lösen. Seminare besuchen, Bücher lesen und im Internet recherchieren sind seine große Leidenschaft. Der Lebemann denkt ganz anders. Er möchte jede Nacht auf einer anderen Techno-Party tanzen, intensivste Erlebnisse sammeln und das Leben in vollen Zügen genießen. Der

Konflikt besteht darin, dass beide verbunden sind und sich irgendwie einigen müssen. Eine Trennung ist ausgeschlossen.

Bitte analysiere den Konflikt nach folgendem Schema:
Ersetze a und b durch die Namen der Konfliktparteien.
1. Mögliche subjektive Sichtweisen und Interessen von Konfliktpartei [a] und [b] in Bezug auf die Konfliktsituation.
2. Schlage zwei kooperative Double-win-Lösungen vor.
Beginne mit den Formulierungen:
„[a] könnte" und „[b] könnte"
3. Schlage zwei verrückte exotische Lösungen vor.
Beginne mit den Formulierungen:
„[a] könnte" und „[b] könnte"
4. Schlage zwei Formulierungen vor, wie die Konfliktparteien die Sichtweise auf die Konfliktsituation verändern könnten.
Beginne die Formulierungen mit:
„[a] könnte das Ganze auch so sehen" und „[b] könnte das Ganze auch so sehen"

Die KI-Tipps für Fausts Seelen, die in seiner Brust wohnen:

1. Mögliche subjektive Sichtweisen und Interessen:
- Der Gelehrte möchte forschen.
- Der Lebemann schätzt intensive Erlebnisse und soziale Kontakte.

2. Kooperative Win-win-Lösungen:
- Der Gelehrte könnte vorschlagen, bestimmte Tage für ausschweifende Partys und Abenteuer einzuplanen, während an anderen Tagen ruhigere, lehrreiche Aktivitäten stattfinden.
- Der Lebemann könnte vorschlagen, gemeinsam neue Dinge zu lernen, die auch Spaß machen, wie z.B. Tanzen oder kreative Workshops besuchen.

3. Exotische Lösungen:
- Der Gelehrte könnte vorschlagen, einen gemeinsamen Vlog zu starten, in dem es um die Mischung von Erlebnissen und Erkenntnissen geht.

- Der Lebemann könnte eine Techno-Party-Reihe starten, die sich um wissenschaftliche Themen dreht, mit Vorträgen und Diskussionen während der Partys.

4. Änderung der Sichtweise:
- Der Gelehrte könnte intensive Erlebnisse als Quelle neuer Inspirationen für seine Studien sehen.
- Der Lebemann könnte wissenschaftliches Verständnis als Möglichkeit sehen, seine sinnlichen Abenteuer intensiver und bedeutungsvoller zu machen.

Win-win-Vorschläge können interessanter sein als Kompromisse

In der Liste findet sich der klassische Kompromiss im Sinne von: „Wir einigen uns in der Mitte – 50 % Wissenschaft und 50 % Party." Aber viel spannender finde ich die Win-win-Vorschläge, bei denen beide Interessen berücksichtigt werden, wie die Idee einer Techno-Party mit Vorträgen und Diskussionen.

Wäre die Geschichte von Faust nach dieser KI-Rückmeldung anders verlaufen? Wer weiß.

Selbst ausprobieren

Gibt es ein Thema, bei dem Du Dich hin- und hergerissen fühlst? Etwa nach dem Motto: „Einerseits möchte ich dies, andererseits das"? Dann probiere die Methoden-Variante mit dem inneren Zwiespalt aus. Gib Deinen zwei Stimmen einen markanten Namen und schildere der KI den Fall. Vielleicht gibt es eine Win-win-Lösung, mit der beide Deiner Seiten zufrieden sind.

Gedichte-Fazit

33

Abschluss-Runde mit Pep: ChatGPT fasst zusammen.

Voraussetzungen

- Kleingruppenvariante: 1x ChatGPT pro Kleingruppe
- Plenumsvariante: 1x ChatGPT für das Plenum, Projektion für die TN

Dauer

- 15 bis 25 Minuten

Gruppengröße

- Maximal 12 TN, wenn alle aktiv sein sollen

Einsatz

Unterhaltsame Zusammenfassung

Eine schnelle Schlussrunde eignet sich für alle Seminarthemen. Warum das Ganze nicht mit ein bisschen ChatGPT würzen? Die Teilnehmenden notieren ihr Fazit oder Feedback. Die KI fasst die Punkte in unterhaltsamer Form zusammen. Ein lebendiger Schlusspunkt für Dein Seminar.

Kurzbeschreibung der Methode

- Die Teilnehmenden bilden Kleingruppen.
- Sie tauschen sich über ihr Seminarfazit aus.
- Die Teilnehmenden entscheiden, in welcher Form ihr Fazit von der KI zusammengefasst werden soll.

- Der Methoden-Prompt wird mit den Angaben ergänzt.
- Der von der KI generierte Text wird im Plenum vorgetragen.

Methoden-Prompt

Bitte schreibe einen Text.
Schreibe den Text im Stil: ...
Länge: ...
Der Text ist das zusammenfassende Seminarfazit des Seminars: ...
Im Text sollen folgende Punkte berücksichtigt werden:
- ...
- ...
- ...
...

Praxisbeispiel

Beispiel: Kleingruppenvariante

In ihren Grundlagen-Excel-Kursen gestaltet Emma gerne am Ende eine Abschlussrunde. Ziel ist, dass alle noch einmal ein Fazit für sich ziehen und Feedback geben. Seit einiger Zeit nutzt sie dabei ChatGPT als auflockerndes Element.

Da ihre Seminare im PC-Raum stattfinden, haben alle Teilnehmenden Zugang zu ChatGPT. Etwa 30 Minuten vor Seminarende teilt sie Moderationskarten aus und erklärt: *„Bitte notiert auf dem Zettel zwei bis drei Lernerfahrungen aus dem heutigen Seminartag. Das kann ein Stichwort aus dem Inhalt sein, eine Erfahrung, die ihr gemacht habt, ein Gefühl oder eine Stimmung."* Dafür gibt sie den Teilnehmenden einen Moment Zeit.

Nachdem alle wieder Blickkontakt mit ihr aufgenommen haben, erklärt sie weiter: *„Bildet Dreierteams und tauscht euch kurz über eure Fazitpunkte aus. Danach tragt ihr eure Zusammenfassung im Plenum vor. Für euren Vortrag bekommt ihr Unterstützung von der KI. Auf der digitalen Seminarpinnwand findet ihr einen Methoden-Prompt für ChatGPT. Tragt dort in beliebiger Reihenfolge eure notierten Lernerfahrungen ein. ChatGPT erstellt daraus einen munteren Text. Ihr könnt selbst entscheiden, in welcher Form die Zusammenfassung formuliert wird. Es gibt drei Möglichkeiten zur Auswahl."* Diese Möglichkeiten hat sie am Whiteboard notiert:

- Abstraktes Gedicht – Länge 3 Strophen
- Wetterbericht – Länge maximal 5 Sätze
- Reißerische Radio-live-Sportreportage – Länge maximal 5 Sätze

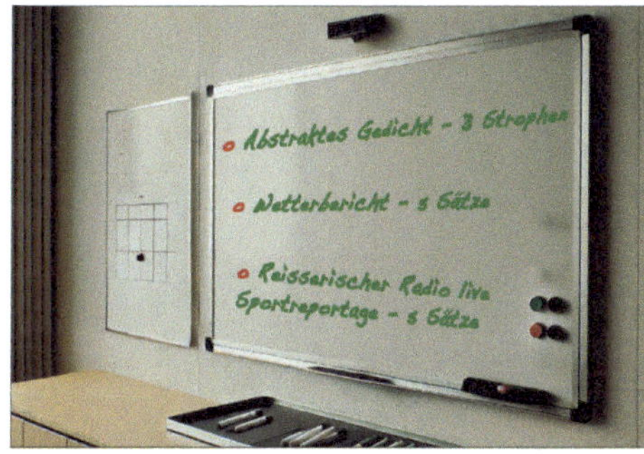

Abb.: Drei mögliche Formen der Zusammenfassung werden am Whiteboard vorgegeben.

Katja, eine proaktive Teilnehmerin, möchte sofort wissen, ob es möglich ist, einen eigenen Stil festzulegen.

„Natürlich. Das Ziel ist, dass der Inhalt nicht zu lang wird. Ihr könnt selbst wählen, wer von euch das Ganze gleich im Plenum vorträgt. Wie immer bei Texten von ChatGPT könnt ihr spontan Passagen oder Wörter ändern und ergänzen“, antwortet Emma.

Die Teams sind schnell gebildet, und schon geht es los. Im Dreierteam von Eugene, Gladys und Pearl sieht der ergänzte Methoden-Prompt so aus:

Bitte schreibe einen Text.
Schreibe den Text im Stil eines abstrakten Gedichts.
Länge: 3 Strophen
Der Text ist das zusammenfassende Seminarfazit des Seminars: Excel-Grundlagen.
Im Text sollen folgende Punkte berücksichtigt werden:
- Viel gelernt, viel Praxis
- Berührende Kontakte
- Beflügelnde Seminarleitung
- Habe Ansporn bekommen, mehr damit zu machen
- Relationaler Zellenbezug
- In vielen Aspekten nachdenklich
- Bedingte Zellenformatierung
- Inspirierend
- Ich bin mutig
- WENN DANN
- Ich packe es an
- Habe Lust, neue Dinge auszuprobieren

Auf Enter gedrückt und das Gedicht für die Plenumsrunde ist erstellt:

Alles ist möglich: Vom Gedicht ...

In einem Seminarraum, still und weit,
Excels Grundlagen, ein Spiel aus Zeit.
Viel gelernt, die Praxis im Blick,
Berührte Kontakte, mit viel Geschick.

Das Seminar verging wie im Flug,
Jetzt sind wir am Zug.
Ansporn kam, die Lust erwacht,
Mehr zu tun, was Excel entfacht.

Relationaler Zellenbezug, ein Pfad,
Nachdenklich in vielen Aspekten der Tat.
Bedingte Formatierung, ein Tanz,
Inspirierend, ein leiser Glanz.

Mutig bin ich, ich weiß auch wann,
WENN DANN, ein neuer Lauf begann.
Ich packe an, voller Schwung,
Lust auf Neues, auf zum Sprung.

Eugene ist begeistert: *„Huch, es sind ja sogar vier Strophen geworden."*

Bei der anschließenden Plenumsrunde stellt sich heraus, dass alle Gruppen eine andere Variante gewählt haben.

Die Sportreportage hört sich so an:

... über Sportreportage ...

Und hier sind wir wieder live aus dem Seminarraum! Mit atemberaubenden Übungen haben die Teilnehmer neue Höhen erklommen, und die Vielfalt der Diagrammtypen hat sie sprachlos gemacht. Doch nicht nur das! Hinter den Bildschirmen haben sie Kolleginnen und Kollegen kennengelernt, die genauso brennen für Daten und Zahlen! Die Stimmung? Sensationell! Denn wer hätte gedacht, dass Datenverknüpfungen so aufregend sein können? Und jetzt, haltet euch fest, Makros sind im Spiel! Eine neue Welt öffnet sich, und die Teilnehmenden sind motivierter denn je, um Excel zu beherrschen. Das ist nicht nur ein Seminar, das ist eine Excel-Revolution!

Und die Gruppe von Katja hat natürlich einen ganz eigenen Stil kreiert. Und zwar „Breaking News mit Emojis und Hashtags“.

... bis hin zu Breaking News mit Emojis.

🚨 BREAKING NEWS 🚨: Sensation im Excel-Grundlagen-Seminar! Berührende Kontakte geknüpft und beflügelt wie nie zuvor 🥳! Der Ansporn, mehr zu machen, ist enorm 💪! Mit relationalem Zellenbezug und der Funktion SUMME ist der Lernspaß garantiert 📈. Pivot-Tabellen und Tabellenblätter endlich verstanden, echte Erleuchtung bei den Funktionen erlebt 🌟! Die Stimmung? Einfach fantastisch! #ExcelMagic #LearningIsFun

Auch Emma, die Seminarleiterin, hat ihr Feedback an die Gruppe in Form eines Gedichts zusammenfassen lassen.

Im Raster der Zellen, im Rausch der Zahlen,
Motivierte Gruppe, die stets am Strahlen.
Gegenseitig stützen, in jedem Moment,
Lernbereitschaft, die kein Ende kennt.

Spaß hat es gemacht, das sei gesagt,
Gerne wieder, wenn der Ruf uns fragt.
Ihr seid toll, das Herz erhellt,
Dank euch, das Wissen erblüht und gefällt.

Bevor alle fröhlich und motiviert in den Feierabend gehen, werden alle Texte noch schnell auf der digitalen Seminarpinnwand gepostet.

Tipps und Hinweise

Kurze und lebendige Methode zum Schluss

Diese Methode ist ein unterhaltsames Upgrade zu den üblichen Schlussrunden. Wenn Du bereits im Seminar mit einer KI-Methode gearbeitet hast, ist der Ablauf schnell erklärt und kostet nicht viel Zeit.

Den Austausch in der Kleingruppe empfinden die Teilnehmenden oft als intensiver als nur eine schnelle Blitzlicht-Runde im Plenum.

Den Stil der Zusammenfassung des Teilnehmer-Feedbacks kannst Du komplett frei wählen lassen. Aber die Erfahrung zeigt, dass es besser ist, drei Möglichkeiten zur Auswahl vorzugeben. Andernfalls besteht die Gefahr, dass die Teilnehmenden sich eher mit den verschiedenen Stilen befassen und herumexperimentieren, anstatt sich über ihre Seminarerfahrungen auszutauschen. Passe die Stilvorschläge dem Thema an: Bei einem Workshop für Facility Manager könnte die Zusammenfassung wie eine Führung durch ein Gebäude formuliert werden, bei einer Verkaufsschulung werblich und überzeugend sein und in einem Raumfahrtunternehmen bekommen Außerirdische den Auftrag, den Text zu verfassen.

Variationen

Variante: Plenum

Zeitsparende Plenumsvariante

Falls Du keine Zeit mehr für die Kleingruppenvariante wie im Praxisbeispiel hast, gestalte die Runde im Plenum. Lass die Teilnehmenden zunächst ihre Lernerfahrungen, Stimmung oder Feedback zum Seminar notieren. Der Methoden-Prompt ist auf dem Laptop bereits vorbereitet und der Stil bestimmt – zum Beispiel ein achtstrophiges Gedicht. Die Teilnehmenden lesen reihum ihre Notizen vor und Du ergänzt diese stichwortartig sofort im Methoden-Prompt. Wenn alle fertig sind, schickst Du den Prompt ab und ChatGPT generiert das zusammenfassende Gedicht. Laut vorgetragen bildet es einen schönen Seminarabschluss.

Variante: Emoji-Feedback

Emojis statt vieler Worte

Eine schnelle Variante, die sich gut für das Online-Format eignet, ist das Emoji-Feedback. Voraussetzung: Alle Teilnehmenden haben Zugang zu ChatGPT und die Anwendung ist ihnen geläufig. Andernfalls würde die technische Erläuterung zu lange dauern für eine schnelle Schlussrunde. Lass zuerst alle Teilnehmenden einen Fazit-Halbsatz oder drei Fazitworte notieren. Dann gibst Du folgenden Methoden-Prompt in den Meeting-Chat:

> Bitte übersetze folgenden Text in möglichst viele Emojis.
> Gib nur die Emojis aus ohne den ursprünglichen Text: ...

Der Auftrag an die Teilnehmenden ist, diesen Text herauszukopieren und in ChatGPT einzufügen. Dann sollen sie den eigenen Fazittext ergänzen, den Prompt abschicken und die erzeugten Emojis zurück in den Meeting-Chat kopieren. Die Emoji-Übersetzung könnte beispielsweise so aussehen wie im Bild rechts.

Die Teilnehmenden arbeiten in ihrem eigenen Tempo und der Meeting-Chat füllt sich nach und nach mit den Emoji-Ketten. Im Chatverlauf kannst Du erkennen, wer als Erster mit der Aufgabe fertig war. Dadurch ist die Reihenfolge für die verbale Abschlussrunde festgelegt. Der oder die Schnellste im Chat macht den Einstieg, indem das vorher notierte Fazit laut in der Runde vorgetragen wird. Ich denke, gerade im Online-Format ist es schön, wenn alle am Ende ihr Mikrofon noch einmal einschalten und etwas sagen.

Wenn Du die Emoji-Übersetzung selbst ausprobierst, wirst Du feststellen, dass ChatGPT mal mehr und mal weniger Emojis ausgibt. Der Rekord in meinen Seminaren liegt bei 86 Emojis für fünf Wörter. Aber daran scheitert die Methode nicht – das ist eher unterhaltsam.

Abb.: Die Emoji-Ketten werden im Meeting-Chat geteilt.

Selbst ausprobieren

Nach 33 KI-Methoden: Einladung zum Feedback

Dies ist die 33. Methode in diesem Buch und ich lade Dich zu einem Zwischenfazit ein. Schreibe Deine Gedanken auf einen Zettel. Hat der Inhalt des Buches Deine Neugier geweckt? Hast Du Lust auf mehr Methoden? Gab es eine Stelle, die Dich inspiriert hat, etwas auszuprobieren? Vielleicht hast Du sogar Lust bekommen, Deine eigene Methode zu entwickeln?

Nutze zur Umformulierung deiner Stichworte den Methoden-Prompt. Ich bin gespannt, welchen Stil Du wählst. Vielleicht das Gedicht, den Sportbericht oder gar eine Emoji-Interpretation.

Ich freue mich über Deine Rückmeldung an: *mail@gert-schilling.de*

Bonus-Methoden

Ich erinnere mich noch an die Zeit, als es Videotheken gab. Auf den ausgeliehenen DVDs befand sich zusätzlich zum Film oft sogenanntes Bonusmaterial. Auch in diesem Buch erwartet Dich ein Zusatz von 10 % in Form von 3,3 besonders beschriebenen Methoden.

Das Kapitel 34 „Text Text Text" erklärt die grundlegenden Prinzipien der Texterstellung und deren Integration in eine KI-Methode. Im Abschnitt 35 „Bild Bild Bild" stelle ich drei Ideen vor, wie eine bildgenerierende KI im Seminar unterstützen kann. In Kapitel 36 „KI KI KI" macht ChatGPT selbst einen Vorschlag für eine neue Methode. Die abschließende 0,3-Passage „Ideen Ideen Ideen" präsentiert ein Dutzend Inspirationen für zukünftige KI-Methoden, die noch entwickelt werden wollen.

34

Text Text Text

ChatGPT: effiziente Live-Textunterstützung für jedes Seminar.

Worum geht es?

ChatGPT im Seminar gewinnbringend einsetzen

Eigentlich handelt es sich hierbei nicht um eine „typische" KI-Methode. In diesem Abschnitt geht es darum, wie Du die zentrale Fähigkeit von ChatGPT, Texte zu generieren, grundsätzlich im Seminar gewinnbringend für die Teilnehmenden einsetzen kannst. Ziel ist es, die Teilnehmenden dabei zu unterstützen, Texte zu erstellen, ohne sich dabei allzu sehr mit der Formulierung von Prompts auseinandersetzen zu müssen. Diese Unterstützung passt zu allen Seminarthemen, bei denen die Teilnehmenden im Sinne des Lernziels Texte schreiben sollen. Klassische Beispiele sind das Formulieren von Bewerbungsschreiben in einem Bewerbungstraining, das Erstellen eines Angebots in einem Marketingseminar, das Verfassen einer „Über mich"-Seite in einem Gründungsseminar oder das Verbessern von Skripten in einem Podcast-Seminar.

Texte erstellen

Bevor es in diesem Kapitel zu den Praxisbeispielen geht, erläutere ich zuerst, mit welchen drei bewährten Prinzipien klassischerweise Texte mit der KI erstellt oder verändert werden. Die drei grundlegenden Vorgehensweisen nennen sich:

Texterstellung mit KI: drei Möglichkeiten

- Iterativer Prozess
- Entwurfsverfeinerung
- One-shot-Prompt

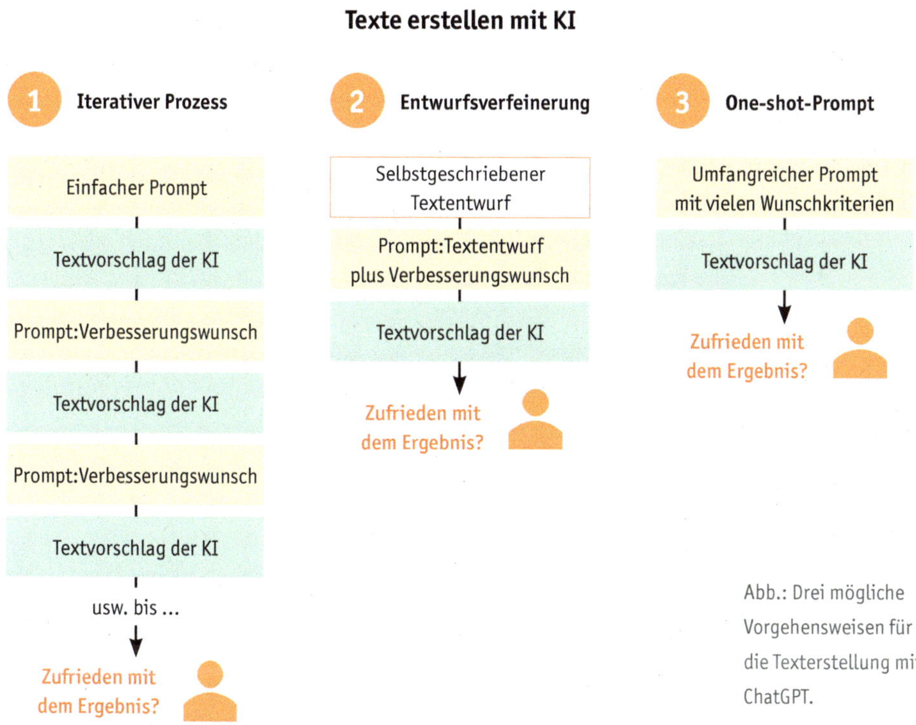

Abb.: Drei mögliche Vorgehensweisen für die Texterstellung mit ChatGPT.

Was verbirgt sich hinter den drei Begriffen? Im Folgenden erkläre ich an einem vereinfachten Textbeispiel die drei Methoden. Das Ziel ist vorgegeben: Mithilfe von ChatGPT soll ein Liebesbrief verfasst werden. Der Adressat ist das Leben, dem ich für die positiven Dinge in meinem Dasein danke.

Iterativer Prozess

Schrittweise Annäherung an das gewünschte Ziel

Iterativ bedeutet, dass etwas durch wiederholte Schritte und Verbesserungen abläuft, wobei jede Wiederholung auf den vorherigen Ergebnissen aufbaut. Ein solcher Prozess wird häufig in der Softwareentwicklung eingesetzt. Dabei werden immer wieder neue Versionen erstellt, die auf den vorherigen basieren, mit dem Ziel, Fehler zu beheben und Funktionen zu erweitern.

Bei der Texterstellung mit ChatGPT bedeutet dies, dass mit einem einfachen, grundlegend formulierten Prompt begonnen wird und die KI einen Text erstellt. Dann bewertet man das Ergebnis, überlegt sich, was verändert werden soll, und formuliert eine neue Eingabe dafür. Dieser Vorgang wird so oft wiederholt, bis der Text den Erwartungen entspricht.

Am Beispiel eines Liebesbriefs könnte die erste einfache Anweisung folgendermaßen lauten:

> Schreibe einen Liebesbrief.

Daraufhin wirft die KI meist einen allgemein gehaltenen, aber vor allem längeren Text aus:

> Liebe(r) [Name],
> ich hoffe dieser Brief erreicht dich in bester Gesundheit und guter Laune. Es gibt Momente, in denen ...

... und endet sechs Absätze später mit:

> Denn du bist das Beste, was mir je passiert ist.
> In Liebe,
> [dein Name]

Der nächste Prompt könnte lauten:

> Viel kürzer.

Daraufhin wird der Text gekürzt:

> Liebe [Anrede],
> ich muss dir einfach sagen, wie sehr ich dich liebe. Jeder Moment mit dir ist kostbar, und ich kann mir mein Leben ohne dich nicht mehr vorstellen. Du bist mein Glück, meine Stärke und mein größter Schatz.
> In Liebe,
> [dein Name]

O.K. Das entspricht noch nicht annähernd meinen Vorstellungen. Was fehlt, sind die korrekte Anrede, der Inhalt, den ich gerne erwähnt haben möchte, und eventuell der Schreibstil. Also folgen noch weitere Durchläufe mit den Prompts:

Der Adressat ist „das Leben“, der Absender „Gert“

Und der nächste Prompt:

Erwähne die Dankbarkeit für Gesundheit, Liebe und einen erfüllenden Beruf.

Und noch einer:

Formuliere in einem romantischen Stil.

Danach sieht der Text so aus:

Hallo Leben,
du unglaublicher Zauberer! Danke für die Gesundheit, die Liebe und diesen großartigen Job, der mein Herz zum Singen bringt. Mit dir ist jede Minute wie ein Tanz im Mondlicht. Ich liebe dich und freue mich auf all die romantischen Abenteuer, die wir noch erleben werden.
In Liebe,
Gert

An das Ergebnis hatte ich mich durch insgesamt fünf Prompt-Anweisungen herangerobbt.

Mitunter mühsam: ein Schritt nach vorn, ein Schritt zurück

Die Schwierigkeit bei diesem Verfahren ist, dass selbst nach vielen Anweisungen der Text nicht genau das ist, was man sich erhofft hat. Auch wenn keine Vorstellung davon besteht, wie der Text aussehen soll, passt das, was ChatGPT vorschlägt, nicht so ganz. Folgt eine neue Anweisung, um dem gewünschten Text näher zu kommen, kann es passieren, dass zwar an einigen Stellen Verbesserungen eintreten, aber gleichzeitig für gut befundene Formulierungen verschwinden.

Vielleicht kann es mit dem Versuch, eine leckere Suppe kochen zu lassen, verglichen werden. Die Schärfe ist schon okay, aber noch ist zu viel Salz drin. Wenn man ChatGPT vorgibt, „weniger Salz“, ist im nächsten Veränderungsschritt nicht nur das Salz, sondern plötzlich auch die

Schärfe weg. Und wo sind die leckeren Erbsen geblieben, die vorher noch drin waren? Oh, schade, die wurden durch Möhren ersetzt.

Tipp: Nur die Rosinen herauspicken

Da Texte aber keine Suppen sind, können aus jedem Schritt ihrer Entstehung die Ausdrucksweisen gesichert werden, die einem gefallen. Man fischt sich gewissermaßen die Erbsen schon auf den Teller, bevor sie im Topf durch Möhren ersetzt werden. Am Ende bleibt die Freiheit der Entscheidung, den Text als Ganzes zu übernehmen, Teile davon zu verwenden oder Inhalte als Anregungen für eigene Formulierungen zu nutzen. Das gilt für alle drei hier vorgestellten Methoden der Texterstellung. Du bestimmst die Textauswahl. Schließlich würdest Du auch einen Liebesbrief nicht ungelesen verschicken oder die Suppe servieren, ohne sie vorher abzuschmecken.

Entwurfsverfeinerung

Ausgangsmaterial verbessern statt bei Null beginnen

Bei der Entwurfsverfeinerung, auch „Refinement Prompting" genannt, erhält die KI einen vorhandenen Text mit der gezielten Anweisung, diesen zu verbessern.

Im Liebesbriefbeispiel wäre der erste Schritt, zunächst selbst einen Entwurf zu schreiben. Zum Beispiel so:

> Liebes Leben,
> ich danke dir für meine Gesundheit, für die Liebe zu meiner Frau und dafür, dass ich einen Job als Trainer habe, der mir Spaß macht. Das ist toll!
> Gruß, Gert

Diesen Text erhält die KI mit der Anweisung, einen Aspekt des Textes zu verändern. Der Prompt könnte beispielsweise so aussehen:

> Bitte folgenden Text in einen formellen Stil umformulieren: ...

Ist der Textentwurf im Prompt einfügt und abschickt, könnte folgender Vorschlag entstehen:

> Sehr geehrtes Leben,
> ich erachte es als angemessen, Ihnen meinen aufrichtigen Dank auszusprechen für die mir gewährte Gesundheit, die

Liebesbindung zu meiner Ehefrau sowie die Möglichkeit, die berufliche Tätigkeit als Trainer auszuüben. Diese Umstände werden von mir als äußerst erfreulich betrachtet. Demnach möchte ich nochmals aufrichtig für Ihre Beiträge Dank aussprechen.
Mit vorzüglicher Hochachtung,
Gert

Der Vorteil dieser Methode ist, dass in der Regel die Inhalte und die Grundstruktur des Textes erhalten bleiben. Je nachdem, wie dezent die Prompt-Anweisung formuliert ist, werden nur Details am Text verändert, und ein großer Teil des individuellen Schreibstils bleibt erhalten.

Vorteil: Inhalte und Grundstruktur bleiben erhalten

One-shot-Prompt

Der Name verrät es schon fast – der One-shot-Prompt ist eine Methode, bei der durch eine einzige präzise formulierte Eingabeaufforderung sofort eine zufriedenstellende Textformulierung erreicht werden kann. Der Schlüssel liegt in der detaillierten und klaren Formulierung des Prompts. Probieren wir es mit dem Liebesbriefbeispiel:

Mit präziser Aufforderung schneller zum Ergebnis kommen

Schreibe einen Liebesbrief an das Leben. Der Absender ist Gert. Erwähne in dem Brief die Dankbarkeit für die Gesundheit, die Liebe und den erfüllenden Beruf des Trainers. Schreibe den Brief in einem schwungvollen Stil. Länge: maximal 4 Sätze.

Der Textvorschlag auf den Prompt könnte lauten:

Liebes Leben,
ich muss zugeben, du machst deinen Job verdammt gut!
Danke für die Gesundheit, die Liebe und die Arbeit als Trainer, die mein Leben so richtig in Schwung bringt. Du sorgst echt für Action – und ich liebe es! Lass uns weiter zusammen durch die Höhen und Tiefen tanzen!
Cheers, Gert

Bei dieser Methode ist es wichtig, sich im Voraus klar darüber zu sein, was erreicht werden soll. Je präziser die Vorüberlegungen sind, desto wahrscheinlicher ist es, beim ersten Versuch ein gutes Textergebnis zu erzielen.

Die Mischung macht's

Die Vorteile aller drei Ansätze kombinieren

Jede Methode hat ihre Vor- und Nachteile. Die Prinzipien, die im Liebesbriefbeispiel grundlegend beschrieben sind, können munter kombiniert werden. Wie wäre es, zuerst einen eigenen Textentwurf zu erstellen und ihn mit einer Entwurfsverfeinerung anzupassen? Wenn das Ergebnis noch nicht zufriedenstellend ist, kannst Du einen ausführlicheren One-shot-Prompt verwenden und den Text schrittweise in einem iterativen Prozess verbessern, bis er Deinen Vorstellungen entspricht oder ihnen zumindest sehr nahekommt.

Abb.: Alle drei Methoden können munter kombiniert werden, um zu einem zufriedenstellenden Textergebnis zu kommen.

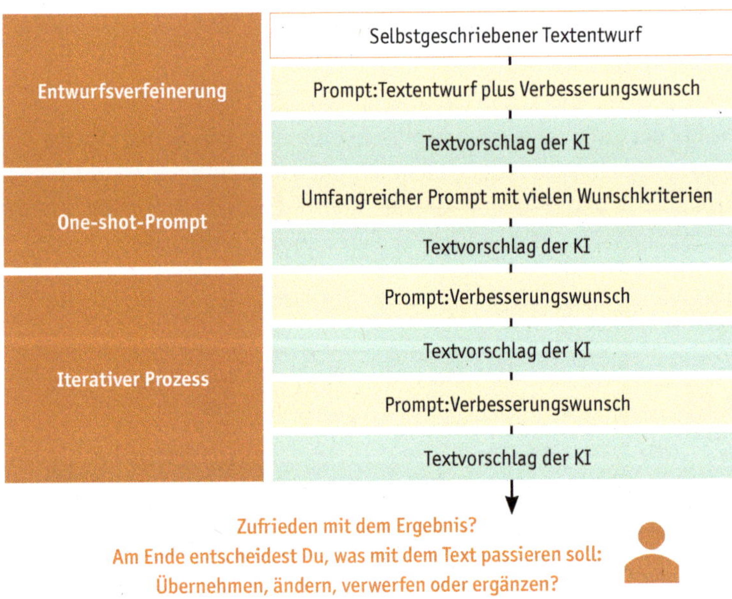

Praxisbeispiele

Drei Beispiele

Im Folgenden erläutere ich drei Praxisbeispiele, in denen jeweils ein Prinzip der KI-Texterstellung im Rahmen eines Seminarablaufs eingesetzt wird.

Seminarpraxisbeispiel für den iterativen Prozess

In einem Verkaufstrainingsseminar soll die Teilnehmergruppe von Chen gemeinsam im Team einen Produktbeschreibungstext erstellen.

Die Teilnehmenden können die Vorschläge der KI über einen Bildschirm mitverfolgen. Für das innovative neue Produkt namens „GreenGuard: Der smarte Pflanzenpflege-Assistent" soll ein erklärender Text entstehen, mit dem alle Anwesenden einverstanden sind. Der erste Prompt, den Chen eingibt, lautet:

Schreibe eine Produktbeschreibung über GreenGuard: dein smarter Pflanzenpflege-Assistent.

Der erste Textvorschlag geht schon in die richtige Richtung, trifft aber noch nicht ganz die Vorstellung der Teilnehmenden.

GreenGuard: dein smarter Pflanzenpflege-Assistent
GreenGuard überwacht Feuchtigkeit, Licht, Nährstoffe und Temperatur. Mit der App erhältst du individuelle Pflegepläne. Besuche *www.greenguard.plants* und erleichtere dir die Pflanzenpflege!

Die erste Reaktion eines Teilnehmers lautet: *„Ich bin überrascht, dass die KI weiß, dass es sich um eine App handelt. Und eine Website-Adresse wird auch vorgeschlagen. Die gibt es zwar nicht, aber – wow."*

In einer kurzen Diskussion besprechen die Teilnehmenden, an welcher Formulierungsschraube Chen noch drehen sollte. Chen promptet nacheinander „Text verlängern auf ca. 50 Zeichen", „Mehr bildhafte Sprache verwenden" und „Baue ein konkretes Beispiel ein". Nach drei KI-Veränderungsschritten sind die Teilnehmenden so weit zufrieden, dass sie den Text mit einigen „händischen" Ergänzungen und Korrekturen übernehmen wollen.

Seminarpraxisbeispiel für die Entwurfsverfeinerung

Aarav gibt Seminare zum Thema „Effektive Nutzung von Social Media". Aktuell geht es in seinem Seminar um das Verfassen von Posts. Alle Teilnehmenden haben bereits Beiträge geschrieben und erhoffen sich weitere Anregungen. Anstatt die Posts vollständig von der KI schreiben zu lassen, bevorzugt Aarav die Vorgehensweise, Texte größtenteils selbst zu verfassen und anschließend mithilfe der KI zu verfeinern.

Dafür lädt er die Teilnehmenden ein, mit ihren bereits geschriebenen Texten zu experimentieren. Sie sollen überprüfen, ob sich der Text besser anhört, wenn sie den Stil durch die KI ändern lassen. Außerdem lässt er sie testen, wie einfach es ist, die Länge des Textes für eine bestimmte Plattform anzupassen, und ob sich ein Text leicht von der „Sie"-Form in die „Du"-Form umwandeln lässt.

Seminarpraxisbeispiel für den One-shot-Prompt

Auf einem Workshop für Start-ups integriert Claudia eine Übung zum Elevator Pitch. Zuerst bittet sie alle Teilnehmenden, auf einem Blatt Papier oder dem Tablet folgende Informationen festzuhalten: den eigenen Vornamen, das Angebot, die Idee oder das aktuelle Projekt, die Besonderheit daran sowie den sogenannten Call-to-Action, also das, was sie bei dem Gegenüber als Handlung auslösen wollen. Als letzten Punkt sollen die Teilnehmenden den Stil notieren, in dem sie gerne auftreten oder formulieren möchten. Da die Workshop-Teilnehmenden sehr technikaffin sind, haben alle Zugang zu ChatGPT auf ihren Smartphones. Claudia stellt den Teilnehmenden folgenden Prompt zur Verfügung mit der Bitte, die Lücken zu füllen:

> Bitte formuliere einen Elevator Pitch.
> Der Pitch soll folgende Informationen enthalten:
> Name: ...
> Angebot/Idee/Projekt: ...
> Besonderheit: ...
> Call-to-Action: ...
>
> Stil: ...
> Länge: maximal 80 Worte
> Formuliere für eine einzelne Person, die mit „du" angesprochen wird.

Und schon haben alle ihren individuellen Elevator-Pitch-Text generiert. Claudia gibt noch folgenden Hinweis: *„In der gleich startenden Netzwerkpause seid ihr eingeladen, ganz bewusst jeden anderen anzusprechen, den ihr noch nicht kennt, und euch mit eurem Elevator Pitch vorzustellen. Ihr könnt den Text gerne ablesen. Wir wissen alle, dass er erst vor Kurzem entstanden ist. Natürlich lade ich euch ein, die Formulierungen zu ändern und für euch stimmig anzupassen."*

Schauen wir beispielsweise auf Tims Smartphone-Display. Er hat den Prompt mit folgenden Infos ergänzt: Erinnerungs-Agentur, schafft Erinnerungen für besondere Momente im Leben, auf der Webseite *www.erinnerung.agentur* stöbern, sinnlich.

> Hey du! Fühlst du manchmal die Sehnsucht nach unvergesslichen Momenten? Ich bin Tim von der Erinnerungs-Agentur, die deine kostbarsten Augenblicke zum Leben erweckt. Tauche ein in unsere Welt der Sinnlichkeit und erlebe, wie wir für dich Erinnerungen zaubern, die ewig währen. Neugierig geworden? Dann besuche *www.erinnerung.agentur* und entdecke, wie wir deine Träume Wirklichkeit werden lassen. Bereit, die Magie der Erinnerung zu spüren? Hier ist meine Karte.

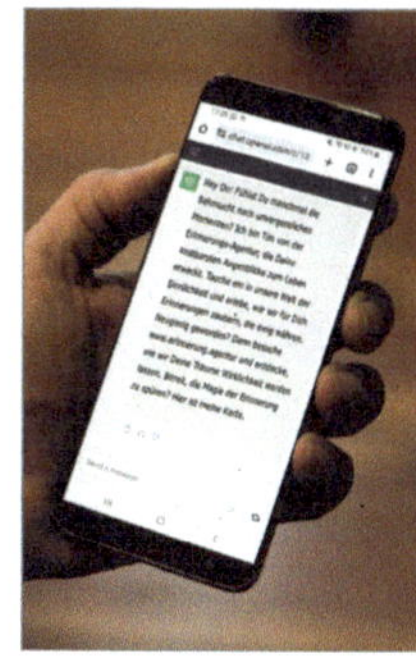

Abb.: Elevator-Pitch-Entwurf von ChatGPT auf dem Smartphone.

Tim ist mit dem Entwurf zufrieden. Bevor er in die Pause geht, ändert er noch einige Formulierungen und ist bereit für seinen Elevator Pitch.

Tipps und Hinweise

Dein Seminar hat in der Regel nicht das Ziel, den Teilnehmenden genau beizubringen, wie sie mit ChatGPT arbeiten können. Das wäre ein spezielles Seminarthema. Bei Dir geht es um EDV-Schulung, Kommunikation, Zeitmanagement oder Teamentwicklung. Deshalb ist die Idee, die Handhabung der KI für die Teilnehmenden im Seminar so einfach wie möglich zu gestalten. So sollten sich die Teilnehmenden nicht um das Prompt Engineering, also das Formulieren von effektiven Eingabeaufforderungen, kümmern müssen, sondern sich mit der Unterstützung der Seminarleitung auf die Erstellung und Auswahl der Texte konzentrieren.

Iterativer Prozess

Iterativ: Start ohne konkrete Vorstellung

Der iterative Prozess eignet sich im Seminarsetting, wenn noch keine konkrete Vorstellung vom Text besteht. Erst durch die Vorschläge der KI wird deutlich, an welcher Stelle noch Anpassungen nötig sind. Besonders bewährt hat sich der Einsatz, wenn ein gemeinsamer Text entstehen soll. Die Teilnehmenden arbeiten nicht allein, sondern die einzelnen Veränderungsschritte werden gemeinsam in der Gruppe besprochen. Am besten gibst Du die entsprechenden Prompts direkt am Rechner ein, während die Teilnehmenden die KI-Antworten am Großbildschirm mitverfolgen können.

Entwurfsverfeinerung

Verfeinern: Vorgeschriebenes verbessern lassen

Bei der Entwurfsverfeinerung ist es sinnvoll, dass die Teilnehmenden bereits einen fertigen Text mitbringen oder diesen in Ruhe im Seminar entwerfen, und zwar unbeeinflusst von der KI. Der Prompt, der den erstellten Text verändern soll, kann in der Regel recht einfach gehalten werden.

> Bitte folgenden Text ... umformulieren: ...

In die erste Lücke tragen die Teilnehmenden ihre Umformulierungswünsche ein, zum Beispiel „auf 4 Sätze gekürzt“, „in plakativem Stil“ oder „mit vielen Emojis“. An das Ende wird der komplett vorbereitete Text kopiert.

Lass die Teilnehmenden vorher maximal zwei bis drei Kriterien notieren, wie der Text umformuliert werden soll, damit sie sich nicht zu schnell in zu vielen Möglichkeiten verlieren.

One-shot-Prompt

One-shot: gute Vorbereitung für einen möglichst reibungslosen Ablauf

Einen guten One-shot-Prompt zu formulieren, ist oft die schwierigste Aufgabe. Hier ist es wichtig, den Teilnehmenden so viel Denkarbeit wie möglich abzunehmen und eine klare Anweisung vorzubereiten, in die sie nur noch ihre individuellen Angaben einfügen müssen. Bei den meisten Methoden in diesem Buch nutze ich diese Möglichkeit. Das Ziel ist, dass bereits mit einem Prompt eine Antwort entsteht, mit der im Seminar weitergearbeitet werden kann.

Mehr zu den Gedanken für die KI-Methoden-Prompt-Formulierung findest Du in den einführenden Kapiteln dieses Buches (ab Seite 12).

Selbst ausprobieren

Ich lade Dich zu einem kleinen Experiment ein. Lass die KI ein Schriftstück verfassen und teste die drei Prinzipien der Textgenerierung: den iterativen Prozess, die Entwurfsverfeinerung und den One-shot-Prompt. Welches Verfahren gefällt Dir am besten und warum eigentlich?

Und noch ein Experiment: Wie wäre es mit Deinem eigenen Elevator Pitch mit dem Methoden-Prompt aus dem Beispiel?

Bild Bild Bild

35

Mit Live-KI-Bildern im Seminar Interaktion und Kreativität fördern.

Worum geht es?

Bildgebende KI gewinnbringend im Seminar einsetzen

Wie bei der Methode „Text Text Text" handelt es sich auch hierbei nicht um eine typische KI-Methode, sondern darum, wie Du bildgenerierende KI live im Seminar didaktisch sinnvoll einsetzen kannst.

Traditionell werden Bilder im Seminar oft auf Postkarten ausgedruckt verwendet. Ein typisches Beispiel: Die Karten liegen verstreut auf dem Boden. Die Teilnehmenden wählen davon eine aus, die ihrer aktuellen Stimmung entspricht. Technisch angepasst kann das auch digital im Online-Format durchgeführt werden.

Die visuellen Materialien, die im Seminar eingesetzt werden, können selbst fotografiert, gekauft oder im Vorfeld des Seminars mit der KI generiert werden. Alle diese Methoden haben gemeinsam, dass fertige Bilder mitgebracht oder bereitgestellt werden.

Mit der bildgenerierenden KI hast Du die spannende Möglichkeit, Grafiken direkt im Seminar entstehen zu lassen. Die Antwortzeit für die Bildgenerierung ist in der Regel länger als bei Texten über ChatGPT. Wie bei allen generativen KIs basiert die Ausgabe auf Trainingsdaten und Wahrscheinlichkeiten, enthält aber auch zufällige Elemente. Auf die gleiche Anfrage entstehen unterschiedliche Ergebnisse. Zu Hause oder im Büro hast Du eventuell viel Zeit, mit den Prompts zu experimentieren, bis die perfekte Grafik entsteht. Wenn Du allerdings eine Darstellung direkt im Seminar generierst, ist eine schnelle Umsetzung wichtig. Für den Seminareinsatz bedeutet das, einen Ablauf zu entwickeln, der mit der ersten generierten Abbildung durchführbar ist. Eine Bild-KI-Methode sollte mit verschiedenen Bildvarianten funktionieren – also einen möglichst großen Toleranzbereich aufweisen.

Hier folgen drei Praxisbeispiele mit der Bild-KI, die Dir als Inspiration dienen sollen, eigene Einsatzideen zu entwickeln.

Praxisbeispiel

Seminarpraxisbeispiel 1: Impro-Storytelling

Beispiel: Geschichten zu KI-generierten Comicstrips

Im Kommunikationsseminar von Tanja haben sich die Teilnehmenden eine Übung zum improvisierten Storytelling gewünscht. Dafür hat sie eine spannende, aber auch herausfordernde Aufgabe vorbereitet. Die Teilnehmenden sollen aus dem Stegreif anhand eines Comics eine Geschichte erfinden. Zur Unterstützung hat sie auf einem Flipchart ein vierteiliges Erzählschema visualisiert:

1. **Einführung:** Vorstellung der Charaktere, des Settings und der Ausgangssituation.
2. **Herausforderung:** Darstellung des zentralen Konflikts oder Problems, das die Charaktere überwinden müssen.
3. **Lösung:** Der Moment, in dem das Problem gelöst wird.
4. **Ergebnis:** Die (positiven) Konsequenzen der Lösung und der Abschluss der Geschichte.

Sie gibt noch Formulierungstipps wie: den Charakteren Namen geben, wörtliche Rede einbauen, Verben und Adjektive verwenden.

Nach diesem kurzen Theorieteil wird es ernst. Tanja erklärt die Vorgehensweise: *„Ihr bekommt gleich einen zufälligen Comicstreifen, um dazu spontan eine Geschichte zu erfinden. Ihr könnt auf drei Dinge Einfluss nehmen. Erstens: Wer sollen die Protagonisten eurer Geschichte sein – Menschen, Tiere oder Gegenstände? Zweitens: Ihr könnt ein Objekt wählen, das in eurer Geschichte eine Rolle spielt. Und drittens könnt ihr das Hauptthema der Geschichte festlegen. Zum Beispiel Liebe, Optimismus oder Freundschaft. Bitte notiert die Entscheidungen auf einen Zettel."* Sie empfiehlt, sich schon vorab Namen für die Hauptfiguren zu überlegen, um den Einstieg in die Geschichte zu erleichtern.

In der Bild-KI auf ihrem Laptop hat sie folgenden Methoden-Prompt vorbereitet:

> Erzeuge einen Comicstrip mit vier Panels in einem Breitbild-Seitenverhältnis. Jedes Panel zeigt eine andere Szene.
> Die Protagonisten: ...
> Folgender Gegenstand soll vorkommen: ...
> Das Hauptthema: ...

„Wer möchte starten?", fragt Tanja. Mutig meldet sich Barış. Er hat auf seinem Zettel Folgendes notiert: Die Protagonisten sind zwei Außerirdische, der Gegenstand ist ein Stein und das Hauptthema soll die Liebe sein.

Nachdem Tanja die Angaben im Methoden-Prompt ergänzt hat, erscheint folgendes live generierte Bild von der KI auf dem Bildschirm.

Abb.: KI-generierter Comicstrip zum Thema Liebe mit Außerirdischen und einem Stein.

Barış legt los: *„Auf dem Planeten Zylor arbeiten Zara und Tiko zusammen, ohne zu erkennen, dass sie sich ineinander verliebt haben. Eines Tages entdeckt Zara ein mysteriöses Gerät aus einer anderen Dimension, welches den Planeten bedroht. ‚Tiko, sieh dir das an!', ruft Zara aufgeregt. ‚Wir müssen einen blauen Stein in einen gelben verwandeln, um Zylor zu retten.' ‚Das schaffen wir gemeinsam', antwortet Tiko entschlossen. Zusammen entwickeln sie ein Verfahren, um die Farbe des Steins zu transformieren. Nach erfolgreicher Rettung des Planeten gestehen sich Zara und Tiko endlich ihre Liebe und beschließen, ihre Zukunft gemeinsam zu gestalten."*

Dafür gibt es Applaus von der Gruppe. Als Nächste meldet sich Carola. Ihre Protagonisten sind ein Hund und eine Maus, der Gegenstand ist ein Sofa, das Thema Abenteuer.

Tanja ändert den Prompt und nach kurzer Zeit hat die Bild-KI folgenden Comic erstellt:

Abb.: KI-generierter Comicstrip zum Thema Abenteuer mit einer Maus, einem Hund und einem Sofa.

Hier ist die Geschichte von Carola: *„In einem kleinen Haus am Waldrand lebten der abenteuerlustige Hund Max und die kluge Maus Mia. Jeden Abend kuschelten sie sich auf ihrem großen Sofa zusammen und erzählten sich Geschichten. Eines Nachts entdeckten sie eine alte Karte zu einem Schatz in einem verwunschenen Wald und brachen sofort auf. Im Wald meisterten sie viele Gefahren und fanden schließlich eine Truhe. ‚Schau, Mia, wir haben es geschafft!', rief Max. Doch die Truhe enthielt kein Gold, sondern Bücher mit magischen Geschichten. Erschöpft, aber glücklich kehrten Max und Mia heim. Sie freuten sich über die gefundenen Geschichten und träumten von neuen Abenteuern."*

Nachdem alle Teilnehmenden ihre Geschichten erzählt haben, wird schnell klar, wie mit einigen Kniffen Leben in die Story kommt. In der nächsten Aufgabe lässt Tanja diese Erfahrungen auf die Formulierung von Präsentationen, Werbebotschaften und Social-Media-Posts übertragen.

Seminarpraxisbeispiel 2: Sprachtraining

Beispiel: Vokabeltraining

Henry gibt einen Englischkurs-Grundkurs. Um die Vokabelwiederholung lebendig zu gestalten, hat er sich folgende Übung ausgedacht:

Er teilt die sechs Sprachlernenden in zwei Dreierteams. Jede Gruppe erhält die Aufgabe, fünf Substantive auf Englisch zu notieren, die aus den letzten Unterrichtsstunden noch im Gedächtnis geblieben sind. Mit den Begriffen der Teilnehmenden erzeugt er über eine Bild-KI eine Abbildung. Dafür nutzt er folgenden Prompt:

> Create a photorealistic colourful picture with the following objects: ...

Von einer Gruppe bekommt er die Begriffe: clock, sun, house, tent, car, dog und water. In den Methoden-Prompt eingegeben, entsteht ein Bild, das diese Objekte enthält und collageartig aussieht. Die Aufgabe der Teilnehmenden ist es, reihum das Bild mit möglichst vielen Verben und Adjektiven zu beschreiben. Die meisten der abgebildeten Substantive sind der Gruppe bekannt, denn sie haben diese ja selbst bestimmt. So fällt der Einstieg in die Formulierungen leicht. Manchmal fügt die Bild-KI eigenständig neue Gegenstände hinzu. Wer von den Teilnehmenden den englischen Begriff kennt, ist natürlich eingeladen, auch diese Objekte zu beschreiben.

Hier ist das Ergebnis der obigen KI-Generierung:

Abb.: KI-generiertes Bild mit bestimmten vorgegebenen Objekten.

Eine nächste Gruppe kommt an die Reihe, mit weiteren Begriffen und einem anderen, neu generierten Bild.

Seminarpraxisbeispiel 3: Feedback üben

Beispiel: Mehrstufiges Feedback

In einem Führungstraining möchte die Seminarleiterin Ananya mit den Teilnehmenden das Prinzip des Clean-Feedback-Modells trainieren. Vorher hat sie auf einem PowerPoint-Chart die drei Phasen des Modells dargestellt:

1. Wahrnehmung
2. Interpretation
3. Wirkung

Dazu erklärt Ananya: *„Das Clean-Feedback-Modell konzentriert sich darauf, klare und unverzerrte Rückmeldungen zu geben. Es besteht aus drei Schritten: Im ersten Schritt, der Wahrnehmung, wird objektiv beschrieben, was beobachtet wird, ohne Interpretation oder Bewertung. Im zweiten Schritt schilderst du deine Interpretation oder Meinung, basierend auf deiner Wahrnehmung. Im dritten Schritt geht es um die Wirkung. Dabei wird erklärt, welche Gefühle oder Reaktionen die Interpretation in dir auslöst."*

Nach der Erläuterung teilt Ananya die Seminargruppe in Dreierteams auf. Jedes Team erhält folgende Aufgabe: *„Beschreibt in einem Satz eine fiktive Szene, in der eine oder mehrere Personen vorkommen und Gefühle im weitesten Sinne eine Rolle spielen. Zum Beispiel: ‚Zwei Personen arbeiten genervt an einem Experiment im Labor', ‚Eine Person freut sich beim Auspacken eines Geschenks im Freundeskreis' oder ‚Zwei Personen gehen Hand in Hand durch eine Fabrikhalle'. Die entworfenen Szenen können mit eurem Berufskontext zu tun haben, müssen es aber nicht. Sobald ihr eine Idee habt, schreibt den Satz auf einen Zettel und gebt ihn mir."*

Mit den Sätzen der Teilnehmenden generiert Ananya mit einer Bild-KI jeweils ein Bild. Der Methoden-Prompt dazu ist ganz simpel:

> Kreiere ein Bild, auf dem folgende Szene dargestellt ist: ...

Erst wenn das Bild fertig ist, macht sie die Darstellung über den Beamer für alle sichtbar. Die Teilnehmenden bekommen die Aufgabe, drei Punkte zu notieren: erstens die Elemente, die sie wahrnehmen, zweitens eine Interpretation der Wahrnehmung und drittens, wie die Szene auf sie wirkt. Die Gruppe, die die Szene entworfen hat, kann ebenfalls mitmachen, hat aber natürlich einen etwas anderen Blick auf das Bild. Los geht es mit Bild eins:

Abb.: KI-generiertes Bild zum Prompt „Eine Person präsentiert eine lange PowerPoint in einem Meeting."

Die ersten Teilnehmenden lesen ihre Wahrnehmungen vor: *„Ich sehe eine Uhr." „Es sind Menschen abgebildet." „Die Frau, die auf die Leinwand zeigt, trägt einen weiß-blau gestreiften Pullover."* Danach folgen die Interpretationen: *„Die Zuhörer der Präsentation scheinen gelangweilt." „Es ist kurz vor zwei, und alle sind im Mittagstief."* Zuletzt die Wirkung: *„Ich denke da an die furchtbaren Nachmittagsmeetings in meiner letzten Firma." „Da hätte ich keine Lust, dabei zu sein."*

In der anschließenden Reflexion stellen die Teilnehmenden fest, dass es schwierig sein kann, erst mal nur zu beschreiben und eigene Interpretationen und Bewertungen nicht umgehend einfließen zu lassen. Die Kleingruppe verrät den Satz, der die Vorlage für das Bild war: „Eine Person präsentiert eine lange PowerPoint in einem Meeting."

Das Bild von Team zwei sieht so aus:

Abb.: KI-generiertes Bild von zwei Joggenden im Park.

Auch hier merken die Teilnehmenden, wie schwierig es ist, bei der Wahrnehmungsbeschreibung nicht schon interpretierende Worte wie „glücklich" oder „verliebt" zu verwenden. Das Ziel, eine Situation genau wahrzunehmen und in der Feedbackformulierung differenzierter zu werden, hat Ananya jedenfalls mit dieser Übung in ihrer Seminargruppe erreicht.

Tipps und Hinweise

Bilder verstärken die Lernwirkung

Die Lernziele der drei Bild-KI-Methoden lassen sich sicherlich in abgewandelter Form auch ohne Visualisierung erreichen. Aber Bilder haben auf viele Teilnehmende eine inspirierende Lernwirkung und erzeugen Aufmerksamkeit. Dass die Bilder unmittelbar im Seminar entstehen, hat einen besonderen Effekt und erhöht ihre Wirksamkeit.

Die Teilnehmenden können mit ihren Rückmeldungen den Bild-Prompt beeinflussen. Das macht die Übung spannender als bei vorher festgelegten Prompts. Auch hier macht es, wie bei den textgenerierenden Prompts, die Mischung: Es wird ein erprobtes Grundgerüst eingesetzt, welches mit individuellen Angaben der Teilnehmenden direkt im Seminar gefüllt wird.

Bei den erzeugten Bildern ist mit Überraschungen zu rechnen. Der Faktor Zufall spielt mit, macht aber auch den Charme des KI-Einsatzes aus.

Selbst ausprobieren

Abb.: KI-generierter Comicstrip der gemeinsamen Abenteuer von Glossa, der Sprach-KI, und Pixel, der Bild-KI.

In Anlehnung an die vorgestellten Methoden gibt es diesmal gleich drei Aufgaben.

Erstens: Erfinde spontan eine Geschichte zu folgendem Comicstrip. Es sind übrigens die gemeinsamen Abenteuer von Glossa, der Sprach-KI, und Pixel, der Bild-KI, dargestellt.

Zweitens: Beschreibe diese Collage in einer Dir geläufigen Fremdsprache mit verschiedenen Verben, Adjektiven und Substantiven.

Abb.: KI-generiertes Bild mit bestimmten vorgegebenen Objekten.

Drittens: Beschreibe in dieser Feedback-Übung die unten abgebildete Situation in drei Schritten: Was nimmst Du wahr, wie interpretierst Du die Situation und was löst sie für Gedanken und Gefühle in Dir aus?

Abb.: KI-generiertes Bild einer Gruppensituation.

36

KI KI KI

Mit KI-Impulsen den eigenen Weg finden.

Worum geht es?

KI-Methoden – direkt von der KI?

Als ich meinen Freunden erzählt habe, dass ich an einem Buch über KI-Methoden arbeite, durfte ich mir manchmal den Spruch anhören: „Ach, du lässt dir wohl alles von ChatGPT schreiben?“

Das hat mich auf die Idee gebracht, die KI eine neue KI-Methode vorschlagen zu lassen. Wie bin ich vorgegangen? Zuerst habe ich alle Einstellungen deaktiviert, die der KI erlauben, von meinen Daten zu lernen. Damit ChatGPT weiß, was KI-Methoden überhaupt sind und wie sie beschrieben werden, habe ich ihr einige Texte gegeben. Dann wurde die Anweisung erteilt:

> Erfinde eine neue KI-Methode und beschreibe sie nach dem gleichen Muster.

KI-Methoden-Vorschläge der KI

Das ist die Antwort auf die Aufforderung, eine neue KI-Methode zu erfinden:

> ** Methodenname: KI-gestützte Entscheidungsfindung
> ** Slogan: Pro- und Contra analysieren, gemeinsam entscheiden.
>
> ** Einsatz: Diese Methode eignet sich für Teamprozesse, bei denen Entscheidungen getroffen werden sollten.

** Kurzbeschreibung: Die KI hilft dabei, Vor- und Nachteile strukturiert darzustellen.

** Methoden-Prompt: Bitte hilf mir, Entscheidungsoptionen zu einem bestimmten Thema zu bewerten.

** Praxisbeispiel
Paul leitet ein Meeting, in dem ein Team entscheiden muss, welche neue Marketingstrategie für das nächste Quartal verfolgt werden soll. Nachdem Paul den Prompt in ChatGPT eingegeben hat, erhält er folgende Rückmeldung:

Social-Media-Kampagne
++ Vorteile:
- Hohe Reichweite und Interaktion
- Gezielte Werbemöglichkeit
++ Nachteile:
- Zeitaufwendig
- Ergebnisse schwer zu messen

Paul teilt die Teilnehmenden in kleine Gruppen ein. In diesen Gruppen besprechen sie die Vor- und Nachteile. Danach wird entschieden und die Ergebnisse im Plenum präsentiert.

** Tipps und Hinweise
Die KI-gestützte Entscheidungsfindung hilft, relevante Aspekte einer Entscheidung systematisch zu analysieren.

Epilog

Der KI-generierte Methoden-Vorschlag löste bei mir eine Mischung aus Respekt und Ernüchterung aus. Okay, keine schlechte Idee, die Pros und Kontras einer Idee von der KI analysieren zu lassen. Für mich sind allerdings die Methodenbeschreibung und der Methoden-Prompt nicht ganz schlüssig.

Die Grundidee habe ich als Impuls genutzt, um daraus einen typischen KI-Methoden-Prompt zu entwickeln. Mit Lücken, die je nach Thema individuell im Seminar ergänzt werden können.

> Ich möchte, dass du mich bei der Entscheidungsfindung unterstützt.
> Meine Frage ist: ...
> Liste bitte drei Entscheidungsoptionen auf und nenne zu jeder Option zwei Vorteile und zwei Nachteile.
> Beende deine Antwort mit einer motivierenden Variante der Aussage: „Letztendlich ist es deine Entscheidung."

KI-Methoden im Seminar: Ja oder Nein?

Der Prompt wird sofort getestet, und zwar mit der Frage: „Sollte ich in Zukunft interaktive KI-Methoden mit ChatGPT in meinen Seminaren einsetzen?" Eine Frage, die Du Dir vielleicht schon beim Lesen der Methodenbeschreibungen gestellt hast.

So antwortet die KI darauf:

> Option 1. Interaktive KI-Methoden mit ChatGPT einsetzen
>
> Vorteile:
> 1. Personalisierte Impulse: Die Teilnehmenden erhalten maßgeschneiderte Anregungen und Unterstützung in Echtzeit.
> 2. Engagement steigern: Moderne interaktive Elemente können das Lerninteresse der Seminarteilnehmenden erhöhen.
>
> Nachteile:
> 1. Technische Hürden: Implementierung der KI-Methoden können zeitaufwendig sein.
> 2. Kosten: Möglicherweise entstehen zusätzliche Kosten für die Nutzung der KI-Technologie.
>
> Option 2. Kombinierte Methode: Menschliche/r TrainerIn und KI-Assistenz
>
> Vorteile:
> 1. Abwechslung: Menschliche/r TrainerIn und KI können sich ergänzen, um eine abwechslungsreiche Lernerfahrung zu bieten.
> 2. Mehr autonomes Lernen: Teilnehmende können selbstbestimmt und individuell mit der KI interagieren.

Nachteile:
1. Höhere Anforderungen: Die Integration von KI-Methoden erfordert didaktische Kompetenz.
2. Potenzielle Verwirrung: Teilnehmende könnten nicht immer wissen, wann sie sich an die KI oder den/die TrainerIn wenden sollten.

Option 3. Nur menschliche/r TrainerIn ohne KI-Unterstützung

Vorteile:
1. Persönlicher Kontakt: Direkter Austausch mit einer/m TrainerIn.
2. Kostenersparnis: Keine zusätzlichen Kosten für die KI-Systeme.

Nachteile:
1. Trainerzentriert: Die/der TrainerIn muss alle Fragen und Interaktionen selbst bewältigen. Es besteht die Gefahr einer nur auf die/den TrainerIn ausgerichtete Didaktik.
2. Nicht zeitgemäß: Beim Verzicht auf innovative und aktuelle Methoden kann der Unterricht unmodern wirken.

Überlege sorgfältig, welche Optionen am besten zu deinen Seminarzielen und -anforderungen passen. Denke daran, dass der Einsatz von KI eine spannende Möglichkeit sein kann, dein Seminar zu bereichern und zu modernisieren. Traditionelle Methoden haben ihren Wert. Vertraue auf deine Fähigkeiten und finde die beste Balance für dich, deine Inhalte und deine Teilnehmenden.

Diesen Ausführungen der KI kann ich nichts hinzufügen.

36,3 Ideen Ideen Ideen

Inspiration für neue KI-Methoden

Das abschließende 0,3-Bonuskapitel enthält keine fertige Beschreibung, sondern kann als Inspiration für zukünftige, noch nicht geschriebene Methoden dienen.

Ganz im Sinne des Buches, ChatGPT als Ideengeberin zu nutzen, gebe ich folgenden Prompt ein:

> Ich gebe dir gleich die Namen von 36,3 KI-Methoden. Zu jeder Methode wurde ein Slogan formuliert. Bitte erfinde ein Dutzend weiterer Methodennamen mit dazugehörigem Slogan.

Die Anweisung, ergänzt um alle Methodennamen dieses Buches mit Slogan, erzeugt die folgende Liste:

> 37 Ideensprint
> Schnelle Lösungen finden: KI beschleunigt den kreativen Prozess
>
> 38 Szenario-Planung
> Zukunftsszenarien durchspielen: KI unterstützt bei der Planung
>
> 39 Emotionserkennung
> Gefühle besser verstehen: KI analysiert und reflektiert Emotionen

40 Innovationswerkstatt
Innovation vorantreiben: KI inspiriert und strukturiert den Prozess

41 Storytelling-Assistentin
Geschichten lebendig erzählen: KI unterstützt beim Storytelling

42 Entscheidungshilfe
Entscheidungen fundiert treffen: KI bietet analytische Unterstützung

43 Kreativitäts-Booster
Ideenvielfalt fördern: KI inspiriert und generiert kreative Ansätze

44 Zeitmanagement-Coach
Effizienter arbeiten: KI unterstützt beim Zeitmanagement

45 Resilienztrainer
Widerstandskraft stärken: KI bietet Übungen und Impulse

46 Zielvereinbarungs-Assistentin
Ziele klar definieren: KI hilft bei der Zielsetzung und Nachverfolgung

47 Nachhaltigkeits-Scout
Nachhaltige Praktiken integrieren: KI unterstützt bei der Umsetzung

48 Perspektivwechsel
Neue Sichtweisen gewinnen: KI hilft beim Perspektivwechsel

Ich freue mich, wenn einer dieser erfundenen Titel Dir als Inspiration für die Erfindung einer neuen KI-Methode dient. Lass es mich wissen!

KI-Infobox

Noch einige KI-Fachausdrücke

Möchtest Du bei der nächsten Diskussion über Sprachmodelle mit Fachausdrücken glänzen?

- **Token:** Vereinfacht ausgedrückt wird davon gesprochen, dass die KI berechnet, wie wahrscheinlich das nächste Wort bei der Sprachausgabe ist. In Wirklichkeit arbeitet die KI jedoch mit kleineren Einheiten, sogenannten Tokens. Zum Beispiel könnte das Wort „unfreundlich" in die Tokens „un", „freund" und „lich" zerlegt werden. Ebenso können Satzzeichen wie „." oder „," als eigene Tokens betrachtet werden.

- **Bias:** Bias bedeutet Vorurteil oder Verzerrung. Wenn ein Sprachmodell nur aus einseitigen Daten lernt, kann es in den Antworten voreingenommen sein. Zum Beispiel, wenn das Modell immer nur Männer als Ärzte und Frauen als Krankenschwestern nennt.

- **NLP:** NLP ist nicht nur die Abkürzung für Neuro-Linguistisches Programmieren, sondern steht im Zusammenhang mit KI für Natural Language Processing. Wörtlich übersetzt: natürliche Sprachverarbeitung. Dahinter verbirgt sich eine Technik, die Computern hilft, menschliche Sprache zu verstehen und zu verarbeiten. Zum Beispiel nutzt ein Sprachassistent wie Siri NLP, um Fragen zu verstehen und Antworten zu geben.

- **LLM:** Großes Sprachmodell – auf Englisch Large Language Model, kurz LLM – bedeutet, dass viele Texte analysiert wurden, um die Muster in der menschlichen Sprache zu verstehen. ChatGPT ist ein Beispiel für ein LLM, das ganze Bücher und Webseiten „gelesen" hat, um Antworten zu generieren.

- **Kontextfenster:** Das Kontextfenster ist der Teil des Gesprächs, den das Modell gerade „im Kopf" hat, um eine passende Antwort zu geben. Wenn Du z.B. in einem Chat zuerst nach dem Wetter fragst und danach nach dem besten Regenschirm, hilft das Kontextfenster dem Modell zu verstehen, dass beide Fragen zusammenhängen.